建筑力学

（上册）

（第2版）

王长连　主　编
邓蓉　史筱红　副主编

清华大学出版社
北　京

内 容 简 介

本书根据教育部对职业院校土建类专业力学课程的基本要求,结合目前精品课程建设精神和职业院校的教学实际编写。本书的编写遵循"内容必需、够用"的原则,对静力学、材料力学和结构力学中的知识内容进行了重构,将相似、相近的知识汇于一章,是一本结构新颖、内容丰富、实用性较强的教材。

本书分上、下两册,共19章。每章有学习目标、复习思考题、练习题及参考答案等。本书为上册,内容为第1~12章,主要内容有:力与力系的基本性质,结构的计算简图及受力图,平面力系的平衡条件,材料力学的基本概念,轴向拉压杆、受扭杆的内力与内力图,静定梁的内力与内力图,静定结构的内力与内力图,轴向拉压杆的应力与强度条件,梁的应力与强度条件,组合变形的强度计算等。

本书主要适用于力学课时为60~80学时的建筑工程技术、道路工程、市政工程、水利工程等专业的职业院校学生,对相关专业的工程技术人员也有一定的参考价值。

版权所有,侵权必究。举报: 010-62782989, beiqinquan@tup.tsinghua.edu.cn。

图书在版编目(CIP)数据

建筑力学. 上册/王长连主编. —2版. —北京:清华大学出版社,2024.12
ISBN 978-7-302-59870-1

Ⅰ.①建… Ⅱ.①王… Ⅲ.①建筑科学-力学-高等学校-教材 Ⅳ.①TU311

中国版本图书馆CIP数据核字(2022)第007490号

责任编辑: 秦 娜 赵从棉
封面设计: 陈国熙
责任校对: 欧 洋
责任印制: 丛怀宇

出版发行: 清华大学出版社
网　　址: https://www.tup.com.cn, https://www.wqxuetang.com
地　　址: 北京清华大学学研大厦A座　邮　编: 100084
社 总 机: 010-83470000　邮　购: 010-62786544
投稿与读者服务: 010-62776969, c-service@tup.tsinghua.edu.cn
质量反馈: 010-62772015, zhiliang@tup.tsinghua.edu.cn
印 装 者: 三河市科茂嘉荣印务有限公司
经　　销: 全国新华书店
开　　本: 185mm×260mm　印　张: 17.75　字　数: 427千字
版　　次: 2006年9月第1版　2024年12月第2版　印　次: 2024年12月第1次印刷
定　　价: 55.00元

产品编号: 092669-01

第 2 版前言

本书再版是依据 2019 年 12 月教育部关于印发《职业院校教材管理办法》的通知，结合职业院校教材规划以及国家教学标准和职业标准（规范）等，参考教育部发布的《高等职业学校建筑工程技术专业教学标准》修订的。本书的修订坚持"面向需求，有机衔接"的原则，本书可作为高等职业技术教育土木工程、市政、道路与桥梁等土建类专业《建筑力学》课程教材，也可作为土建类工程技术人员的参考用书。

本书在修订编写中，编者结合建筑力学的课程特点以及在土建类专业中的地位与作用，课程内容在保持原有体系的基础上更加注重工程实际应用与实用计算能力的培养。修订过程中，贯彻由浅入深、理论联系实际、符合课程认知及发展规律等原则，力图保证力学基本理论的系统性，对个别章节内容进行了适当加强或删减，使全书内容翔实、紧凑，理论阐述清楚，概念明确，例题解答过程简捷、清晰。此外，本次修订的主要内容还有：

（1）为了适应教学实际情况，结合课程教学内容，依据"内容科学先进、导向正确、针对性强"的原则，对教学内容作了适当删减，如删除了静定平面组合结构的内力计算、静定桁架的影响线，并对土建类专业必备的核心知识进行了精确描述和必要拓展。

（2）名称、名词、术语等符合国家有关技术质量标准和规范。按照国家标准 GB 3100～3102—1993《量和单位》修改了原书的符号，其中最主要的集中荷载、支座反力和内力用 F 作为主符号，其特性用下标表示，例如剪力和轴力分别以 F_S 和 F_N 表示；按现行规范统一了相关力学名词术语。

（3）对所有图例重新做了编排，并统一了图例中梁、刚架、桁架等结构中使用较多的固定铰支座、活动铰支座的力学计算简图，使得本书更简明、准确、规范。

（4）结合教材内容，增设了动画资源，对重难点知识配置了微课讲解，使得本书具有动态性，更加方便读者理解。

本书由四川建筑职业技术学院王长连任主编，邓蓉、史筱红任副主编，王清波参编。绪论及第 1、2、3 章由王长连修订，第 4、5、6 章由史筱红修订，第 7、8、9、10 章由邓蓉修订，第 11、12 章由王清波修订。全书由邓蓉统稿。

本书在修订过程中得到了清华大学出版社和四川建筑职业技术学院土木工程系力学教研室老师们的大力支持，在此表示衷心的感谢。

由于编者水平有限，不妥之处在所难免，衷心希望读者指正。

2024 年 4 月

目 录

绪论 ·· 1
    0.1 建筑力学研究的对象和任务 ··· 1
    0.2 建筑力学的基本研究方法 ·· 3
    0.3 建筑力学学习点睛 ··· 4

第 1 篇　建筑静力学基础

第 1 章　力与力系的基本性质 ·· 9
    1.1 力与力系的概念 ··· 9
    1.2 平衡的概念 ·· 12
    1.3 力矩与合力矩定理 ·· 14
    1.4 力偶及其性质 ·· 16
    1.5 力的平移定理 ·· 18
    复习思考题 ·· 19
    练习题 ·· 20
    练习题参考答案 ·· 20

第 2 章　结构的计算简图与受力图 ···································· 21
    2.1 结构计算简图的概念 ··· 21
    2.2 约束和约束反力 ··· 24
    2.3 结构的受力分析与受力图 ··· 27
    2.4 平面杆件结构的分类 ··· 33
    复习思考题 ·· 34
    练习题 ·· 34

第 3 章　平面力系的平衡条件 ·· 37
    3.1 平面汇交力系的合成与平衡条件 ·································· 38
    3.2 平面力偶系的合成与平衡条件 ······································ 44
    3.3 平面一般力系的简化与平衡条件 ·································· 46
    3.4 物体系的平衡问题 ·· 53

复习思考题 ······ 56
练习题 ······ 57
练习题参考答案 ······ 61

第 2 篇　静定结构的内力分析

第 4 章　材料力学的基本概念 ······ 65
4.1　变形固体及其基本假设 ······ 65
4.2　杆件变形的基本形式 ······ 66
复习思考题 ······ 68

第 5 章　轴向拉压杆、受扭杆的内力与内力图 ······ 69
5.1　轴向拉压变形与扭转变形实例 ······ 69
5.2　轴向拉压杆的内力与轴力图 ······ 71
5.3　受扭杆的内力与扭矩图 ······ 73
复习思考题 ······ 76
练习题 ······ 76
练习题参考答案 ······ 77

第 6 章　静定梁的内力与内力图 ······ 78
6.1　平面弯曲的概念 ······ 78
6.2　单跨静定梁的内力计算 ······ 79
6.3　内力方程法绘制剪力图和弯矩图 ······ 84
6.4　微分关系法绘制剪力图和弯矩图 ······ 89
6.5　叠加法绘制弯矩图 ······ 96
6.6　多跨静定梁的内力图 ······ 100
复习思考题 ······ 103
练习题 ······ 105
练习题参考答案 ······ 108

第 7 章　静定结构的内力与内力图 ······ 109
7.1　静定平面刚架的内力与内力图 ······ 109
7.2　三铰拱的内力与合理拱轴线方程 ······ 116
7.3　静定平面桁架的内力计算 ······ 122
7.4　静定结构的静力特性 ······ 130
复习思考题 ······ 131
练习题 ······ 132
练习题参考答案 ······ 135

第3篇 杆件应力与强度、刚度和稳定性条件

第8章 轴向拉压杆的应力与强度条件 ……………………………………………… 139
8.1 轴向拉压杆截面上的应力 ………………………………………………… 139
8.2 轴向拉压时的变形 ………………………………………………………… 144
8.3 拉伸与压缩时材料的力学性能 …………………………………………… 147
8.4 轴向拉压杆的强度计算 …………………………………………………… 151
8.5 应力集中及其利弊 ………………………………………………………… 157
复习思考题 …………………………………………………………………………… 159
练习题 ………………………………………………………………………………… 160
练习题参考答案 ……………………………………………………………………… 163

第9章 剪切与扭转杆的应力和强度条件 ………………………………………… 164
9.1 剪切与挤压的概念 ………………………………………………………… 164
9.2 剪切与挤压的实用计算 …………………………………………………… 165
9.3 剪切胡克定律与切应力互等定理 ………………………………………… 168
9.4 圆轴扭转时横截面上的应力 ……………………………………………… 169
9.5 圆轴扭转时的强度条件及其应用 ………………………………………… 173
复习思考题 …………………………………………………………………………… 175
练习题 ………………………………………………………………………………… 175
练习题参考答案 ……………………………………………………………………… 177

第10章 梁的应力与强度条件 ……………………………………………………… 178
10.1 梁横截面上正应力的计算公式 …………………………………………… 178
10.2 横截面的几何性质 ………………………………………………………… 184
10.3 梁的正应力强度计算 ……………………………………………………… 192
10.4 梁横截面上的切应力与切应力强度条件 ………………………………… 202
10.5 梁的应力状态与应力分析 ………………………………………………… 210
10.6 强度理论 …………………………………………………………………… 219
复习思考题 …………………………………………………………………………… 222
练习题 ………………………………………………………………………………… 223
练习题参考答案 ……………………………………………………………………… 228

第11章 组合变形的强度计算 ……………………………………………………… 229
11.1 组合变形的工程实例 ……………………………………………………… 229
11.2 斜弯曲变形杆的强度计算 ………………………………………………… 230
11.3 弯曲与拉(压)组合杆的强度计算 ………………………………………… 234
11.4 偏心拉(压)杆的强度计算 ………………………………………………… 236

11.5 截面核心 ··· 240
复习思考题 ·· 241
练习题 ·· 242
练习题参考答案 ·· 243

第 12 章 轴向压杆的稳定性计算 ·· 244

12.1 压杆稳定的基本概念 ··· 244
12.2 压杆的临界力和临界应力 ·· 245
12.3 压杆的稳定条件及其应用 ·· 250
12.4 提高压杆稳定性的措施 ··· 254
复习思考题 ·· 255
练习题 ·· 256
练习题参考答案 ·· 257

附录 A 型钢规格表 ·· 258

参考文献 ·· 271

二维码索引 ·· 272

绪 论

0.1 建筑力学研究的对象和任务

在人类社会发展过程中,人们常有这样的观念,无论是生产工具还是生活工具,都要求既经久耐用又造价低廉。所谓经久耐用,是指使用的时间长、好用,且在使用过程中不易损坏;所谓造价低廉,是指所用的材料价格低,易于制造,生产成本低等。

那么,怎样才能达到这种要求呢?这涉及多方面的科学知识和技能,其中建筑力学就是最重要的基础知识之一。

建筑力学研究的内容相当广泛,研究的对象也相当复杂。在实际建筑中,所涉及的力学问题,常常抓住一些带有本质性的主要因素,略去一些次要因素,从而抽象成力学模型(即结构计算简图)作为研究对象。例如,当物体的运动范围比它本身的尺寸大得多时,可以把物体当成只有一定质量而无形状、大小的质点;当物体在力的作用下发生变形时,如果这种变形在所研究的问题中可以不考虑或暂时不考虑,则可以把它当作不发生变形的刚体;当物体的变形不能忽略时,就要将物体当作变形固体,简称变形体。任何物体都可以看作由若干质点组成的,这种质点的集合称为质点系。因此,抽象来说,建筑力学所研究的对象为质点、刚体、质点系和变形固体。具体来说,建筑力学研究的对象为建筑结构与基本构件。所谓建筑结构,是指建筑物能承受荷载、维持平衡,并起骨架作用的整体或部分,简称结构;所谓基本构件,是指构成结构的零部件,简称构件或杆件。

图 0.1(a)所示的房屋骨架是由预制构件组成的建筑结构,图 0.1(b)所示为此结构分解成的基本构件——梁、柱。

图 0.2(a)所示为现浇梁板式结构,图 0.2(b)所示为此结构分解成的基本构件——梁、板、柱。

一幢建筑物建造的程序是:立项→勘察→设计→施工→验收等。建筑物的设计包括工艺设计、建筑设计、结构设计、设备设计等方面。结构设计又包括方案确定、结构计算、构造处理等部分。结构计算又包括荷载计算、内力与变形计算、截面计算等工作。综上所述,可以用图 0.3 表示其建造程序,它很形象地说明了房屋建造中设计与计算工作之间的关系。

由图 0.3 可以明显看出,建筑力学的具体任务是:进行建筑结构计算中的荷载计算、内力与变形计算和截面计算等。

建筑构件在外力作用下丧失正常功能的现象称为"失效"或"破坏"。建筑构件的失效形

动画 1

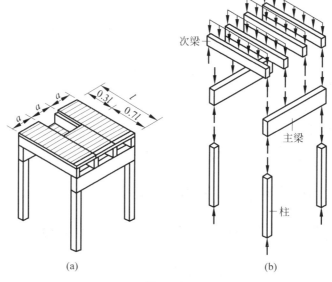

图 0.1

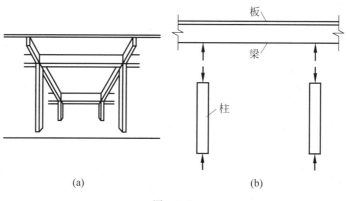

图 0.2

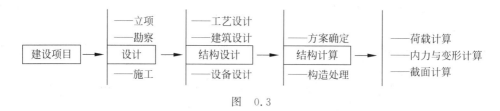

图 0.3

式很多,但建筑力学范畴内的失效通常可分为 3 类:强度失效、刚度失效和稳定失效。

强度失效是指构件在外力作用下发生不可恢复的塑性变形或发生断裂。

刚度失效是指构件在外力作用下产生超过工程允许的弹性变形。

稳定失效是指构件在轴向压力作用下其平衡形式发生突然转变。

图 0.4(a)所示为悬臂楼梯的设计简图,如果荷载过大,强度不够,就会发生弯曲破坏;如果荷载过大,刚度不够,虽然不会弯断,但会发生过大的变形(如虚线所示),人走在上面会

提心吊胆。

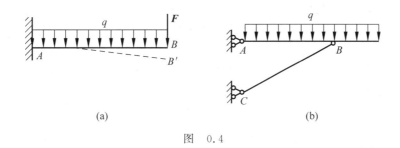

图 0.4

稳定失效的例子多见于承受轴向压力的工程构件。图0.4(b)所示为火车硬卧中铺的计算简图。BC杆为受压杆件，如果承受的压力过大，或者过于细长，就有可能突然弯曲，发生稳定失效。

建筑设计的任务之一，就是保证构件在确定的外荷载作用下正常工作而不发生强度失效、刚度失效和稳定失效，即保证构件具有足够的强度、刚度与稳定性。

所谓强度，是指构件在外荷载作用下不发生破坏或不产生不可恢复的变形的能力；所谓刚度，是指构件在外荷载作用下不发生超过工程允许的弹性变形的能力；所谓稳定，是指构件在压缩荷载作用下保持原有的直线平衡形式而不发生突然弯曲的能力。

综上所述，建筑力学的主要任务是：从分析构件的受力和结构的几何组成开始，研究构件或结构在荷载等因素作用下产生内力、发生变形和破坏的规律，为建筑结构与构件的设计、施工提供可靠的理论依据和实用的计算方法。因此，建筑力学是既研究结构的受力分析和几何组成规律，又研究构件的强度、刚度和稳定性条件的一门专业基础课。

0.2　建筑力学的基本研究方法

建筑力学是一门古老的学科，其本身有一套成熟的分析问题和解决问题的方法，且广泛地应用于各种工程技术中。它的基本研究程序是实践→抽象→推理→结论，然后再回到实践的多次往复过程。这种研究方法有利于培养观察问题的能力和辩证唯物主义的观点，不仅有利于培养创新思维和创新精神，也有利于提高分析问题和解决问题的能力。

1. 受力分析法

所谓受力分析，是指建筑结构或构件上的受力都是比较复杂的，在计算内力和变形前，一定要弄清哪些是已知力，哪些是未知力，这些力之间有什么内在联系，根据计算需要确定研究对象，画出受力图。掌握这一分析方法至关重要，它是解决各种力学问题的前提，如果这一步错了，那么之后一切计算都将出错。

2. 平衡条件和截面法

平衡条件是指物体处于平衡状态时，作用在物体上的力系所应满足的条件。如果一个物体或物系处于平衡状态，那么它所剖分的任一部分皆处于平衡状态。因此，计算某个截面的内力时，就可假想地用一平面将这一截面切开，任取一部分为研究对象（一般取简单的部分），画出受力图，利用平衡条件算出未知力，这是求解内力的一种基本方法，称为截面法。

3. 变形连续假设分析法

建筑力学研究的对象都是均匀连续、各向同性的变形固体。尽管这不完全符合实际情况，但基本上可以满足工程要求，且能使计算大大简化。变形连续条件是指变形连续固体受力变形后仍然是均匀连续的。换句话说，均匀连续变形固体受力变形后，在其内部既不出现"空隙"，也不会产生"重叠"现象，这样就可以用数学连续函数来分析、解决问题。

4. 力与变形的物理关系分析法

变形固体受力作用后都会发生变形，根据小变形假设可以证明，力与变形成正比（即力与变形呈线性关系），对此可以用应力、应变间的物理关系来描述。如胡克定律就反映了材料的线弹性性能和力的最简单的物理关系。利用力、变形和应力、应变的物理关系可以方便地解决一些复杂问题。

5. 小变形分析法

小变形是指结构或构件在外力等因素作用下产生的变形与原尺寸相比是非常微小的，为了简化计算，在某些具体问题计算中可忽略不计，即外荷载的大小、方向、作用点在变形前后都一样，仍用原尺寸进行计算，可以用叠加法计算内力和变形，这样可大大简化计算工作量。但对于某些问题这样处理是不妥当的，因为那已经属于大变形的范畴了，本书对此不予研究。

6. 刚化分析法

如前所述，建筑力学的抽象研究对象为质点、刚体、质点系和变形固体。但实际上，它的研究对象归根结底是变形固体（或变形质点系）、质点、刚体（或刚体系），根据研究问题的需要而简化为力学模型，这种简化方法叫物体的刚化。其刚化原理是，处于平衡状态的变形体，将其刚化后仍处于平衡状态。根据这一原理，在研究平衡问题时可将处于平衡状态的变形体当作刚体来处理，从而使问题得到简化。

7. 实验法

材料的力学性质都是通过实验测量出来的，因此，实验是建筑力学课程中重要的教学内容。通过实验可使学生巩固所学的力学基本理论，掌握测定常用建筑材料力学性质的基本方法和技能，提高学生动手能力，培养实事求是的科学精神。

0.3 建筑力学学习点睛

建筑力学是将静力学、材料力学与结构力学中的主要内容重新整合成的一门综合学科。它分为4个部分：建筑静力学基础，静定结构的受力分析，杆件应力与强度、刚度和稳定条件，超静定结构的内力分析。由于各部分所研究的内容各不相同，因此，分析方法、学习方法也因内容不同而异。

1. 建筑静力学基础

建筑静力学基础中研究的对象为刚体，所研究的主要问题是确定常见结构的计算简图，确定杆件或结构的受力图，进行结构的几何组成分析及平面力系的平衡条件分析等。在学习这些内容时，不必考虑杆件或结构的变形效应。对于结构的计算简图，只要会画常见简单结构的计算简图就行了，它属于了解内容；对于杆件的受力分析，必须正确研究各物体之间的接触与连接方式，要特别注意作用力与反作用力的表示方法，熟练掌握简单物体的受力图画法；对于平面体系的几何组成分析，除掌握几何组成分析的基本概念外，还要熟练掌握几何不变体系的三个组成规则；对简单结构计算简图，会判定其几何不变体系和几何可变体系就够了，要明确只有几何不变体系才能用于结构，瞬变体系是不能用于实际结构的；关于平面力系的平衡条件是此部分的重点内容，要熟练掌握平面汇交力系、平面平行力系、平面一般力系及平面力偶系的平衡条件及其应用，这是以后各章分析计算的基础。

在此需要强调的是，本部分学习的定义、定理，有的是无条件的，什么情况下都可应用，如作用与反作用定律、力的平行四边形法则等；有的是有条件的，只有在一定限制条件下才能适用，如力的可传性、二力平衡定理、加减平衡力系原理、力线的平移定理等，这些只有在研究刚体和变形体平衡时才可适用。

2. 静定结构的受力分析

在工程实际中，为了求出未知的约束力或内力，需要根据已知力，应用平衡条件求解。这时结构或构件可不考虑其变形，因此可视为刚体。在对结构或构件进行受力分析时，需明确其受了几个力，每个力的作用位置和力的作用方向，并将需要研究的构件从周围的物体中分离出来，画出它的受力简图。对物体或物体系统进行受力分析并画出受力图是解决静力学问题的一个重要步骤。

3. 杆件应力与强度、刚度和稳定条件

杆件应力与强度、刚度和稳定条件是静定结构构件计算的基础，也是各种构件的设计基础。此部分主要研究各种基本变形的应力分布及强度条件，静定结构的位移计算及梁的刚度条件，轴向压缩的稳定条件。要求重点掌握的内容为，4 种基本变形的应力计算公式与对应的强度公式及其应用，轴向压杆稳定概念及稳定公式，结构位移计算的一般公式及梁的刚度公式。

4. 超静定结构的内力分析

超静定结构的内力分析，是在静定结构内力分析基础上的深化研究。超静定结构与静定结构的内力计算相比，区别在于，它的内力只用平衡条件计算不出来，必须用变形的连续条件。也就是说，它的内力计算要比静定结构的内力计算复杂得多，但其计算基础还是静定结构的内力计算。鉴于此，解决超静定结构内力计算的思路是：想办法将超静定结构的内力计算变换成静定结构的内力计算。一般来说，只要学会了静定结构的内力计算，那么超静定结构的内力计算就不难了。据有关专家统计，超静定结构的计算方法很多，至少已有几十种，但基本方法只有两种，就是力法与位移法。例如，力矩分配法就是位移法的派生方法，只要学会位移法，那么此法也就容易学了。结构的塑性分析是超越上述弹性分析的一种实用计算方法，目前在钢结构、钢筋混凝土结构中应用较普遍，学习这部分内容时，要特别注意弄懂结构塑性分析的基本概念，会计算梁、刚架的极限荷载。

第1篇 建筑静力学基础

引言

本篇主要介绍了静力学中力、力矩、力偶、荷载和约束等基本概念及其性质,静力学公理和基本定理,它们是各种力系简化和平衡问题分析的基础。结构的计算简图和受力图是结构受力分析和平衡问题计算的基础,也是后续课程中相关力学计算的必要准备。

第 1 章

力与力系的基本性质

本章学习目标
- 掌握力的定义、力的单位和力的作用效应。
- 掌握力的合成与分解。
- 掌握力矩的概念和合力矩定理。
- 掌握力偶的定义和力偶的主要性质。
- 了解平衡的概念,理解平衡定理。
- 掌握力线的平移定理。

本章介绍力的相关概念及性质,静力学公理和基本定理,受力分析及力系简化的方法,讨论各种平面力系作用下构件或结构的平衡条件及平衡方程,并利用平衡方程求解静定单跨梁、多跨梁、起重机的平衡等工程中的力学问题。

1.1 力与力系的概念

1.1.1 力的概念

力是物体间的相互作用。也就是说,力的存在条件是物体,它不能脱离物体而存在。是否有物体就一定有力存在呢?有物体只是力存在的条件,而不是产生力的原因,只有物体间相互作用才产生力。例如,图 1.1(a)所示的甲、乙两物体,二者没有接触,没有相互作用,所以它们之间没有力产生;若变成图 1.1(b)所示情况,二者间就会产生力了。因为甲对乙产生压迫,乙对甲产生反抗,二者发生相互作用,也就产生了力。由于力是物体间的相互作用,所以力一定是成对出现的,不可能只存在一个力。例如,由万有引力定律可知,物体受到地球的吸引而产生重力;同样,地球也受到物体的吸引力。

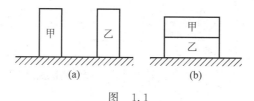

图 1.1

那么,地球对物体的吸引产生的重力,与物体对地球的吸引产生的引力有什么关系呢?对于这个问题牛顿第三定律做了很好的回答,**这对力大小相等、方向相反、作用线共线,且作用在不同的两个物体上**。在力学中,将这一规律称为作用与反作用定律。它是一个普遍定律,无论对于静态的相互作用,还是动态的相互作用都适用,它是本书自始至终重点研究的内容之一。

力对物体的作用效应取决于力的大小、方向和作用点,称为**力的三要素**。

力的大小反映了物体间相互作用的强弱程度。国际通用的力的计量单位是"牛顿",简称"牛",用英文字母 N 表示,1N 相当于一个中等大小苹果的重量。在工程中此单位显然太小,因此一般用千牛(kN)作力的单位。1 千牛=1000N。

力的方向指的是静止质点在该力作用下开始运动的方向,力的方向包含力的作用线在空间的方位和指向。沿该方向画出的直线称为力的作用线。

力的作用点是物体相互作用位置的抽象化。实际上两物体接触处总会占有一定面积,力总是作用于物体的一定面积上。如果这个面积很小,则可将其抽象为一个点,这时的作用力称为**集中力**;如果接触面积比较大,力在整个接触面上分布作用,这时的作用力称为**分布力**,通常用单位长度的力表示沿长度方向上的分布力的强弱程度,称为**荷载集度**,用符号 q 表示,单位为 N/m 或 kN/m。

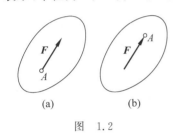

图 1.2

综上所述,力是矢量(图 1.2)。矢量的模表示力的大小;矢量的作用方位加上箭头表示力的方向;矢量的始端如图 1.2(a)中点 A 所示,矢量的末端如图 1.2(b)中点 A 所示,表示力的作用点。所以在确定一个未知力时,一定要明确它的大小、方向及作用点,这样才算确定出这个力。在此容易忽略的是,只注意计算力的大小,而忽略确定力的方向和作用点。

1.1.2 力的作用效应

物体间的相互作用会产生什么样的效应? 实践证明,力既能使物体的运动状态发生改变,也能使物体发生变形。在力学中,将力的这两种作用效果称为**力的作用效应**。

1. 力的运动效应

力作用在物体上可产生两种运动效应。①若力的作用线通过物体的质心,则该力能使物体沿力的方向产生平行移动,简称平移,如图 1.3(a)所示;②若力的作用线不通过物体的质心,则该力能使物体既产生平移又发生转动,称为平面运动,如图 1.3(b)所示。本书不研究物体运动的一般规律,只研究物体运动的特殊情况——相对地球静止的条件。

微课1

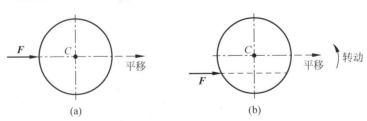

图 1.3

由实践知,当力作用在刚体上时,只要保持力的大小和方向不变,就可以将力的作用点沿力的作用线滑动,而不改变刚体的运动效应,如图 1.4 所示。这一性质称为**力的可传性**。

2. 力的变形效应

当力作用在物体上时,除产生运动效应外,还会产生变形效应。所谓**变形效应**,是指力作用在物体上,物体产生形状或尺寸的改变。如图 1.5(a)所示的杆件,在 A、B 两处施加大小相等、方向相反、沿同一作用线作用的两个力 F_1、F_2,这时杆件将发生拉伸变形,杆件变长了,也变细了,这种现象就是力的变形效应。

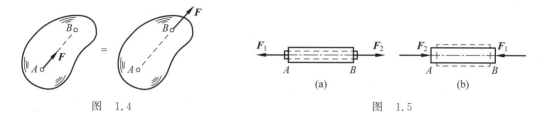

图 1.4　　　　　　　　　　　　图 1.5

在此值得提出的是,力的可传性对于变形物体并不适用。如将图 1.5(a)所示的两个力 F_1、F_2 分别沿其作用线移至 B 点和 A 点,如图 1.5(b)所示,这时图 1.5(a)和图 1.5(b)中变形体的变形是不同的。因此,力的可传性只适用于研究力的运动效应,不适用于研究力的变形效应。

1.1.3　力系的概念

物体受到力的作用时,常常不是受一个力的作用,而是受若干个力的作用。将作用在物体上的一群力称为**力系**。按照力系各力作用线分布的不同形式,可将力系分成若干种。

(1) 平面力系与空间力系。若力系中各力的作用线都在同一平面内,则称为**平面力系**;若力系中各力的作用线不在同一平面内,则称为**空间力系**。空间力系是一般情况,工程中常见的力系基本都是空间力系,但为了计算简单,一般都将空间力系化为平面力系。

(2) 平面力系又分为平面汇交力系、平面平行力系、平面一般力系和平面力偶系(详见第 3 章图 3.1)。

1.1.4　力的合成与分解

如果某一力系对物体产生的效应可以用另一个力系来代替,则这两个力系互称为**等效力系**。当一个力与另一个力系等效时,该力称为这个力系的合力,而该力系中的每一个力称为分力。把力系中的各分力代换成合力的过程称为力的合成;反之,把合力代换成分力的过程称为力的分解。那么,具体怎样进行力的合成与分解呢?这就要运用力的平行四边形法则。

作用于物体上同一点的两个力可以合成为一个合力,合力也作用于该点,合力的大小和方向由这两个力为邻边所构成的平行四边形的对角线表示,如图 1.6(a)所示。这就是**力的平行四边形法则**。这个法则说明力的合成是遵循矢量加法的。只有当两个力共线时,才能用代数加法。

两个共点力可以合成为一个力,反之,一个已知力也可分解为两个力。但是,将一个已知力分解为两个分力有无数种解答。因为以一个力的矢量为对角线的平行四边形可以有无数个。如图 1.6(b)所示,力 F 既可以分解为 F_1 和 F_2,也可以分解为 F_3 和 F_4,等等。要得出唯一的解答,必须给出限制条件。如给定两分力的方向及大小,或给定一分力的大小和方向求另一分力等。

在工程实际问题中,常把一个力 F 沿直角坐标轴方向分解,得出两个互相垂直的分力 F_x 和 F_y,如图1.6(c)所示。F_x 和 F_y 的大小可由三角公式求得:

$$\begin{cases} F_x = F\cos\alpha \\ F_y = F\sin\alpha \end{cases} \tag{1-1}$$

式中,α 为力 F 与 x 轴间的夹角。

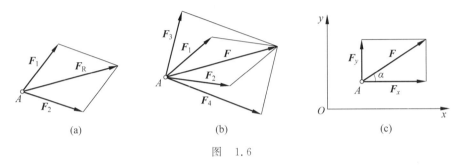

图 1.6

1.2 平衡的概念

平衡是指物体相对于地球处于静止或作匀速直线运动状态。

刚体不是在任何力系作用下都能处于平衡状态的。只有该力系的所有力满足一定条件时,才能使刚体处于平衡状态。本章只讨论两种最简单力系的平衡条件,其他力系的平衡条件将在第3章中讨论。

1.2.1 二力平衡与二力杆件

作用在刚体上的两个力平衡的充要条件是:两个力大小相等、方向相反,并作用在同一直线上。这个规律称为**二力平衡公理**。

这一结论是显而易见的。现以图1.7(a)所示的吊车结构中的直杆 BC 为例说明。如果此杆件是平衡的,杆两端的约束力 F'_C 和 F'_B 必然大小相等、方向相反,并且同时沿着同一直线(对于直杆即为杆的轴线)作用,如图1.7(b)所示;另外,如果作用在杆件两端的力大小相等、方向相反,并且同时沿着同一直线,则杆件一定是平衡的。

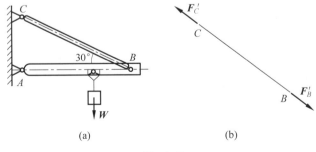

图 1.7

值得注意的是,对于刚体,上述二力平衡条件是充要的,但对于只能受拉、不能受压的柔性体,上述二力平衡条件只是必要的,而不是充分的。例如图 1.8 所示的绳索,当承受一对大小相等、方向相反的拉力作用时可以保持平衡,如图 1.8(a)所示;但是如果承受一对大小相等、方向相反的压力作用时,绳索便不能保持平衡,如图 1.8(b)所示。

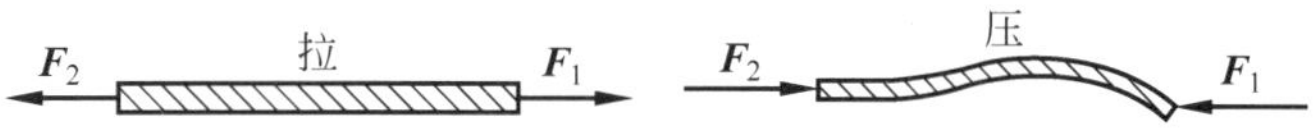

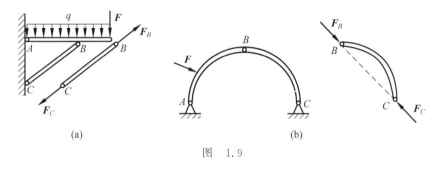

图 1.8

在两个力作用下保持平衡的构件称为**二力构件**,由于静力学中所指物体都是刚体,其形状对计算结果没有影响,因此无论其形状如何,一般均简称**二力杆**。二力杆可以是直杆,也可以是曲杆。如图 1.9(a)所示结构中的直杆 BC,图 1.9(b)所示结构中的曲杆 BC 都是二力杆。

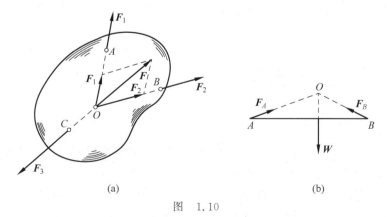

图 1.9

需要指出的是,不能将二力平衡中的两个力与作用力和反作用力中的两个力的性质相混淆。满足二力平衡条件的两个力作用在同一刚体上;而作用力和反作用力则是分别作用在两个不同的物体上。

1.2.2 不平行的三力平衡条件

在刚体上,如果作用线处于同一平面内的三个互不平行力平衡,则三个力的作用线必汇交于一点。这就是三力平衡汇交定理。

设作用在刚体上同一平面内的三个互不平行的力分别为 F_1、F_2、F_3,如图 1.10(a)所示。为了证明上述结论,首先将其中的两个力合成,例如将 F_1 和 F_2 分别沿其作用线移至

图 1.10

二者作用线的交点 O 处,将二力按照平行四边形法则合成一合力:

$$F = F_1 + F_2$$

这时的刚体就可以看作只受 F 和 F_3 两个力作用。

根据二力平衡条件,F 和 F_3 必须大小相等、方向相反,且沿同一直线作用。由此证明,平面力系不平行的三力使刚体平衡,三力作用线必汇交于一点。

图 1.7(a)所示吊车中横梁 AB 的受力,就是三力汇交平衡的实例。

1.2.3 加减平衡力系原理

本章前面已经提到,如果作用在刚体上的一个力系可以由另一力系代替,而不改变原力系对刚体的作用效应,则称这两个力系为等效力系。根据这一结论,可以得到关于平衡的另一个重要原理——**加减平衡力系原理**。

假设在刚体上的 A 点作用有一力 F_A,如图 1.11(a)所示,在同一刚体上的 B 点施加一对互相平衡的力 F_B 和 F'_B,即

$$F_B = -F'_B$$

如图 1.11(b)所示,显然,在施加了这一对平衡力之后并没有改变原来的一个力对刚体的效应。也就是一个力 F_A 与三个力 F_A、F_B 和 F'_B 对刚体的作用等效。

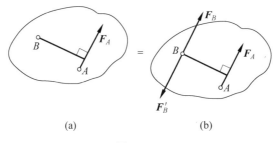

图 1.11

将上述方法和过程加以扩展,可以得到下列重要结论。

在承受任意作用力的刚体上加上任意平衡力系或减去任意平衡力系都不改变原力系对刚体的作用效应,这就是加减平衡力系原理。换句话说,如果刚体是平衡的,则加上或减去一个平衡力系还是平衡的;如果刚体是不平衡的,则加上或减去一个平衡力系还是不平衡的。这个公理是研究力系等效替换的重要依据。

1.3 力矩与合力矩定理

1.3.1 力对点之矩

力对点之矩,是很早以前人们在使用杠杆、滑车、绞盘等机械搬运或提升重物时所形成的一个概念。现以扳手拧螺母为例来说明。如图 1.12 所示,在扳手的 A 点施加一力 F,将使扳手和螺母一起绕螺钉中心 O 转动,这就是说,力使物体(扳手)产生转动效应。实践经验表明,扳手的转动效果不仅与力 F 的大小有关,而且还与点 O 到力作用线的垂直距离 d

有关。当 d 保持不变时，力 F 越大，转动越快。当力 F 的大小不变时，d 值越大，转动也越快。若改变力的作用方向，则扳手的转动方向就会发生改变，因此，我们用 F 与 d 的乘积，再冠以适当的正负号来表示力使物体绕 O 点的转动效应，并称为力 F 对 O 点之矩，简称**力矩**，用符号 $M_O(\boldsymbol{F})$ 表示，即

$$M_O(\boldsymbol{F}) = \pm Fd \tag{1-2}$$

O 点称为转动中心，简称**矩心**。矩心 O 到力作用线的垂直距离 d 称为**力臂**。

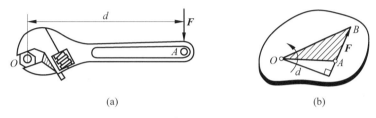

图 1.12

式(1-2)中的正负号表示力矩的转向。通常规定：**力使物体绕矩心作逆时针方向转动时，力矩为正**，反之为负。在平面力系中力矩或为正值，或为负值，因此，力矩可视为代数量。

由图 1.12(b) 可以看出，力对点之矩还可以用以矩心 O 为顶点、以力矢量 $\overrightarrow{AB}$ 为底边所构成的三角形面积的二倍来表示，即

$$M_O(\boldsymbol{F}) = \pm 2\triangle OAB \text{ 面积}$$

显然，力矩在下列两种情况下等于零：① 力等于零；② 力臂等于零，它表示力的作用线通过矩心。

力矩的单位是牛·米(N·m)或千牛·米(kN·m)。

例 1.1 如图 1.13 所示，半径为 R 的带轮绕点 O 转动，如已知紧边带拉力为 F_{T1}，松边带拉力为 F_{T2}，刹块压紧力为 F，试求各力对点 O 之矩。

解 解题思路：由于带拉力的作用线必与带轮外缘相切，故矩心 O 到 F_{T1}、F_{T2} 作用线的垂直距离均为 R，即力臂为 R。而 F_{T1} 对 O 点的矩为顺时针方向，F_{T2} 对 O 点的矩为逆时针方向。由此可确定力矩正负号。

解题过程：

力臂皆为 R，即 $d = R$，F_{T1} 对 O 点的力矩为顺时针转动。由式(1-2)可得

$$M_O(\boldsymbol{F}_{T1}) = -F_{T1}R$$

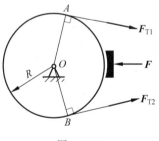

图 1.13

F_{T2} 对 O 点的力矩为逆时针转动，由式(1-2)可得

$$M_O(\boldsymbol{F}_{T2}) = F_{T2}R$$

由于压紧力 F 的作用线通过 O 点，由式(1-2)可得

$$M_O(\boldsymbol{F}) = 0$$

1.3.2 合力矩定理

如图 1.14 所示，将作用于刚体平面上 A 点的力 $\boldsymbol{F}$ 沿其作用线滑移到 B 点（B 点为任意点 O 到力 $\boldsymbol{F}$ 作用线的垂足），不改变力 $\boldsymbol{F}$ 对刚体的效应（力的可传性）。在 B 点将 $\boldsymbol{F}$ 沿坐标轴方向正交分解为两分力 $\boldsymbol{F}_x$、$\boldsymbol{F}_y$，分别计算并讨论力 $\boldsymbol{F}$ 和分力 $\boldsymbol{F}_x$、$\boldsymbol{F}_y$ 对 O 点力矩的关系。

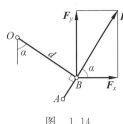

图 1.14

由式(1-1)知
$$F_x = F\cos\alpha, \quad F_y = F\sin\alpha$$

则分力 F_x 及 F_y 对 O 点之矩分别为
$$M_O(F_x) = Fd\cos\alpha\cos\alpha = Fd\cos^2\alpha$$
$$M_O(F_y) = Fd\sin\alpha\sin\alpha = Fd\sin^2\alpha$$

将 $M_O(F_x)$、$M_O(F_y)$ 相加得
$$M_O(F_x) + M_O(F_y) = Fd\cos^2\alpha + Fd\sin^2\alpha = Fd$$

合力对 O 点之矩为
$$M_O(F) = Fd$$

由此证明,合力对某点的力矩等于力系中各分力对同点力矩的代数和。该定理不仅适用于正交分解的两个分力,而且对任何有合力的力系皆成立。若力系有 n 个分力作用,则
$$M_O(F) = M_O(F_1) + M_O(F_2) + \cdots + M_O(F_n) = \sum M_O(F_i) \tag{1-3}$$

微课2

式(1-3)即为合力矩定理。

在平面力系中,求力对某点的力矩,一般采用以下两种方法。

(1)用力和力臂的乘积求力矩。这种方法的关键是确定力臂 d。需要注意的是,力臂 d 是矩心到力作用线的距离,即力臂一定垂直力的作用线。

(2)用合力矩定理求力矩。工程实际中,有时求力臂 d 的几何关系很复杂,不易确定时,可将作用力正交分解为两个分力,然后应用合力矩定理求原力对矩心的力矩。

例 1.2 如图 1.15 所示,放在地面上的板条箱,受到 $F=100\text{N}$ 的力作用。试求该力对 A 点的力矩。

解 解题思路:求力 F 对 A 点之矩的方法有两种,一是应用力矩定义,二是应用合力矩定理。

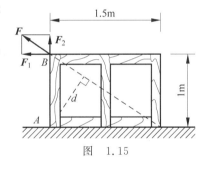

图 1.15

解题过程:

(1)应用力矩定义。由图 1.15 可得力臂
$$d = 1.5 \times \frac{1}{\sqrt{1.5^2 + 1^2}}\text{m} \approx 0.83\text{m}$$

由式(1-2)可得
$$M_A(F) = Fd = 100 \times 0.83\text{N} \cdot \text{m} = 83\text{N} \cdot \text{m}$$

(2)应用合力矩定理。将力 F 在 B 点分解为两个分力 F_1 和 F_2,由式(1-3)可得
$$M_A(F) = M_A(F_1) + M_A(F_2) = F_1 \times 1 + F_2 \times 0$$
$$= 100 \times \frac{1.5}{\sqrt{1.5^2 + 1^2}} \times 1\text{N} \cdot \text{m} \approx 83\text{N} \cdot \text{m}$$

1.4 力偶及其性质

1.4.1 力偶的定义

在生产实践中,力矩可以使物体产生转动效应。另外,还可以经常见到使物体产生转动的例子,例如司机用双手转动方向盘,钳工用双手转动绞杠丝锥攻螺纹等,如图 1.16(a)、 (b)所示。在力学中,将这种使物体产生转动效应的一对大小相等、方向相反、作用线平行的力称为**力偶**。

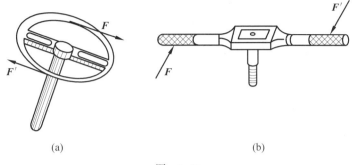

动画 2

图 1.16

力偶是一个基本的力学量,并具有一些独特的性质,它既不能与一个力平衡,也不能合成为一个合力,只能使物体产生转动效应。力偶中两个力作用线所决定的平面称为**力偶的作用平面**,两力作用线之间的距离 d 称为**力偶臂**,力偶使物体转动的方向称为**力偶的转向**。

力偶对物体的转动效应可用力偶矩来度量,力偶矩的大小为力偶中的力的大小与力偶臂的乘积。平面力偶可视为代数量,记作 $M(\boldsymbol{F},\boldsymbol{F}')$ 或 M,即

$$M(\boldsymbol{F},\boldsymbol{F}') = \pm Fd \tag{1-4}$$

其正负号表示力偶的转向,逆时针转向时力偶矩为正,反之为负。力偶矩的单位与力矩的单位一样,也是 N·m 或 kN·m。力偶矩的大小、转向和作用平面称为**力偶的三要素**。三要素中的任何一个发生了改变,力偶对物体的转动效应就会改变。

1.4.2 力偶的性质

根据力偶的定义,可知其具有以下一些性质。

(1) 力偶无合力,在任何坐标轴上的投影之和为零。力偶不能与一个力等效,也不能用一个力来平衡,力偶只能用力偶来平衡。

力偶无合力,可见它对物体的效应与一个力对物体的效应是不同的。一个力对物体有移动和转动两种效应;而一个力偶对物体只有转动效应,没有移动效应。因此,力与力偶不能相互替代,也不能相互平衡。可以**将力和力偶看作构成力系的两个基本要素**。

(2) 力偶对其作用平面内任一点的力矩恒等于其力偶矩,而与矩心的位置无关。图 1.17 所示一力偶 $M(\boldsymbol{F},\boldsymbol{F}') = Fd$ 对平面任意点 O 的力矩用组成力偶的两个力分别对 O 点力矩的代数和度量,记作 $M_O(\boldsymbol{F},\boldsymbol{F}')$,即

$$M_O(\boldsymbol{F},\boldsymbol{F}') = F(d+x) - F'x = Fd = M(\boldsymbol{F},\boldsymbol{F}')$$

由此可知,力偶对刚体平面上任意点 O 的力矩等于其力偶矩,与矩心的位置无关。

(3) 力偶的等效性及等效代换特性。由力偶的以上性质可知,同一平面内的两个力偶,如果它们的力偶矩大小相等、转向相同,则两力偶等效,且可以相互代换,这称为**力偶的等效性**。

由力偶的等效性,可以得出力偶的等效代换特性:

① 力偶可在其作用平面内任意移动位置,而不改变它对刚体的转动效应;

② 只要保持力偶矩的大小和力偶的转向不变,就可以同时改变力偶中力的大小和力偶

臂的长短,而不会改变力偶对刚体的转动效应。

值得注意的是,以上等效代换特性仅适用于刚体,而不适用于变形体。

由力偶的性质及其等效代换特性可知,力偶对刚体的转动效应完全取决于其力偶矩的大小、转向和作用平面。因此表示平面力偶时,可以不说明力偶在平面上的具体位置以及组成力偶的力和力偶臂的值,可用一带箭头的弧线表示力偶的转向,用力偶矩表示力偶的大小。图 1.18 所示为力偶的几种等效代换的表示法。

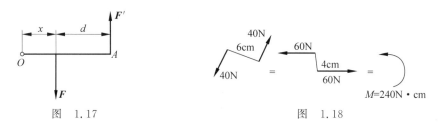

图 1.17　　　　　　　　　　图 1.18

1.5　力的平移定理

由力的可传性可知,作用于刚体上的力可沿其作用线在刚体上移动,而不改变对刚体的作用效应。但能否在不改变作用效应的前提下将力平行移到刚体的任意点呢? 回答是肯定的。

图 1.19 具体描述了力 F 平行移动到刚体内任一点 O 的过程。可在 O 点加上一对平衡力 F'、F'',并使 $F'=-F''=F$,见图 1.19(b)。根据加减平衡力系原理,F、F' 和 F'' 与图 1.19(a) 的 F 对刚体的作用等效。显然 F'' 与 F 组成了一个力偶,称为附加力偶,其力偶矩为

$$M(F, F'') = \pm Fd = M_O(F)$$

由此式可知,其附加力偶矩等于原力 F 对新作用点 O 的力矩。

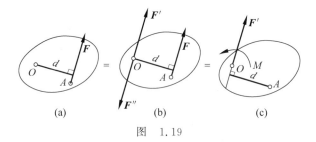

图 1.19

由此可以得出力的平移定理:作用于**刚体上的力可平移到刚体上的任一点,但必须附加一力偶,其附加力偶矩等于原力对新作用点的力矩**。

如图 1.20 所示,钳工用绞杠丝锥攻螺纹时如果用单手操作,相当于在绞杠手柄上作用力 F。将 F 平移到绞杠中心时,必须附加一力偶 M 才能使绞杠转动。平移后的 F' 会使丝锥杆变形甚至折断。如果用双手操作,两手的作用力若保持等值、反向和平行,则平移到绞杠中心的两平移力相互抵消,绞杠只产生转动,这样攻出的螺纹质量才好。所以,用绞杠丝锥攻螺纹时,只能用双手操作且均匀用力,而不能单手操作,也就是这个道理。

根据上述力的平移的逆过程可知,共面的一个力和一个力偶总可以合成为一个力,该力的大小和方向与原力相同,作用线间的垂直距离为

$$d = \frac{|M|}{F'}$$

力的平移定理是一般力系向一点简化的理论依据,也是分析力对物体作用效应的一种重要方法。

例如,图 1.21(a)所示厂房柱子受到吊车梁传来的荷载 F 的作用,若要分析 F 的作用效应,可将力 F 移到柱的轴线上的 O 点上,根据力的平移定理得到一个力 F',同时还必须附加一个力偶(图 1.21(b)),力 F' 使柱子轴向受压,力偶 M 使柱弯曲。

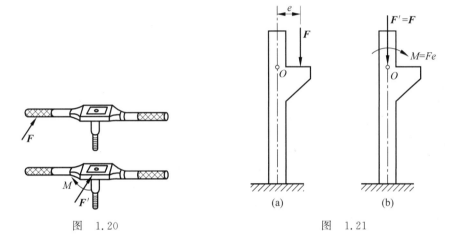

图 1.20   图 1.21

复习思考题

1. 为什么说力不能脱离物体而存在,且是成对出现的?
2. 何谓力的作用效应?力的哪些因素决定它的作用效应?
3. 已知两个力矢量 F_1 和 F_2,试说明下列式子的意义和区别。
   (1) $F_1 = F_2$ (2) $F_1 = F_2$ (3) 力 F_1 等效于力 F_2
   (4) $F_R = F_1 + F_2$ (5) $F_R = F_1 + F_2$
4. 分力一定小于合力吗?为什么?试举例说明。
5. 二力平衡条件与作用力和反作用力都要求二力等值、反向、共线,二者有什么区别?
6. 为什么说二力平衡定理、加减平衡力系原理和力的可传性都只适用于刚体?
7. 凡是两端铰接且不计自重的链杆都称为二力构件吗?二力杆与其形状有关系吗?
8. 如图 1.22 所示,作用于三铰架 AC 杆中点 D 的力 F 能否沿其作用线移到 BC 杆的中点 E?
9. 图 1.23 中力 F 作用在销钉 C 上,试问销钉 C 对杆 AC 的作用力与销钉 C 对杆 BC 的作用力是否等值、反向、共线?为什么?
10. 在如图 1.24 所示三铰刚架中,作用于 AC 部分的力偶 M,

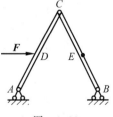

图 1.22

能否根据力偶可在其作用平面内任意转移,而不改变它对刚体转动效应的性质转移到 BC 部分？为什么？

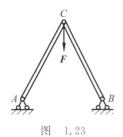

图 1.23

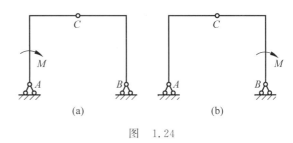

图 1.24

练习题

1. 已知力作用在平板 A 点处,且知 $F=100$kN,板的尺寸如图 1.25 所示。试计算力 F 对 O 点之矩。

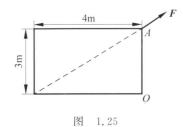

图 1.25

2. 挡土墙受力如图 1.26 所示,每一米长挡土墙所受土压力的合力为 F_R,它的大小 $F_R=150$kN,方向如图所示。试求土压力 F_R 对挡土墙产生的倾覆力矩。

提示：土压力 F_R 可使挡土墙绕 A 点转动,即力 F_R 对 A 点的力矩就是力对挡土墙的倾覆力矩。

3. 托架受力如图 1.27 所示,作用在 A 点的力为 F。已知 $F=500$N, $d=0.1$m, $l=0.2$m。试求力 F 对 O 点之矩。

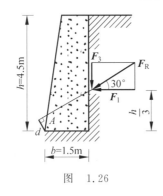

图 1.26

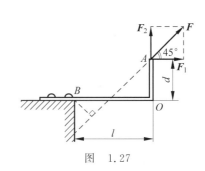

图 1.27

练习题参考答案

1. $M_O(F) = -240$kN·m。

2. $M_A(F_R) = +82.4$kN·m。

3. $M_O(F) = 35.35$kN·m。

第 2 章 结构的计算简图与受力图

本章学习目标
- 了解结构计算简图的概念,会画简单常见结构的计算简图。
- 了解约束的概念,能正确画出约束反力。
- 基本掌握受力图的画法。
- 了解平面杆件结构的分类。

本章将介绍结构的计算简图、物体的受力分析方法与受力图的绘制方法,它们是学习本课程必须具备的技能。

2.1 结构计算简图的概念

2.1.1 结构计算简图的简化原则

在结构设计中,严格考虑结构物的全部细节来进行精确的力学分析是很复杂的,想完全按照结构的实际情况进行力学分析计算也是不可能的,更是没有必要的。因此,为了突出问题的本质,表现结构的主要而基本的特点,对实际结构进行力学计算时,要略去一些次要影响因素,用一个经过简化的图形代替实际结构,这种简化图形称为**结构的计算简图**。

画出结构计算简图是对实际结构进行力学分析的重要步骤。计算简图的选择,直接影响计算的工作量和精确度。如果所选择的计算简图不能反映结构的实际受力情况,就会使计算结果产生差错,甚至造成工程事故,所以必须慎重地选择计算简图。

选取结构计算简图应遵循下列两条原则:
(1) 正确反映结构的实际受力情况和主要性能,使计算结果精确可靠;
(2) 分清主次,略去次要因素,以便于分析和计算。

严格来说,工程中的结构实际上都是空间结构,各部分互相连接成为一个空间整体,以便抵抗各个方向可能出现的荷载。在一定的条件下,可以根据结构的受力状态和特点,设法把空间结构简化为平面结构,这样可以简化计算。简化成平面结构后,结构中又往往会有许多构件,存在着复杂的联系,因此,仍有进一步简化的必要。根据受力状态和特点,可以把结构分解为基本部分和附属部分;把荷载按传递途径分为主要途径和次要途径;把结构变形分为主要变形和次要变形。在分清主次的基础上,就可以抓住主要因素,忽略次要因素。

2.1.2 结构计算简图的简化内容

实际结构简化成计算简图,通常需要进行以下 3 方面的简化。

1. 结构体系的简化

(1) 平面简化。一般的结构都是空间结构。如果空间结构在某平面内的杆件结构主要承担该平面内的荷载,则可以把空间结构分解为几个平面结构进行计算,这种简化称为结构的平面简化。

如图 2.1(a)所示的单层厂房是一个复杂的空间结构,作用在厂房上的荷载是沿纵向均匀分布的,因此可以简化成图 2.1(b)所示的平面结构进行计算。

(2) 杆件简化。在实际结构中,杆件截面的大小及形状虽然各不相同,但它的截面尺寸均远远小于杆件的长度。后文将说明,对于杆件中的每一个截面,只要求出截面形心处的内力、变形,则整个截面上各点的受力、变形情况就能确定。因此,在结构的计算简图中,构件的截面以它的形心来表示,而结构的杆件则用其轴线来表示。如梁、柱等构件的轴线为直线,就用相应的直线表示;而曲杆、拱等构件的轴线为曲线,则用相应的曲线表示。

(3) 结点的简化。在实际结构中,杆件之间相互连接的部分称为结点。不同的结构其连接方法各不相同,构造形式多种多样,如钢筋混凝土结构、钢结构、木结构等。但在结构的计算简图中,根据结点的实际构造,通常把结点简化成两种基本形式:铰结点和刚结点。

铰结点的特点是其所连接的各杆均可绕结点自由转动,杆件间的夹角可以改变大小,如图 2.2(a)所示为铰结点的实例。在计算简图中,铰结点用杆件交点处的小圆圈来表示,如图 2.2(b)所示。

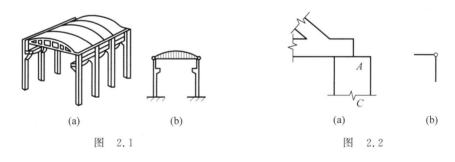

图 2.1　　　　　　　　　　图 2.2

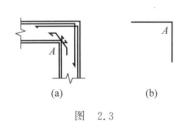

图 2.3

刚结点的特点是其所连接的各杆之间不能绕结点有相对转动,变形前后,结点处各杆间的夹角都保持不变,如图 2.3(a)所示现浇钢筋混凝土框架顶层结点的构造。因为梁与柱的混凝土为整体浇注,而且钢筋又能承担弯矩,故梁与柱在结点处不能发生相对移动和相对转动,因此把它简化为刚结点。在计算简图中,刚结点用杆件轴线的交点来表示,如图 2.3(b)所示。

2. 支座的简化

支座是指将结构与基础或其他支承物相联系,用以固定结构位置的连接构造,它的作用是使基础或其他支承物与结构连接起来,起到对结构的支承作用。

实际结构中,基础对结构的支承形式多种多样,但根据支座的实际构造和约束特点,在平面杆件结构的计算简图中,支座通常可简化为固定铰支座、活动铰支座、定向支座和固定端支座 4 种基本类型。这 4 种支座的计算简图及约束反力在下节中介绍。

3. 荷载的简化

作用于实际结构上的荷载可分为作用于构件内的体荷载(如自重)和分布于构件表面上的面荷载(如雪重、设备重量和风荷载等)。但在计算简图上,均简化为作用于杆件轴线上的分布线荷载、集中荷载和集中力偶。如果荷载的大小、方向和作用位置是不随时间变化的,或者虽有变化但极缓慢,使结构不至于产生显著的运动(如吊车荷载、风荷载等),则这类荷载称为**静荷载**。如荷载作用在结构上会引起显著的冲击和振动,使结构产生不容忽视的加速度,则这类荷载称为**动荷载**,如打桩机的冲击荷载,动力机械运转时产生的荷载等。

结构的计算简图是建筑力学分析问题的基础,下面以图 2.4(a)所示工业厂房结构的屋架为例,说明结构计算简图的取法。由图 2.4(a)可见,该厂房是一个空间结构,但由屋架与柱组成的各个排架的轴线均位于同一平面内,而且由屋面板和吊车梁传来的荷载主要作用在各横向排架上。因而可以把该空间结构分解为如图 2.4(b)所示的几个平面结构进行分析。

由图 2.4(b)可见,由于屋架与立柱的连接,使屋架不能左右移动,但在温度变化时仍可以自由伸缩。因此,可将其一端简化为固定铰支座,另一端简化为活动铰支座。当计算桁架各杆内力时,桁架各杆均以轴线表示,同时将屋面板传来的荷载及构件自重均简化为作用在结点上的集中荷载,如图 2.4(c)所示。

在分析排架柱的内力时,为简化计算,可以用实体杆代替桁架,并且将立柱及代替桁架的实杆均以轴线表示,如图 2.4(d)的计算简图所示。

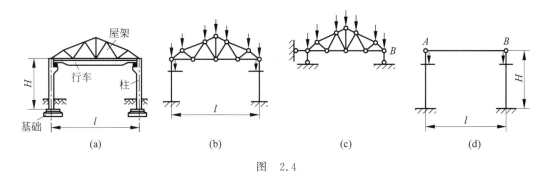

图 2.4

图 2.5(a)所示为预制钢筋混凝土站台雨篷结构,该结构由一根立柱和两根横梁组成,立柱和水平梁均为矩形等截面杆,斜梁是一根矩形变截面杆。在计算简图中,立柱和梁均用它们各自的轴线表示。由于柱与梁的连接处用混凝土浇筑成整体,钢筋的配置可以保证二者牢固地连接在一起,变形时,相互之间不能有相对转动,故在计算简图中简化成刚结点。

柱下端与基础连成一体,基础限制立柱下端不能有水平方向和竖直方向的移动,也不能有转动,故在计算简图中简化成固定端支座。

作用在梁上的荷载有梁的自重、雨篷板的重量等,这些可简化为沿斜梁轴线分布,如图 2.5(b)所示。

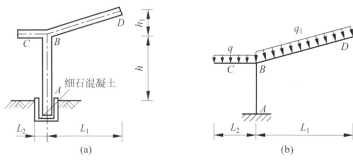

图 2.5

2.2 约束和约束反力

2.2.1 约束与约束力的概念

工程中的构件都会受到与它相联系的其他构件的限制而不能自由运动。例如，大梁受到柱子限制，柱子受到基础的限制，桥梁受到桥墩的限制等。在工程中，把在空间可以自由运动的物体称为自由体，如工地上工人上抛的砖就属于自由体。而把在空间某一方向的运动受到限制的物体称为非自由体。工程构件的运动大都受到某些限制，因而都是非自由体。

在工程中，把限制或阻碍物体运动的其他物体称为该物体的**约束**，即对非自由体的某些位移起限制作用的周围物体。例如前面提到的柱子是大梁的约束，基础是柱子的约束，桥墩是桥梁的约束等。

当物体的某种运动受到约束的限制时，物体与约束之间必然产生相互作用力。研究对象受到的约束对它施加的力称为**约束反力**，简称**约束力**或**反力**。由于约束限制了物体某些方向的运动，故约束反力的方向与其所能限制的物体运动方向相反。与约束反力相对应，凡能主动使物体运动或使物体有运动趋势的力称为**主动力**。例如，重力、水压力、土压力等。主动力在工程上也称为**荷载**。

实际工程中的物体一般同时受到主动力和约束反力的作用，对它们进行受力分析就是要分析这两方面的力。通常主动力是已知的，约束反力是未知的，所以问题的关键在于正确地分析约束反力。一般条件下，根据约束的性质只能判断约束反力的作用点位置或作用力方向。约束反力的大小要根据作用在物体上的已知力以及物体的运动状态来确定。约束反力作用在约束与被约束物体的接触处，其方向总是与该约束所能限制的运动趋势方向相反。应用这个准则，可以确定约束反力的方向或作用线的位置。

2.2.2 常见约束的计算简图与约束力

1. 柔性约束

由柔软的绳索、胶带、链条等物体形成的约束称为**柔性约束**。由于柔体只能拉物体，不能压物体，即柔性约束只能限制物体沿着柔性约束中心线离开柔性约束的运动，而不能限制物体沿其他方向的运动，所以柔性约束的约束反力只能是作用在物体的连接点上的拉力，即作用线沿着柔性约束中心线,作用点在接触点,方向背离被约束体,用 F_T 表示,如图 2.6 所示。

2. 光滑接触表面约束

两个物体相互接触,如果略去接触面间的摩擦力,就可以认为接触面是光滑的。由光滑面所形成的约束称为**光滑接触表面约束**。

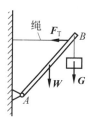

图 2.6

不管光滑接触面的形状如何,这种约束都不能限制物体沿光滑面的公切线方向或离开光滑面的运动,它只能限制物体沿光滑面的公法线指向光滑面的运动。所以光滑面的约束反力通过接触点,其方向沿着光滑面的公法线指向物体(为压力),约束反力方向已知,大小待求。这种约束反力通常用 F_N 表示,如图 2.7 和图 2.8 所示。

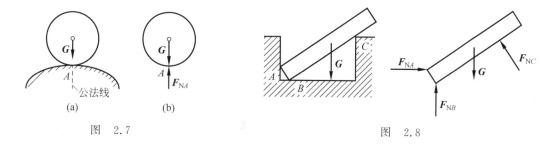

图 2.7   图 2.8

3. 光滑铰链约束

在两个物体上分别钻一个直径相同的圆孔,再将一直径略小于孔径的圆柱体(称为销钉)插入两物体的孔中将其连接起来,略去摩擦力,便形成了光滑铰链约束。此连接体简称为铰链或铰。这样,物体既可沿销钉轴线方向运动,又可绕销钉轴线转动,但不能沿垂直于销钉轴线的方向运动。

图 2.9(a)表示出两个物体铰接的情形,图 2.9(c)是它的简图。这类约束的特点是只能限制物体的任意径向移动,而不能限制物体绕圆柱销的转动。由于圆柱销与圆孔是光滑面接触约束,如图 2.9(b)所示,约束反力应为过接触点、沿公法线指向物体。由于接触点的位

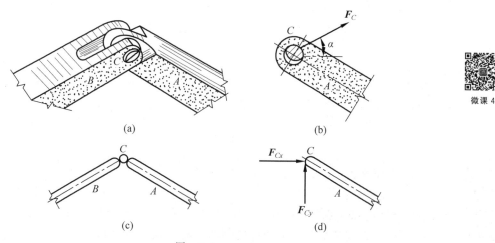

图 2.9

置不能预先确定,因此约束反力的方向也不能预先确定。所以,圆柱铰链的约束反力是在垂直于销钉轴线的平面内,通过铰链中心,而方向未定的反力。为了计算方便,将这一反力分解为两个正交方向的分力 F_{Cx}、F_{Cy},如图2.9(d)所示。

4. 链杆约束

两端用铰链与其他物体相连且中间不受力(自重可以忽略)的刚性杆称为**链杆**,如图2.10所示,链杆也称二力杆。链杆约束能阻止物体沿链杆轴向运动,却不能阻止其他方向的运动。因此,链杆的约束反力方向只能沿着它的轴线,或为压力,或为拉力。

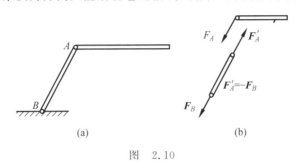

图 2.10

2.2.3 常见支座的计算简图与支座反力

支座可以将结构与基础或其他支承物相联系,用以固定结构位置。常用的平面杆件结构的支座计算简图有以下几种。

1. 活动铰支座

活动铰支座的构造形式如图2.11(a)所示,构件可绕铰轴转动,并可沿支承的平面方向滑动。其计算简图如图2.11(b)所示,这种支座对结构只有一个约束,即限制支点的竖向移动。因此,活动铰支座的反力垂直于支承面且通过铰链中心,但指向不定,常用 F_A 表示(见图2.11(c))。

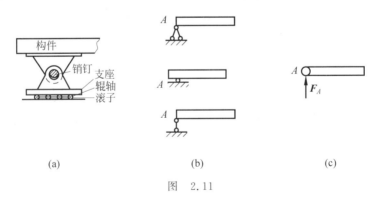

图 2.11

2. 固定铰支座

固定铰支座的构造如图2.12(a)所示,它对构件有两个约束作用,使构件只能绕铰轴转动而不能有竖向和水平方向的移动。其计算简图如图2.12(b)所示。在计算简图中,略去摩擦力的作用,铰支座的反力应通过铰轴的中心,而其大小和方向均为未知,通常用正交方向的两个分力 F_{Ax}、F_{Ay} 表示,如图2.12(c)所示。

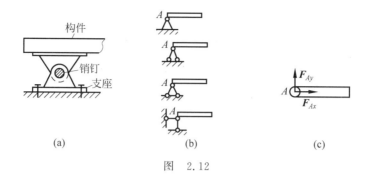

图 2.12

3. 固定端支座

固定端支座的构造如图 2.13(a)所示。这种支座不容许结构与它相连的基础发生转动和移动,有 3 种约束作用,图 2.13(b)是固定端支座的计算简图。其反力通常用正交方向的两个力 F_{Ax}、F_{Ay} 和一个反力偶 M_A 表示,如图 2.13(c)所示。工程实际中,不可能有完全固定的支座;在计算中,常将某些支座构造近似地看作固定的。当土质很硬、地基变形很小时,可以认为柱的下端与钢筋混凝土连接的部分为一固定端。

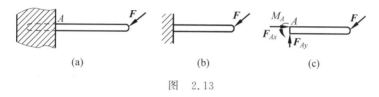

图 2.13

4. 定向支座

定向支座的构造如图 2.14(a)所示。这种支座使结构不能在支承处转动,也不能沿垂直于支承面方向移动。在计算简图中,定向支座用两根平行且等长的链杆表示,如图 2.14(b)所示。其约束反力为一个沿链杆方向的力 F_N 和一个反力偶 M,如图 2.14(c)所示。

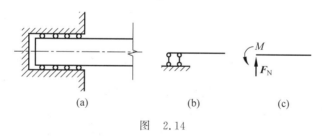

图 2.14

需要注意的是,对上述各种支座都假定不考虑其本身变形。在计算简图中,支杆为刚性杆,因此,称其为**刚性支座**。作结构分析时,如果需要考虑支座(包括地基在内)本身的变形,则这种支座称为弹性支座。在以后各章节中,除非特别说明,否则本书涉及的支座均为刚性支座。

2.3 结构的受力分析与受力图

求解力学问题时,首先要选定需要研究的物体,即选择研究对象(又称脱离体),然后根据已知条件、约束类型并结合基本概念和公理分析研究对象的受力情况,这个过程称为受力分析。

为了清楚地表示物体的受力情况,需要解除研究对象的全部约束,并把它从周围物体中分离出来,用简图单独画出。这种被解除约束的研究对象称为**脱离体**(也称为**分离体**);解除约束后,欲保持其原有的平衡状态,必须用相应的约束反力来代替原有约束作用。将作用于脱离体上的所有主动力和约束反力以力矢形式表示在脱离体图上,称为**受力图**。受力图能形象而清晰地表达研究对象的受力情况。正确画出受力图是分析受力、计算力学问题的前提,如果受力图出现错误,则随后的计算毫无意义,故受力分析和画受力图是本课程要求学生掌握的基本技能之一。

画物体受力图的基本步骤如下:

(1)取脱离体,恰当地选取研究对象,再用尽可能简明的轮廓将研究对象单独画出,即取脱离体;

(2)画主动力,画出脱离体所受的全部主动力;

(3)画支座反力,在脱离体上原来存在约束(即与其他物体相联系、相接触)的地方,按照约束类型逐一画出全部约束反力。

例 2.1　用力 F 拉动轮子以越过障碍,如图 2.15(a)所示,试画出轮子的受力图。

解　解题思路:恰当地选取研究对象,画出脱离体→画主动力→画支座反力。

解题过程:

(1)根据题意取轮子为研究对象,画出脱离体图。

(2)在脱离体上画出主动力,有轮子所受的重力 G,作用于轮子中心,竖直向下;杆对轮子中心的拉力 F。

(3)在脱离体上画约束反力。因轮子在 A 和 B 两处分别受到障碍和地面的约束,若不计摩擦,则均为光滑接触面约束,故在 A 处受障碍的约束反力过接触点 A,沿着接触点的公法线(沿轮子半径,过中心)指向轮子;在 B 处受地面的法向反力 F_{NB} 的作用,也是过接触点 B 沿着公法线而指向轮子中心。

把 G、F、F_{NA}、F_{NB} 全部画在轮子脱离体上,就得到轮子的受力图,如图 2.15(b)所示。

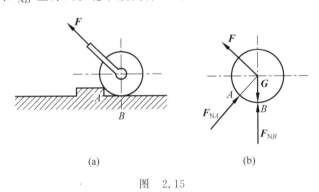

图　2.15

例 2.2　试画出如图 2.16(a)所示搁置在墙上的梁的受力图。

解　解题思路:恰当地选取研究对象,画出脱离体→画主动力→画支座反力。

解题过程:在实际工程结构中,要求梁在支承端处不得有竖向和水平方向的移动,但可在两端有微小的转动(由弯曲变形等原因引起),并且在温度变化时可以自由伸缩。为了反映墙对梁端部的约束性能,可按梁的一端为固定铰支座、另一端为活动铰支座来分析。计算简图如图 2.16(b)所示。工程上称这种梁为简支梁。

(1) 按题意取梁为研究对象,并画出梁的脱离体图。

(2) 受到的主动力为梁的重力,简化为一均布荷载 q。

(3) 受到的约束反力:B 点为活动铰支座,其约束反力 F_B 与支承面垂直,指向假设为向上;A 点为铰支座,其约束反力过铰链中心,但方向未定,通常用互相垂直的两分力 F_{Ax} 与 F_{Ay} 表示,假设指向如图 2.16(c)所示。

把各个力都画在梁的脱离体上,就得到梁的受力图,如图 2.16(c)所示。

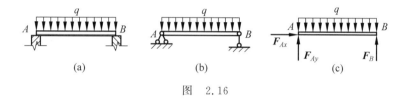

图　2.16

例 2.3　画图 2.17(a)所示各构件的受力图,杆件重力不计。

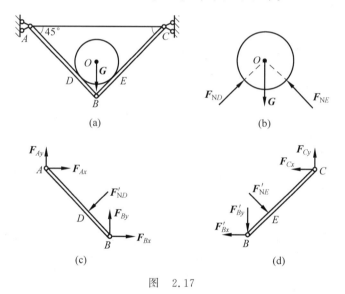

图　2.17

解　解题思路:恰当地选取研究对象,画出脱离体→画主动力→画支座反力。

解题过程:

(1) 取圆球 O 为研究对象,画出脱离体图。圆球 O 受到主动力 G 和杆 AB、BC 上的点 D、E 处的约束反力作用,点 D、点 E 处的约束为光滑面约束,由此可知约束反力 F_{ND}、F_{NE} 的方向沿接触点处的法线方向汇交于圆心 O,受力如图 2.17(b)所示。

(2) 取杆 AB 为研究对象,画出脱离体图。杆 AB 在点 D 处受球的压力 F'_{ND} 作用;根据作用力与反作用力定律可知 $F_{ND} = -F'_{ND}$,$F_{NE} = -F'_{NE}$。A 处为固定铰支座约束,可用两正交分力 F_{Ax}、F_{Ay} 表示;B 处为铰链约束,用两正交分力 F_{Bx}、F_{By} 表示。将 F'_{ND}、F_{Ax}、F_{Ay}、F_{Bx}、F_{By} 画在脱离体上,可得受力图如图 2.17(c)所示。

(3) 取杆 BC 为研究对象,画出脱离体图。同理可知 E 点和铰 B 处的约束反力为

F'_{NE}、F'_{Bx}、F'_{By};固定铰支座 C 处的约束反力为 F_{Cx}、F_{Cy}。将 F'_{NE}、F'_{Bx}、F'_{By}、F_{Cx}、F_{Cy} 画在杆 BC 的脱离体上,可得杆 BC 的受力图如图 2.17(d)所示。

例 2.4 试画出图 2.18(a)所示梁 AB 的受力图,梁的自重不计。

解 解题思路:恰当地选取研究对象,画出脱离体→画主动力→画支座反力。

解题过程:

(1) 取梁 AB 为研究对象,画出脱离体图。

(2) 画出主动力。梁受主动力 F 作用。

(3) 画出支座反力。A 端是固定端支座,它的约束反力有两正交分力 F_{Ax} 与 F_{Ay} 及未知反力偶 M_A,各反力的指向均假设。梁 AB 的受力图如图 2.18(b)所示。

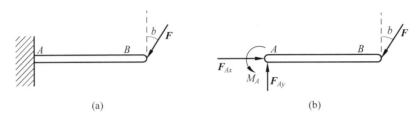

图 2.18

下面举例说明物体系统的受力图的画法。所谓物体系统就是由几个物体通过某种联系组成的系统,简称物系。画物系受力图与画单个物体受力图的方法基本相同,只是研究对象可能是整个物系或物系中的某一部分或某一物体。画整个物系受力图时,只需把整体作为单个物体看待,只考虑整体外部对它的作用力;画系统的某一部分或某一物体的受力图时,要注意被拆开的相互联系处有相应的约束反力,且约束反力是相互间的作用,一定遵循作用与反作用定律。

例 2.5 一不计自重的刚性拱结构如图 2.19(a)所示,A、C 两处为铰支座,B 点用光滑铰链铰接,已知左半拱上作用有荷载 F。试分析 AB 构件及整体结构的受力情况。

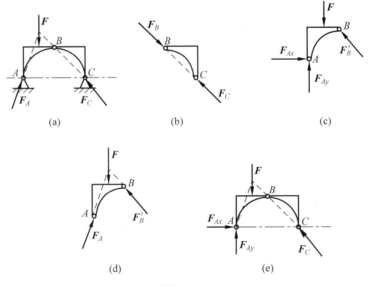

图 2.19

解 解题思路:恰当地选取研究对象,画出脱离体→画主动力→画支座反力。

解题过程:

(1) 取 AB 构件为研究对象,画出脱离体,并画出主动力 F。A 处为铰支座,B 处为光滑圆柱铰链,一般可以用通过圆柱销中心的两个正交分力分别表示两点的约束反力,但考虑到 BC 构件满足二力平衡定理,属二力构件。B、C 两点的约束反力必沿 B、C 两点的连线,且等值反向,如图 2.19(b)所示,箭头指向可以假设。再根据作用与反作用定律,即可确定 AB 构件上 B 点的约束反力 F'_B 的方向;A 处的约束反力可以用两个正交分力 F_{Ax} 与 F_{Ay} 表示,如图 2.19(c)所示。

因 AB 构件受三力作用而平衡,因此亦可根据三力平衡汇交定理,确定 A 处铰支座约束反力的作用线方位,箭头指向要与图 2.19(c)中的指向一致,画出如图 2.19(d)所示的受力图。

(2) 分析整体受力情况。先将整体从约束中分离出来并单独画出,画上主动力 F。C 点约束反力可由 BC 为二力构件直接判定沿 B、C 两点连线方向,并用 F_C 表示;A 点约束反力可用两个正交分力表示成图 2.19(e)所示的情况,也可根据整体属三力平衡结构,根据三力平衡汇交定理确定 A 处铰支座约束反力的方向,如图 2.19(a)所示。

值得注意的是,在分析整体的受力情况时,铰结点 B 处的约束反力属于研究对象内部的相互作用力,即内力,不应表现在受力图上。必须指出,内力与外力的区分不是绝对的,它们在一定的条件下可以相互转化。例如,当我们取 AB 构件为研究对象时,B 处的约束反力就属外力,但取整体为研究对象时,B 处的约束反力又成为内力。可见,内力与外力的区分只有相对于某一确定的研究对象才有意义。

例 2.6 梁 AC 和 CD 用铰链 C 连接,并支承在三个支座上,A 处为固定铰支座,B、D 处为活动铰支座,梁所受外力为 F,如图 2.20(a)所示,试画出梁 AC、CD 及整梁 AD 的受力图。

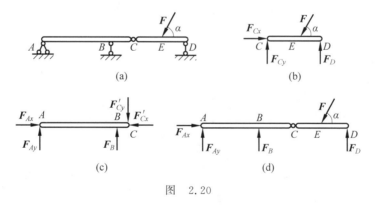

图 2.20

解 解题思路:恰当地选取研究对象,画出脱离体→画主动力→画支座反力。

解题过程:

(1) 取 CD 为研究对象,画出脱离体。CD 受主动力 F 作用,D 处为活动铰支座,其约束反力垂直于支承面,指向假设向上;C 处为圆柱铰链约束,其约束反力由两个正交分力 F_{Cx} 与 F_{Cy} 表示,指向假设,如图 2.20(b)所示,也可由三力平衡汇交定理确定 C 处铰链约束反力的方向,读者可自行绘制。

(2) 取 AC 梁为研究对象,画出脱离体,A 处为铰支座,其约束反力可用两正交分力 F_{Ax} 与 F_{Ay} 表示,箭头指向假设;B 处为活动铰支座,其约束反力 F_B 垂直于支承面,指向假设向上；C 处为圆柱铰链，其约束反力 F'_{Cx} 与 F'_{Cy} 与作用在 CD 梁上的 F_{Cx} 与 F_{Cy} 是作用力与反作用力的关系。AC 梁的受力图如图 2.20(c)所示。

（3）取 AD 整梁为研究对象，画出脱离体。其受力图如图 2.20(d)所示，此时不必将 C 处的约束反力画上，因为它属内力。A、B、D 三处的约束反力同前。

通过以上各例的分析，可见画受力图时应注意以下几点。

（1）明确研究对象。根据解题的需要，可以取单个物体为研究对象，也可以取由几个物体组成的系统为研究对象，不同研究对象的受力图不同。

（2）不要漏画力和多画力。在研究对象上要画出它所受到的全部主动力和约束反力，去掉一个约束就必须用相应的反力来代替，如表 2.1 所示。

表 2.1 常见约束及其约束反力

序号	约束类型	计算简图	约束反力	未知量数目	备 注
1	柔性约束	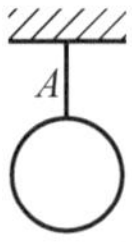		1	只能承受拉力，沿绳背离研究对象
2	光滑面约束	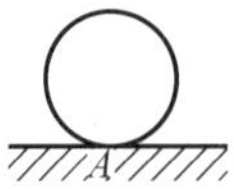	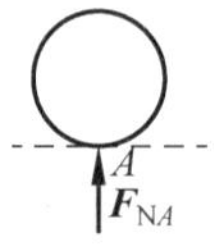	1	沿接触点公法线方向，指向研究对象
3	光滑铰链约束	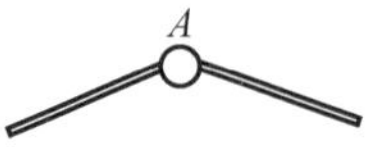	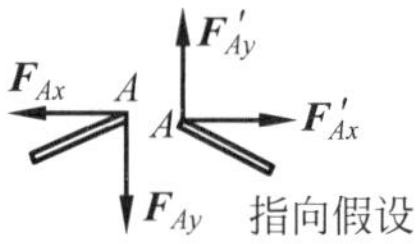	2	限制移动，不限制转动
4	链杆约束	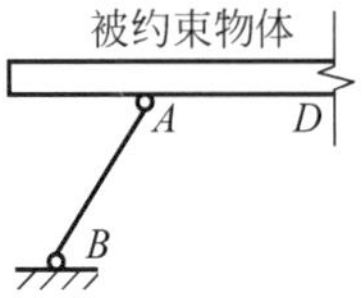	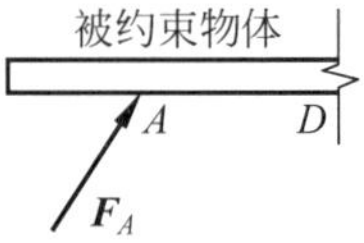	1	限制研究对象沿链杆轴线方向运动
5	活动铰支座	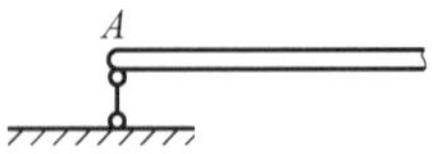	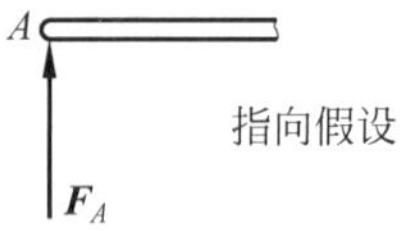	1	光滑面约束的一种，限制研究对象沿公法线方向移动
6	固定铰支座	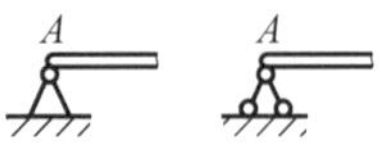	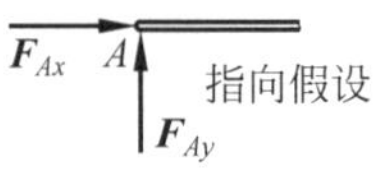	2	限制移动，不限制转动
7	固定端支座		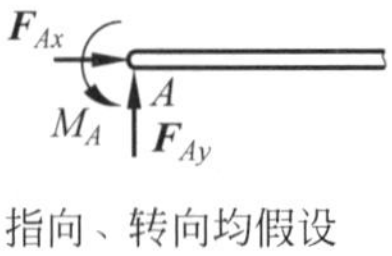	3	限制移动，限制转动

续表

序号	约束类型	计算简图	约束反力	未知量数目	备注
8	定向支座	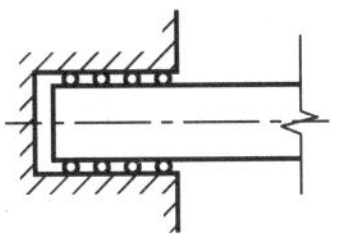	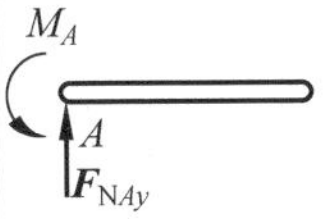 M_A, F_{NAy} 指向、转向均假设	2	结构在支承处不能转动,也不能沿垂直于支承面方向移动

由于力是物体之间的相互作用,不能凭空产生,因此,对每一个力都应明确它是哪一个施力物体施加给研究对象的。取物体系统为研究对象时,系统内物体之间相互作用力属内力,相互抵消,不用画出。

(3) 正确画出约束反力。一个物体往往同时受到几个约束的作用,这时应由约束本身的特性来确定约束反力的方向,而不能凭主观判断或者根据主动力的方向来简单推断。同一约束反力在各受力图中假设的指向必须一致。

(4) 注意作用力与反作用力的关系。在分析两物体之间的相互作用时,要符合作用力与反作用力的关系,作用力的方向一经确定,反作用力的方向也就确定了,二者反向。

(5) 注意识别二力构件。二力构件在工程实际中经常遇到,它所受的两个力必定沿着两力作用点的连线,且等值、反向。这样,二力构件两点约束反力的作用线就能确定,受力图简明,并且减少了未知量的个数。

对于只受三个力作用而平衡的构件,如果需要确定约束反力的方向,则可应用三力平衡汇交定理。

2.4 平面杆件结构的分类

建筑力学研究的并不是实际的结构物,而是代表实际结构的计算简图。在本书中,多以"结构"一词作为"结构计算简图"的简称,而不再加以说明。

按照不同的构造特征和受力特点,平面杆件结构可分为下列几类。

(1) 梁。梁是一种受弯构件,其轴线通常为直线。它可以是单跨的(图 2.21(a)),也可以是多跨的(图 2.21(b))。

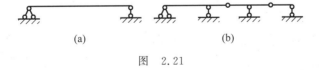

(a)　　　　　　　(b)

图　2.21

(2) 拱。图 2.22 所示为拱形结构的一种。拱的特征是:轴线为曲线,在竖向荷载作用下,支座除产生竖向反力外,还产生水平反力。就图 2.22 所示的拱而言,水平反力的存在将使其弯矩远小于与其跨度、荷载相同的图 2.21(a)中梁的弯矩。

(3) 桁架。桁架是由若干杆件在两端用铰连接而成的结构,如图 2.23 所示。各杆的轴线一般都是直线。在各杆轴线为直线的前提下,当桁架只受到作用于结点的荷载时,各杆将只产生轴力。

图 2.22

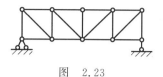
图 2.23

(4) 刚架。刚架是由梁和柱组成的,其部分或全部结点为刚结点,如图 2.24 所示。刚架中各杆件常同时承受弯矩、剪力及轴力,但多以弯矩为主要内力。

(5) 组合结构。组合结构是部分由链杆、部分由梁或刚架组合而成的结构(图 2.25)。在组合结构中,有些杆件只承受轴力,而另一些杆件还同时承受弯矩和剪力。

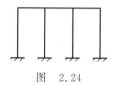
图 2.24

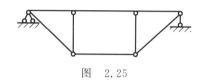
图 2.25

按照所用计算方法的不同,结构可分为静定结构和超静定结构。若一结构在承受任意荷载时,所有支座反力和任一截面上的内力都可由静力平衡条件求出其确定值,则此结构称为静定结构。反之,若上述的反力和内力不能仅靠静力平衡条件来确定,还必须考虑变形条件才能求得,则此结构称为超静定结构。例如,图 2.21(a)所示为静定梁中的简支梁,图 2.24所示则为一超静定刚架。

复习思考题

对于如图 2.26 所示的两种结构,试画出梁的计算简图。

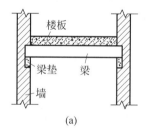

(a)

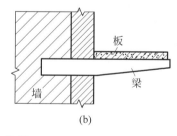

(b)

图 2.26

练习题

1. 画出图 2.27 中各物体的受力图(各接触面都是光滑的)。
2. 画出图 2.28 中指定物体的受力图(假定各接触面都是光滑的)。

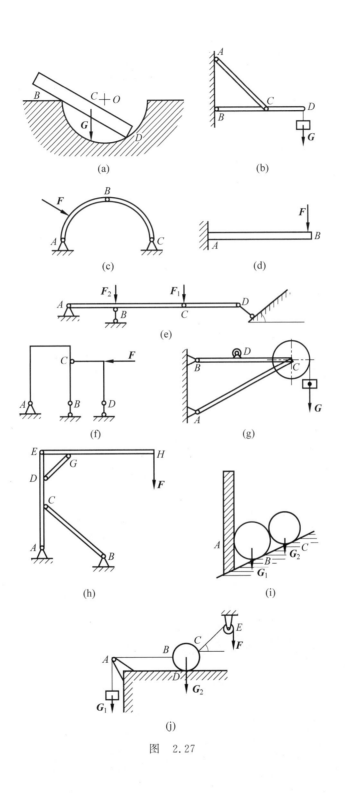

图 2.27

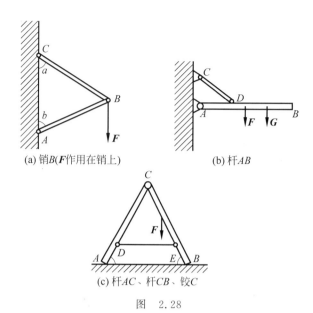

(a) 销B(**F**作用在销上) (b) 杆AB

(c) 杆AC、杆CB、铰C

图 2.28

第 3 章

平面力系的平衡条件

本章学习目标
- 掌握力在坐标轴上的投影及合力投影定理。
- 掌握平面汇交力系的合成与平衡条件。
- 掌握平面力偶系的合成与平衡条件。
- 掌握平面一般力系的简化结果与平衡条件。
- 掌握物体系统的平衡条件。

平面力系即共面力系,它的特点是,各力作用线分布在同一平面内。平面力系分为**平面汇交力系、平面平行力系、平面一般力系和平面力偶系**。若平面力系中各力的作用线汇交一点,则称为平面汇交力系,如图 3.1(a)所示;若平面力系中各力的作用线平行,则称为平面平行力系,如图 3.1(b)所示;若平面力系中各力的作用线既不汇交一点又不互相平行,则称为平面一般力系,如图 3.1(c)所示;若平面力系中各力的作用线在同一直线上,则称为共线力系,如图 3.1(d)所示;若平面力系是由若干个力偶组成的,则称为平面力偶系,如图 3.1(e)所示。

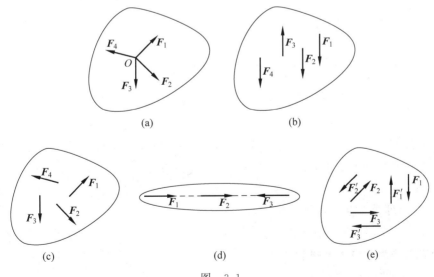

图 3.1

3.1 平面汇交力系的合成与平衡条件

3.1.1 力的分解与力的投影

1. 力的分解

由 1.1.4 节可知,两个共点力可以合成为一个合力,结果是唯一的;可是反过来,要把一个已知力分解为两个力,若无足够的条件限制,结果将是不定的。因为在力的平行四边形法则中,每一个力矢量都包含大小、方向、作用点 3 个要素,故两力矢共有 6 个要素,必须已知其中 4 个要素才能确定其余两个。在已知合力大小和方向的条件下,还必须规定另外两个条件。例如,规定两个分力的方向;或两个分力的大小;或一个分力的大小和方向;或一个分力的大小和另一个分力的方向等。所以要使问题有确定的解答,必须有足够的附加条件。

在工程实际中,经常会遇到把一个力沿两个已知方向分解,求这两个分力的大小的问题。

2. 力在坐标轴上的投影

若求力 F 在 x 轴上的投影,可自力矢 F 的两端 A 和 B 向 x 轴引垂线,得到垂足 a 和 b,则 x 轴上线段 ab 即为 F 在 x 轴上的投影,用 F_x 表示。力在轴上的投影是代数量,正负号规定如下:

若从 a 到 b 的指向与 x 的正向一致,则力 F 在 x 轴上的投影为正(图 3.2(a));反之为负(图 3.2(b))。若力 F 与 x 轴的正向夹角为 α,则有

$$F_x = F\cos\alpha \tag{3-1}$$

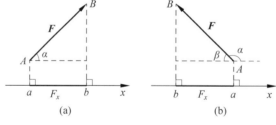

图 3.2

在实际计算中,力在轴上的投影等于此力的大小乘以此力与投影轴所夹锐角的余弦,其正负号可直接观察确定。例如图 3.2(b)中,当 α 为钝角时,力的投影可表示为

$$F_x = -F\cos\beta$$

由式(3-1)可看出有 3 种特殊情况:当 $\alpha=0°$时,$F_x=F$;当 $\alpha=90°$时,$F_x=0$;当 $\alpha=180°$时,$F_x=-F$。

3. 力在直角坐标轴上的投影

将力 F 分别向直角坐标轴 Ox 和 Oy 上投影,如图 3.3 所示,有

$$\begin{cases} F_x = F\cos\alpha \\ F_y = F\sin\alpha \end{cases} \tag{3-2}$$

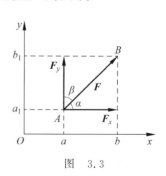

图 3.3

若已知力 F 在直角坐标轴上的投影为 F_x、F_y,则该力的大小和方向为

$$\begin{cases} F = \sqrt{F_x^2 + F_y^2} \\ \cos\alpha = \dfrac{F_x}{F} \\ \cos\beta = \dfrac{F_y}{F} \end{cases} \tag{3-3}$$

必须注意,力的分力是矢量,力的投影是代数量,两者不可混淆。

3.1.2 合力投影定理

由力的平行四边形法则可知,作用于刚体平面内某一点的两个力可以合成为一个力,其合力符合矢量加法法则。如图 3.4 所示,作用于刚体平面内 A 点的力 $\boldsymbol{F}_1$ 和 $\boldsymbol{F}_2$,其合力 $\boldsymbol{F}_R$ 等于力 $\boldsymbol{F}_1$ 和 $\boldsymbol{F}_2$ 的矢量和,即

$$\boldsymbol{F}_R = \boldsymbol{F}_1 + \boldsymbol{F}_2$$

在力作用平面上建立平面直角坐标系 xOy,合力 $\boldsymbol{F}_R$ 和 $\boldsymbol{F}_1$、$\boldsymbol{F}_2$ 在 x 轴的投影分别为 $F_{Rx} = ad$,$F_{1x} = ab$,$F_{2x} = ac$。由图 3.4 可知,$ac = bd$,$ad = ab + bd$,因此有

$$F_{Rx} = ad = ab + bd = F_{1x} + F_{2x}$$

同理可得

$$F_{Ry} = F_{1y} + F_{2y}$$

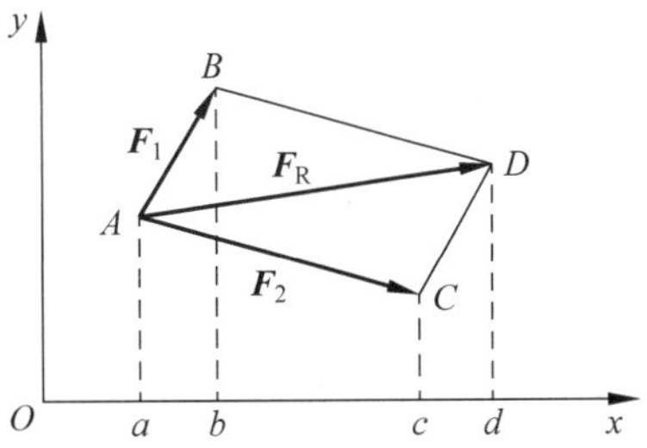

图 3.4

若刚体平面上的某一点作用着 n 个力 $\boldsymbol{F}_1, \boldsymbol{F}_2, \cdots, \boldsymbol{F}_n$,由两个力合成的平行四边形法则,以此类推,可以得出力系的合力等于各分力的矢量和。即

$$\boldsymbol{F}_R = \boldsymbol{F}_1 + \boldsymbol{F}_2 + \cdots + \boldsymbol{F}_n = \sum \boldsymbol{F} \tag{3-4}$$

上式表明:平面汇交力系可合成为通过汇交点的合力,合力矢等于各分力的矢量和。

将矢量等式(3-4)分别向 x、y 轴投影,得

$$\begin{cases} F_{Rx} = F_{1x} + F_{2x} + \cdots + F_{ix} + \cdots + F_{nx} = \sum F_x \\ F_{Ry} = F_{1y} + F_{2y} + \cdots + F_{iy} + \cdots + F_{ny} = \sum F_y \end{cases} \tag{3-5}$$

上式表明:**合力在某一轴上的投影,等于各分力在同一轴上投影的代数和**,这就是**合力投影定理**。式中 F_{1x} 和 F_{1y},$\cdots$,F_{nx} 和 F_{ny} 分别表示各分力在 x 和 y 轴上的投影。

3.1.3 平面汇交力系合成的解析法

平面汇交力系合成通常有两种方法:一种是几何法,另一种是解析法。几何法是利用平行四边形法则作图求合力的一种基本方法,作图要求十分精确,否则将会引起较大误差。工程中常用的方法是解析法。

求平面汇交力系合力的解析法,是用力在直角坐标轴上的投影计算合力的大小,确定合力的方向。

按合力投影定理,求出合力在 x 轴和 y 轴上的投影 F_{Rx} 和 F_{Ry},根据式(3-3),可求得

合力的大小和方向为

$$\begin{cases} F_R = \sqrt{F_{Rx}^2 + F_{Ry}^2} \\ \cos\alpha = F_{Rx}/F_R \\ \cos\beta = F_{Ry}/F_R \end{cases} \quad (3\text{-}6)$$

式中 α 和 β 分别为合力 F_R 与 x 轴、y 轴的正向夹角。

例 3.1 一吊环受到三条钢丝绳的拉力,如图 3.5(a)所示。已知 $F_1 = 2\,000\text{N}$,水平向左;$F_2 = 2\,500\text{N}$,与水平方向成 $30°$;$F_3 = 1\,500\text{N}$,铅直向下。试用解析法求合力的大小和方向。

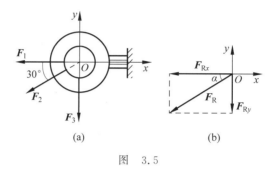

图 3.5

解 解题思路:选取坐标,分别求各力在 x、y 坐标轴上的投影,代入式(3-5)和式(3-6)计算。

解题过程:以三力的汇交点 O 为坐标原点,取坐标如图 3.5(b)所示,先分别计算各力的投影。

$$F_{1x} = -F_1 = -2\,000\text{N}$$

$$F_{2x} = -F_2\cos30° = -2\,500\text{N} \times 0.866 = -2\,165\text{N}$$

$$F_{3x} = 0$$

$$F_{1y} = 0$$

$$F_{2y} = -F_2\sin30° = -2\,500\text{N} \times 0.5 = -1\,250\text{N}$$

$$F_{3y} = -F_3 = -1\,500\text{N}$$

由式(3-5)得

$$F_{Rx} = \sum F_x = (-2\,000 - 2\,165 + 0)\text{N} = -4\,165\text{N}$$

$$F_{Ry} = \sum F_y = (0 - 1\,250 - 1\,500)\text{N} = -2\,750\text{N}$$

由式(3-6)得

$$F_R = \sqrt{F_{Rx}^2 + F_{Ry}^2} = \sqrt{(-4\,165)^2 + (-2\,750)^2}\,\text{N} \approx 4\,991\text{N}$$

由于 F_{Rx} 和 F_{Ry} 都是负值,所以合力 F_R 应在第三象限(图 3.5(b))。

$$\cos\alpha = |F_{Rx}|/F_R = 4\,165/4\,991 \approx 0.834$$

$$\alpha = 33.5°$$

例 3.2 如图 3.6(a)所示,重 50N 的球用与斜面平行的绳 AB 系住,静止在与水平面成 $30°$ 的斜面上。已知绳子的拉力 $F_T = 25\text{N}$,斜面对球的支持力 $F_N = 25\sqrt{3}\,\text{N}$,试求该球所受合外力的大小。

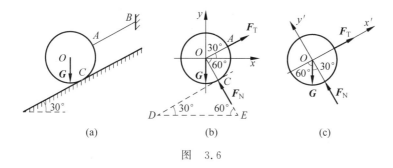

图 3.6

解 解题思路：先建立坐标，再求力在各坐标轴上的投影，然后应用式(3-5)、式(3-6)计算。

解题过程：

解法 1：画受力图并建立坐标系 xOy，如图 3.6(b)所示。

$$F_{Rx} = \sum F_x = F_{Nx} + G_x + F_{Tx} = -F_N \cdot \cos 60° + 0 + F_T \cos 30°$$

$$= -25\sqrt{3} \times \frac{1}{2} + 0 + 25 \times \frac{\sqrt{3}}{2} = 0$$

$$F_{Ry} = \sum F_y = F_{Ny} + G_y + F_{Ty} = F_N \sin 60° - G + F_T \sin 30°$$

$$= 25\sqrt{3} \times \frac{\sqrt{3}}{2} - 50 + 25 \times \frac{1}{2} = 0$$

显然

$$F_R = \sqrt{F_{Rx}^2 + F_{Ry}^2} = 0$$

解法 2：画受力图并建立坐标系 $x'Oy'$，如图 3.6(c)所示。

$$F_{Rx'} = \sum F_{x'} = F_{Nx'} + F_{Tx'} + G_{x'} = 0 + F_T - G\cos 60°$$

$$= 0 + 25 - 50 \times \frac{1}{2} = 0$$

$$F_{Ry'} = \sum F_{y'} = F_{Ny'} + F_{Ty'} + G_{y'} = F_N + 0 - G\sin 60°$$

$$= 25\sqrt{3} + 0 - 50 \times \frac{\sqrt{3}}{2} = 0$$

$$F_R = \sqrt{F_{Rx'}^2 + F_{Ry'}^2} = 0$$

由本例计算知，当所选坐标轴不同时，力系合成的结果虽一样，但繁简程度却不相同。故解题时，应将坐标轴选在与尽可能多的力垂直或平行的方向，以简化运算过程。

3.1.4 平面汇交力系的平衡条件

由平面汇交力系的简化结果知，若合力等于零，则刚体处于平衡状态。这时作用在刚体上的力系是一个平衡力系，由此可得**平面汇交力系平衡的充分和必要条件是：合力等于零**，即

$$\sum \boldsymbol{F}_i = \boldsymbol{0}$$

按汇交力系合成的解析法,合力等于零,即

$$F_R = \sqrt{F_{Rx}^2 + F_{Ry}^2} = 0$$

因只有 $F_{Rx}=0$, $F_{Ry}=0$,上式才等于零,于是有

$$\begin{cases} F_{Rx} = \sum F_x = 0 \\ F_{Ry} = \sum F_y = 0 \end{cases} \tag{3-7}$$

式(3-7)称为平面汇交力系的平衡方程。它表明平面汇交力系平衡的充分和必要解析条件是:**力系中各力在直角坐标系各轴上投影的代数和分别等于零**。根据这两个独立的平衡方程式,可以求解两个独立未知量。

例 3.3 重量 $G=100\mathrm{N}$ 的球 C 用两根绳悬挂固定,如图 3.7(a)所示,试求各绳的拉力。

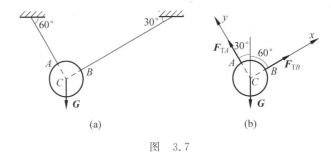

图 3.7

解 解题思路:建立坐标系,求各力在各坐标轴上的投影,运用式(3-7)计算。

解题过程:以球 C 为研究对象,受力图如图 3.7(b)所示。

由于未知力 $\boldsymbol{F}_{TA}$ 和 $\boldsymbol{F}_{TB}$ 作用线互相垂直,故建立以球心 C 为原点的直角坐标参考系 Cxy,如图 3.7(b)所示。列出平衡方程如下:

$$\sum F_x = 0, \quad F_{TB} - G\sin 30° = 0$$

$$F_{TB} = 100\mathrm{N}\sin 30° = 50\mathrm{N}$$

$$\sum F_y = 0, \quad F_{TA} - G\cos 30° = 0$$

$$F_{TA} = 100\mathrm{N}\cos 30° \approx 86.6\mathrm{N}$$

求得结果均为正值,说明力 $\boldsymbol{F}_{TA}$ 和 $\boldsymbol{F}_{TB}$ 都是拉力。

例 3.4 压榨机简图如图 3.8(a)所示,在铰链 A 处作用一水平力 $\boldsymbol{F}$,使压块 C 压紧物体。若杆 AB 和 AC 的重量忽略不计,各处接触均为光滑,求物体 D 所受的压力。

解 解题思路:取 A 点为研究对象,画出受力图,建立坐标系,计算力的投影,再利用式(3-7)计算。

解题过程:根据作用力与反作用力的关系,求压块 C 对物体 D 的压力,可通过求物体 D 对压块 C 的约束反力 $\boldsymbol{F}_N$ 而得到,而欲求压块 C 所受的反力 $\boldsymbol{F}_N$,则需先确定 AC 杆所受的力。为此,应先考虑铰链 A 的平衡,找到杆 AC 所受内力与主动力 $\boldsymbol{F}$ 的关系。

根据上述分析,可先取铰链 A 为研究对象,设二力杆 AB 和 AC 均受拉力,因此铰链 A 的受力图如图 3.8(b)所示。为了使某个未知力只在一个轴上有投影,在另一轴上的投影为零,坐标轴应尽量取在与未知力作用线垂直的方向。这样在一个平衡方程式中可只出现一

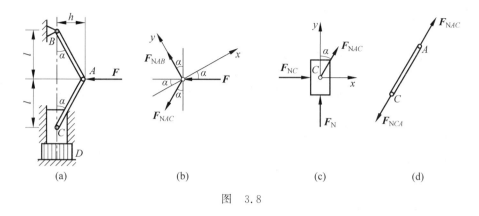

图 3.8

个未知力,按图 3.8(b)所示坐标系,列出平衡方程。

由 $\sum F_x = 0$,有

$$-F\cos\alpha - F_{NAC}\cos(90° - 2\alpha) = 0$$

解得

$$F_{NAC} = -F\frac{\cos\alpha}{\sin 2\alpha} = -\frac{F}{2\sin\alpha}$$

再选取压块 C 为研究对象,其受力图如图 3.8(c)所示,取坐标系如图 3.8(c)所示,列平衡方程

由 $\sum F_x = 0$,有

$$F_{NAC}\cos\alpha + F_N = 0$$

解得

$$F_N = -F_{NAC}\cos\alpha = -\frac{-F}{2\sin\alpha}\cos\alpha$$

$$= \frac{F\cot\alpha}{2} = \frac{Fl}{2h}$$

通过上面的计算,可以看出解析法在求解力学平衡问题中的重要性。现将求静力学平衡问题的一般方法和步骤总结如下。

(1) 选择研究对象。

选择时应注意:①所选择的研究对象上应作用有已知力(或已经求出的力)和未知力,这样才能应用平衡条件由已知力求出未知力;②先以受力简单并能由已知力求得未知力的物体作为研究对象,然后再以受力较为复杂的物体作为研究对象。

(2) 取脱离体,画受力图。

研究对象确定后,需进行受力分析,为此,需将研究对象从周围的物体中脱离出来。根据所受的外荷载画出脱离体所受的主动力;根据约束性质,画出脱离体上所受的约束反力,最后得到研究对象的受力图。

(3) 根据平衡条件建立平衡方程,并由此解出全部未知力。

建立平衡方程时,应先选取合适的坐标。当约束反力的指向预先不能判断时,可以假设一方向,若计算结果为正值,说明约束反力的实际方向与所设方向一致;若计算结果为负值,则实际方向与所设方向相反。

3.2 平面力偶系的合成与平衡条件

作用在同一平面内的一组力偶称为**平面力偶系**。

下面先研究两个平面力偶的合成。

设在同一平面内有两个力偶,其矩为 $M_1 = F_1 d_1$,$M_2 = F_2 d_2$,如图 3.9(a)所示,求其合成结果。

在力偶的作用面内任取一线段 AB,$AB = d$,如图 3.9(b)所示,在不改变力偶矩的条件下将各力偶的臂都化为 d。于是,得到与原力偶等效的两个力偶 (F_1, F_1') 和 (F_2, F_2')。F_1 和 F_2 的大小由下式算出:

$$M_1 = F_1 d, \quad M_2 = F_2 d$$

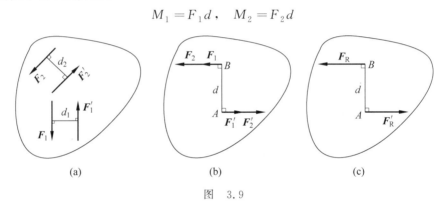

图 3.9

然后,转移这两个力偶,使它们的力臂都与 AB 重合。再将作用于 A 点的力合成,可得合力 F_R,其大小为 $F_R = F_1 + F_2$;同样,将作用于 B 点的力合成,得合力 F_R',其大小为 $F_R' = F_1' + F_2'$。可见,F_R 与 F_R' 大小相等、方向相反、作用线平行。因此,F_R 与 F_R' 组成一个力偶 (F_R, F_R'),如图 3.9(c)所示,这就是两个已知力偶的合成结果,即合成为一个合力偶,其力偶矩为

$$M = F_R d = (F_1 + F_2) d = F_1 d + F_2 d = M_1 + M_2$$

将两个平面力偶合成的结果推广到由 n 个力偶组成的平面力偶系中,其力偶矩为

$$M = M_1 + M_2 + \cdots + M_n = \sum M_i \tag{3-8}$$

由此可知,**平面力偶系的合成结果为一合力偶,合力偶矩等于力偶系中各力偶矩的代数和**。

力偶系的合成结果既然是一个合力偶,那么要使力偶系平衡,合力偶矩必须等于零,即

$$\sum M_i = 0 \tag{3-9}$$

由此可知,平面力偶系平衡的必要和充分条件是:**力偶系中各力偶矩的代数和等于零**。式(3-9)称为平面力偶系的平衡方程,利用它可求出一个未知量。

例 3.5 梁 AB 受一力偶作用,其力偶矩大小 $M = 100 \text{kN} \cdot \text{m}$,尺寸如图 3.10 所示,求支座 A、B 的反力。

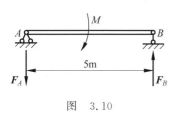

图 3.10

解 解题思路:利用力偶系平衡条件画出受力图,再用式(3-9)计算。

解题过程:取梁 AB 为研究对象,梁上作用有力偶,力偶矩为 M,支座 A、B 的约束反力分别为 F_A 和 F_B。由支座约束性质可知,F_B 的方位可定,而 F_A 的方位不定。若不计梁自重,根据力偶只能与力偶相平衡的性质,可知 F_A 必与 F_B 组成一个力偶(F_A、F_B)。即 F_A 与 F_B 大小相等、方向相反、作用线平行。

根据平面力偶系的平衡方程

$$\sum M_i = 0$$

有

$$5F_A - M = 0$$

解得

$$F_A = \frac{M}{5} = \frac{100}{5} \text{kN} = 20 \text{kN}$$

因此

$$F_B = F_A = 20 \text{kN}$$

F_A、F_B 皆为正值,说明实际方向与假设的方向相同。

例 3.6 图 3.11(a)所示梁 AB 受力偶作用,已知力偶矩 $M = 20 \text{kN} \cdot \text{m}$,$F = F' = 80 \text{kN}$;求 A、B 支座的反力。

解 解题思路:利用力偶平衡画出受力图,然后再用式(3-9)求解。

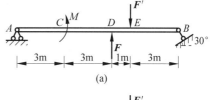

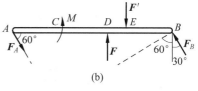

图 3.11

解题过程:以梁 AB 为研究对象,先画出活动铰支座 B 的反力 F_B,任意假设其指向。M 为力偶,力 F 与力 F' 组成一力偶。固定铰支座 A 的约束反力用合力 F_A 表示,根据力偶的性质可知它一定与 F_B 组成一力偶。画出 AB 的受力图如图 3.11(b)所示。列出平面力偶系的平衡方程。

由 $\sum M = 0$,有

$$F_A \cdot d + M - F \times 1 = 0$$

解得

$$F_A = (80 \times 1 - 20)/10\cos 30° \text{kN} \approx 6.93 \text{kN}$$

所以

$$F_B = 6.93 \text{kN}$$

支座反力 F_A 及 F_B 均为正值,说明其实际方向与假设的方向相同。

3.3 平面一般力系的简化与平衡条件

3.3.1 平面一般力系的简化与简化结果分析

1. 平面一般力系的简化

利用力的平移定理可以将平面一般力系分解为一个平面汇交力系和一个平面力偶系，然后再将这两个力系分别进行合成。其简化过程如下：

设刚体上作用一平面一般力系 $F_1, F_2, \cdots, F_n$，在力系的作用面内任取一点 O，O 点称为**简化中心**，如图 3.12(a)所示。

根据力的平移定理，将力系中各力平移到 O 点，同时附加相应的力偶，其矩分别为 $M_1 = M_O(F_1), M_2 = M_O(F_2), \cdots, M_n = M_O(F_n)$。于是，得到作用于 O 点的平面汇交力系 $F_1', F_2', \cdots, F_n'$ 以及相应的附加平面力偶系 $M_1, M_2, \cdots, M_n$，如图 3.12(b)所示。这样就把原来的平面一般力系转化为一个平面汇交力系和一个平面力偶系，显然，原力系与此二力系等效。

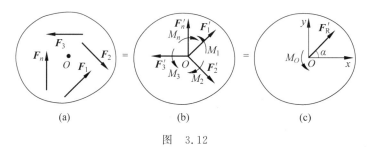

图 3.12

平面汇交力系 $F_1', F_2', \cdots, F_n'$ 可进一步合成为一个作用于 O 点的合矢量 F_R'。F_R' 等于该力系中各力的矢量和。因为 $F_1' = F_1, F_2' = F_2, \cdots, F_n' = F_n$，所以 F_R' 也等于原力系中各力的矢量和。即

$$F_R' = F_1 + F_2 + \cdots + F_n = \sum F_i$$

F_R' 称为原力系的**主矢**。

通过 O 点取坐标系 xOy，如图 3.12(c)所示，用解析法可求出主矢 F_R' 的大小和方向。根据合力投影定理，得

$$F_{Rx}' = F_{1x} + F_{2x} + \cdots + F_{nx} = \sum F_x$$

$$F_{Ry}' = F_{1y} + F_{2y} + \cdots + F_{ny} = \sum F_y$$

于是，主矢 F_R' 的大小和方向由下式确定：

$$\begin{cases} F_R' = \sqrt{F_{Rx}'^2 + F_{Ry}'^2} = \sqrt{\left(\sum F_x\right)^2 + \left(\sum F_y\right)^2} \\ \tan\alpha = \left|\dfrac{F_{Ry}'}{F_{Rx}'}\right| = \left|\dfrac{\sum F_y}{\sum F_x}\right| \end{cases} \tag{3-10}$$

式中，α 为 F_R' 与 x 轴所夹的锐角。F_R' 的指向由 F_{Rx} 和 F_{Ry} 的正负号判定。

附加平面力偶系可进一步合成一个力偶，其力偶矩大小 M_O 等于各附加力偶矩的代数

和。因为 $M_1=M_O(\boldsymbol{F}_1),M_2=M_O(\boldsymbol{F}_2),\cdots,M_n=M_O(\boldsymbol{F}_n)$，所以 M_O 也等于原力系中各力对 O 点之矩的代数和。即

$$\begin{aligned}M_O &= M_1+M_2+\cdots+M_n \\ &= M_O(\boldsymbol{F}_1)+M_O(\boldsymbol{F}_2)+\cdots+M_O(\boldsymbol{F}_n) \\ &= \sum M_O(\boldsymbol{F})\end{aligned} \tag{3-11}$$

M_O 称为原力系对简化中心 O 的主矩。

综上所述，可得如下结论：平面一般力系向作用面内任一点 O 简化，一般可以得到一个力和一个力偶。该力作用于简化中心，其大小及方向等于原力系的主矢；该力偶矩等于原力系对简化中心的主矩。

由于主矢 $\boldsymbol{F}'_R$ 只是原力系的矢量和，它完全取决于原力系中各力的大小和方向，因此，主矢与简化中心的位置无关，而主矩 M_O 等于原力系中各力对简化中心之矩的代数和，选择不同位置的简化中心，各力对它的力矩也将改变，因此，主矩与简化中心的位置有关，故在主矩 M_O 右下方应标注简化中心的符号。

在此值得指出的是，力系向一点简化的方法是适用于任何复杂力系的普遍方法。

例 3.7 在图 3.13(a)所示的悬臂梁中，A 端为固定端支座，试分析其约束反力。

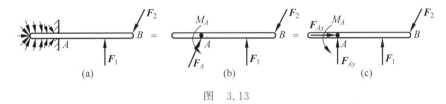

图 3.13

解 解题思路：利用力的平移定理，将梁固定端受墙体的分布约束力向 A 点平移，其主矩、主矢即为约束反力。

解题过程：设梁受主动力系作用，梁的固定端受到墙体的约束力系作用。假设主动力系和约束力系都作用在梁的对称平面内，组成平面任意力系，如图 3.13(a)所示，根据平面力系简化理论，约束力系可向固定端 A 点简化为一力 $\boldsymbol{F}_A$ 和一力偶 M_A，即是原力系向 A 点简化的主矢和主矩，分别称为**约束反力和约束反力偶**，如图 3.13(b)所示。因为约束反力的方向未知，所以也可以将约束反力沿水平方向和铅垂方向分解成两个分力 $\boldsymbol{F}_{Ax}$ 和 $\boldsymbol{F}_{Ay}$，如图 3.13(c)所示。由此可以看出，固定端支座将会产生**约束反力和约束反力偶**。

2. 简化结果分析

根据上节所述，平面任意力系向任一点 O 简化，其简化结果为一个主矢 $\boldsymbol{F}'_R$ 和一个主矩 M_O。

（1）若 $\boldsymbol{F}'_R=\boldsymbol{0},M_O\neq 0$，则原力系简化为一个力偶，其矩等于原力系对简化中心的主矩。在这种情况下，简化结果与简化中心的选择无关。不论力系向哪一点简化，结果都是一个力偶，而且力偶矩等于主矩。

（2）若 $\boldsymbol{F}'_R\neq\boldsymbol{0},M_O=0$，则原力系简化成一个力。在这种情况下，附加力偶系平衡，主矢 $\boldsymbol{F}'_R$ 即为原力系合力 $\boldsymbol{F}_R$，作用于简化中心。

（3）若 $\boldsymbol{F}'_R\neq\boldsymbol{0},M_O\neq 0$，则原力系简化为一个力和一个力偶。在这种情况下，根据力的

平移定理可知,这个力和力偶还可以继续合成为一个合力 F_R,其作用线离 O 点的距离为

$$d = \frac{M_O}{F'_R}$$

用主矩 M_O 的转向来确定合力 F_R 的作用线在简化中心 O 点的哪一侧。

(4) $F'_R = 0, M_O = 0$,则原力系是平衡力系。将在下节详细讨论这种情况。

3.3.2 平面一般力系的平衡条件

由 3.3.1 节分析可知,主矢 F'_R 和主矩 M_O 都不等于零,或其中任何一个不等于零时,力系是不平衡的。因此,要使力系平衡,必须 $F'_R = 0, M_O = 0$。所以,平面任意力系平衡的必要和充分条件是:**力系的主矢与主矩同时等于零**。即

$$F'_R = \sqrt{\left(\sum F_x\right)^2 + \left(\sum F_y\right)^2} = 0$$

$$M_O = \sum M_O(\boldsymbol{F}) = 0$$

因要使 $F'_R = 0$,必须 $\sum F_x = 0, \sum F_y = 0$,故上式改为

$$\begin{cases} \sum F_x = 0 \\ \sum F_y = 0 \\ \sum M_O(\boldsymbol{F}) = 0 \end{cases} \tag{3-12}$$

式(3-12)称为**平面一般力系的平衡方程**,它是平衡方程的基本形式。$\sum F_x = 0, \sum F_y = 0$,表示力系中各力在任何方向的坐标轴上投影的代数和等于零,称为投影方程。$\sum M_O(\boldsymbol{F}) = 0$,表示各力对平面内任意点之矩的代数和等于零,说明力系对物体无转动作用,该方程称为力矩方程。

因为式(3-12)是力系平衡的充分必要条件,故平面一般力系有 3 个独立的平衡方程,用这组方程最多可求解 3 个未知量。

应该指出,坐标轴和简化中心(或矩心)是可以任意选取的。在应用平衡方程解题时,为使计算简化,通常将矩心选在众多未知力作用线的交点上;坐标轴则尽可能选取与该力系中多数未知力的作用线平行或垂直,以便尽可能避免解联立方程。

例 3.8 如图 3.14(a)所示悬臂梁中,已知 $F = 10 \text{kN}, q = 2 \text{kN/m}, M = 4 \text{kN} \cdot \text{m}$,试计算固定端支座 A 的约束反力。

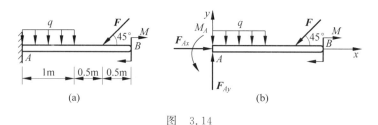

图 3.14

解 解题思路:确定研究对象,画出受力图,建立坐标系,运用式(3-12)进行计算。

解题过程:以 AB 梁为研究对象,画出的受力图如图 3.14(b)所示。以 A 点为原点建立如图 3.14(b)所示的直角坐标系。列出平面一般力系平衡方程的基本形式:

$$\sum F_x = 0, \quad F_{Ax} - F\cos45° = 0$$

$$F_{Ax} = F\cos45° = 10 \times \cos45° \text{kN} \approx 7.07 \text{kN}$$

$$\sum F_y = 0, \quad F_{Ay} - q \times 1 - F\sin45° = 0$$

$$F_{Ay} = q \times 1 + F\sin45° = (2 \times 1 + 10 \times \sin45°) \text{kN} \approx 9.07 \text{kN}$$

$$\sum M_A(\boldsymbol{F}) = 0, \quad M_A - q \times 1 \times \frac{1}{2} - F\sin45° \times 1.5 - M = 0$$

$$M_A = q \times 1 \times \frac{1}{2} + F\sin45° \times 1.5 + M$$

$$= \left(2 \times 1 \times \frac{1}{2} + 10 \times \sin45° \times 1.5 + 4\right) \text{kN} \cdot \text{m}$$

$$\approx 15.61 \text{kN} \cdot \text{m}$$

各未知量的计算结果均为正,说明实际方向与假设的方向相同。

由以上例题可见,选取适当的坐标轴和矩心,可以减少平衡方程中所含未知量的数目。平面一般力系的平衡方程除了基本形式外,还有其他两种形式。

(1) 二矩式平衡方程

$$\begin{cases} \sum F_x = 0 \quad (\text{或} \sum F_y = 0) \\ \sum M_A(\boldsymbol{F}) = 0 \\ \sum M_B(\boldsymbol{F}) = 0 \end{cases} \tag{3-13}$$

附加条件:A、B 两点的连线不能与 x 轴(或 y 轴)垂直。

(2) 三矩式平衡方程

$$\begin{cases} \sum M_A(\boldsymbol{F}) = 0 \\ \sum M_B(\boldsymbol{F}) = 0 \\ \sum M_C(\boldsymbol{F}) = 0 \end{cases} \tag{3-14}$$

附加条件:A、B、C 三点不能选在同一直线上。

应该注意的是,无论选用哪种形式的平衡方程,对于同一平面一般力系来说,最多只能列出 3 个独立的平衡方程,因而只能求出 3 个未知量。选用力矩式平衡方程,必须满足附加条件,否则所列平衡方程将不都是独立的。

例 3.9 边长为 a 的平板等边三角形 ABC 在铅垂平面内用 3 根沿边长方向的等长且不计自重的直杆铰接,如图 3.15(a)所示。BC 边水平,板上作用一矩为 M 的力偶,板所受重力为 G。试求三杆对平板的约束反力。

解 解题思路:确定研究对象,画出受力图,利用式(3-14)进行求解。

解题过程:取平板 ABC 为研究对象。由于杆重不计,各杆均是二力杆。显然作用于平板上的力系是平面一般力系,且未知力 $\boldsymbol{F}_A$、$\boldsymbol{F}_B$、$\boldsymbol{F}_C$ 的分布比较特殊,如图 3.15(b)所示。若用平衡方程的基本形式求解,显然要解联立方程。若用三矩式平衡方程求解则比较简便。

由 $\sum M_A(\boldsymbol{F}) = 0$,有

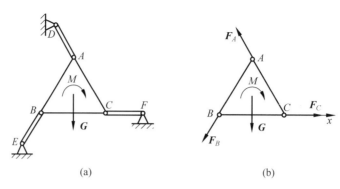

图 3.15

$$F_C a\cos 30° - M = 0$$

解得

$$F_C = \frac{M}{a\cos 30°}$$

由 $\sum M_B(\mathbf{F}) = 0$,有

$$F_A a\cos 30° - G\frac{a}{2} - M = 0$$

解得

$$F_A = \frac{M + G\dfrac{a}{2}}{a\cos 30°}$$

由 $\sum M_C(\mathbf{F}) = 0$,有

$$F_B a\cos 30° + G\frac{a}{2} - M = 0$$

解得

$$F_B = \frac{M - \dfrac{Ga}{2}}{a\cos 30°}$$

以上选取的 A、B、C 三点不共线,故 3 个平衡方程是独立的,所以可解出 3 个未知量。应该注意,这时投影方程仍需满足,但不再独立,只能用来进行校核。

例 3.10 一汽车式起重机,车重 $Q = 26\text{kN}$,起重机伸臂重 $G = 4.5\text{kN}$,起重机旋转及固定部分重 $W = 31\text{kN}$。各部分尺寸如图 3.16 所示,单位为 m。设伸臂在起重机对称面内,且放在最低位置,求此时车不致翻倒的最大起重量 F_P。

解 解题思路:汽车起重机翻倒的临界情况是前轮压 F_{NA} 等于零,因此不翻倒条件是 $F_{NA} \geqslant 0$,列出平衡方程求解。

解题过程:取汽车为研究对象,受力分析如图 3.16 所示。

汽车在满载时可能绕点 B 翻倒。其力学特征是前轮脱离地面,此时 $F_{NA} = 0$。

而不翻倒的条件为 $F_{NA} \geqslant 0$。

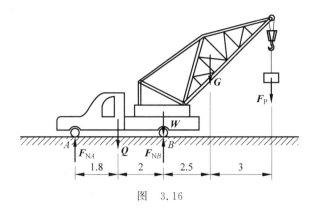

图 3.16

取临界情况 $F_{NA}=0$，列出力矩平衡方程

$$\sum M_B = 0$$

有

$$2Q - 2.5G - 5.5F_P = 0$$

解得

$$F_P = \frac{1}{5.5}(2Q - 2.5G) = 7.41\text{kN}$$

故最大起重量

$$F_{P\max} = 7.41\text{kN}$$

讨论：本题中，力 F_P、G 使汽车绕点 B 翻倒，故其对点 B 之矩称为翻倒力矩。而力 Q 有阻碍翻倒的作用，此力对点 B 的矩称为稳定力矩。若不使汽车翻倒，必须满足：

$$\text{稳定力矩} \geqslant \text{翻倒力矩}$$

对于本题，此条件可写成

$$2Q \geqslant 2.5G + 5.5F_P$$

从而得

$$F_P \leqslant 7.41\text{kN}$$

3.3.3 平面平行力系的平衡条件

平面汇交力系和平面力偶系是平面一般力系的特殊情况。在工程上还常遇到平面平行力系问题，它也是平面一般力系的特殊情况。所谓平面平行力系，就是各力作用线在同一平面内且互相平行的力系。

设刚体上作用一平面平行力系 $F_1, F_2, \cdots, F_n$，如图 3.17 所示。若取坐标系中 Oy 轴与各力平行，则不论该力系是否平衡，各力在 x 轴上的投影恒等于零，即 $\sum F_x = 0$。因此，平面平行力系的平衡方程为

$$\begin{cases} \sum F_y = 0 \\ \sum M_O(\boldsymbol{F}) = 0 \end{cases} \tag{3-15}$$

则平面平行力系平衡的必要与充分条件是：力系中各力在与其平行的坐标轴上投影的代数

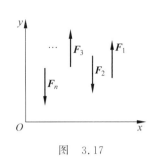

图 3.17

和等于零,及力对任一点之矩的代数和等于零。

力矩式平衡方程为

$$\begin{cases} \sum M_A(\boldsymbol{F}) = 0 \\ \sum M_B(\boldsymbol{F}) = 0 \end{cases} \quad (3\text{-}16)$$

附加条件：A、B 两点连线不与各力的作用线平行。

由此可见,平面平行力系只有两个独立的平衡方程,因此由该力系只能求出两个未知量。

例 3.11 塔式起重机的结构简图如图 3.18 所示。设机架所受重力 $F_W = 500\text{kN}$,重心在 C 点,与右轨 B 相距 $a = 1.5\text{m}$。最大起重量 $F_P = 250\text{kN}$,与右轨 B 的最远距离 $l = 10\text{m}$。平衡物所受重力为 G,与左轨 A 相距 $x = 6\text{m}$,二轨相距 $b = 3\text{m}$。试求起重机在满载与空载时都不致翻倒的平衡物重 G 的范围。

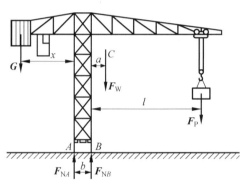

图 3.18

解 解题思路：确定塔式起重机为研究对象,利用满载时起重机可绕 B 轨右翻,$F_{NA} = 0$,求出最小值 $G_{\min}$；空载时起重机绕 A 轨翻倒,$F_{NB} = 0$,求出最大值 $G_{\max}$。

解题过程：取起重机整机为研究对象。

起重机在起吊重物时,作用其上的力有机架重力 $\boldsymbol{F}_W$、平衡物重力 $\boldsymbol{G}$、起重量 $\boldsymbol{F}_P$ 以及轨道轮 A、B 的约束力 $\boldsymbol{F}_{NA}$、$\boldsymbol{F}_{NB}$,这些力组成平面平行力系,受力图如图 3.18 所示。

起重机在平衡时,有 $\boldsymbol{F}_{NA}$、$\boldsymbol{F}_{NB}$ 和 $\boldsymbol{G}$ 共 3 个未知量,而力系只有两个独立的平衡方程,问题成为不可解。

但是,本题是求使起重机满载与空载都不致翻倒的平衡物重 G 的范围,因而可分为满载右翻与空载左翻的两种临界情况来讨论 G 的最小与最大值,从而确定 G 值的范围。

满载($F_P = 250\text{kN}$)时,起重机可能绕 B 轨右翻,在平衡的临界情况(即将翻而未翻时),左轮 A 将悬空,$F_{NA} = 0$,这时由平衡方程求出的是平衡物重力 G 的最小值 $G_{\min}$。列出平衡方程：

$$\sum M_B(\boldsymbol{F}) = 0$$

有

$$G_{\min}(x + b) - F_W a - F_P l = 0$$

解得

$$G_{\min} = \frac{F_W a + F_P l}{x+b} = \frac{500 \times 1.5 + 250 \times 10}{6+3} \text{kN} \approx 361.1 \text{kN}$$

空载($F_P=0$)时,起重机可能绕 A 轨左翻,在平衡的临界情况,右轮 B 将悬空,$F_{NB}=0$,这时由平衡方程求出的是平衡物重力 G 的最大值 $G_{\max}$。列平衡方程：

$$\sum M_A(\boldsymbol{F}) = 0$$

有

$$G_{\max} x - F_W(a+b) = 0$$

解得

$$G_{\max} = \frac{F_W(a+b)}{x} = \frac{500(1.5+3)}{6} \text{kN} = 375 \text{kN}$$

故在 $x=6\text{m}$ 时,平衡物重力 G 的范围为 $361.1\text{kN} \leqslant G \leqslant 375\text{kN}$。

3.4 物体系统的平衡问题

前面的讨论仅限于单个物体的平衡问题。在工程实际中常遇到由几个物体通过约束所组成的物体系统平衡问题。在这类平衡问题中,不仅要研究外界物体对这个系统的作用,同时还要分析系统内部各物体之间的相互作用。外界物体作用于系统的力称为外力；系统内部各物体之间相互作用的力称为内力[①]。内力与外力的概念是相对的,在研究整个系统平衡时,由于内力总是成对地出现,这些内力是不必考虑的；当研究系统中某一物体或部分物体的平衡时,系统中其他物体对它们的作用力就成为外力,必须予以考虑。

当整个系统平衡时,组成该系统的每个物体也都平衡。因此在求解物体系统的平衡问题时,既可选整个系统为研究对象,也可选单个物体或部分物体为研究对象。对每一个研究对象,在一般情况下(平面一般力系),可以列出 3 个独立的平衡方程,对于由 n 个物体组成的物体系统,就可以列出 $3n$ 个独立平衡方程,因而可以求解 $3n$ 个未知量。如果系统中有的物体受平面汇交力系、平面平行力系或平面力偶系的作用,则整个系统的平衡方程数目相应地减少。下面举例说明物体系统平衡问题的求解方法。

例 3.12 图 3.19(a)所示的多跨静定梁由 AB 梁和 BC 梁用中间铰 B 连接而成。C 端为固定端,A 端为活动铰支座。已知 $M=20\text{kN}\cdot\text{m}$,$q=15\text{kN/m}$。试求 A、B、C 三点的约束反力。

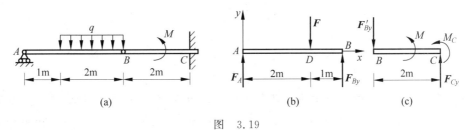

图 3.19

[①] 此处的内力与变形体的内力概念有所不同,此处内力是指系统内各物块的相互作用力,变形体内力是指杆件内部抵抗变形的力。

解 解题思路：若只选整体为研究对象，则未知力个数大于平衡方程个数，无法求解，故还要灵活选取组成部分为研究对象，然后用平面一般力系的平衡方程求解。

解题过程：若取 ABC 梁为研究对象，由于作用力较多，则计算较繁。从多跨梁结构来看，梁 AB 上未知力较少，故将多跨梁拆开来分析为最佳解题方案。

（1）先取 AB 梁为研究对象，受力如图 3.19(b)所示，均布载荷 q 的合力为作用于 D 点的集中力 $\boldsymbol{F}$，在受力图上不再画 q，以免重复。因梁 AB 上只作用主动力 $\boldsymbol{F}$ 且铅直向下，故判断 B 铰的约束反力只有铅直分量 $\boldsymbol{F}_{By}$，AB 梁在平面平行力系作用下平衡，列平衡方程：

$$\sum M_B(\boldsymbol{F}) = 0$$

有

$$-3F_A + F = 0$$

解得

$$F_A = \frac{F}{3} = \frac{30}{3}\mathrm{kN} = 10\mathrm{kN}$$

由 $\sum M_A(\boldsymbol{F}) = 0$，得

$$3F_{By} - 2F = 0$$

解得

$$F_{By} = \frac{2}{3}F = \frac{2}{3} \times 30\mathrm{kN} = 20\mathrm{kN}$$

（2）再取 BC 梁为研究对象，受力如图 3.19(c)所示。注意 $\boldsymbol{F}_{By}$ 和 $\boldsymbol{F}'_{By}$ 是作用力与反作用力关系，同样可以判断固定端 C 处只有反力 $\boldsymbol{F}_{Cy}$ 和反力偶 M_C。BC 梁在平面一般力系作用下平衡，由平衡方程 $\sum F_y = 0$，有

$$F_{Cy} - F_{By} = 0$$

解得

$$F_{Cy} = F_{By} = 20\mathrm{kN}$$

由 $\sum M_B(\boldsymbol{F}) = 0$，有

$$M_C + M + 2F_{Cy} = 0$$

解得

$$M_C = M - 2F_{Cy} = (-20 - 2 \times 20)\mathrm{kN \cdot m} = -60\mathrm{kN \cdot m}$$

负值表示 C 端的约束反力偶的实际转向为顺时针。

例 3.13 在图 3.20(a)所示的载重汽车中，拖车与汽车之间用铰链连接，汽车重 $G_1 = 3\mathrm{kN}$，拖车重 $G_2 = 1.5\mathrm{kN}$，载重 $G_3 = 8\mathrm{kN}$，重心位置如图 3.20(a)所示，求静止时地面对 A、B、C 三轮的约束反力。

解 解题思路：若只选整体为研究对象，则未知力数多于平衡方程数，无法求解，故还要灵活选取部分为研究对象，然后用平衡方程求解。

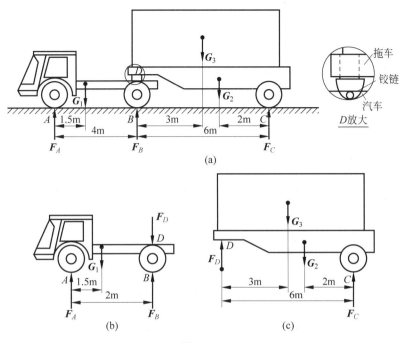

图 3.20

解题过程：在不考虑摩擦力的情况下，地面对车轮的约束反力沿接触面的公法线方向，有 3 个未知力，仅考虑整体平衡是无法确定这些约束反力的。

为求约束反力，现将拖车与汽车从铰接处拆开，分别考虑各部分的平衡。

(1) 先取拖车为研究对象。

由 $\sum M_D = 0$，有

$$F_C \times 6 - G_3 \times 3 - G_2 \times 4 = 0$$

解得

$$F_C = 5 \text{kN}$$

由 $\sum M_C = 0$，有

$$G_2 \times 2 - G_3 \times 3 - F_D \times 6 = 0$$

解得

$$F_D = 4.5 \text{kN}$$

(2) 再取汽车为研究对象。

由 $\sum M_A = 0$，有

$$F_B \times 4 - G_1 \times 1.5 - F_D \times 4 = 0$$

将 F_D 代入得

$$F_B = 5.625 \text{kN}$$

由 $\sum M_B = 0$，有

$$-F_A \times 4 + G_1 \times 2.5 = 0$$

解得

$$F_A = 1.875 \text{kN}$$

根据以上两例,现讨论如下两个问题。

(1) 选择"最佳解题方案"问题。求解物体系统的平衡问题,往往要选择两个以上的研究对象,分别绘出其受力图,列出必要的平衡方程,然后求解。因此在解题前必须考虑解题的最佳方案。尽量利用一个平衡方程求解一个未知量,不解联立方程组。

(2) 选择平衡方程形式问题。为了减少平衡方程中所包含的未知量数目,在力臂易求时,尽量采用力矩方程,以避免解联立方程;求力臂较繁时,采用投影方程。

复习思考题

1. 何谓平面力系?它分为哪几种?试举例说明。

2. 力 F 沿 Ox、Oy 的分力和力在两轴上的投影有何区别?试以图 3.21 所示两种情况为例进行分析说明。

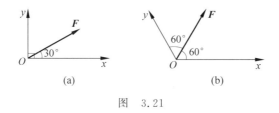

图 3.21

3. 判断图 3.22 所示两个力系能否平衡?它们的三力都汇交于一点,且各力都不等于零,图 3.22(a)中力 F_1 和 F_2 共线。

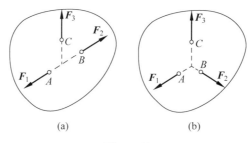

图 3.22

4. 力在轴上的投影是标量,其正负号如何确定?

5. 平面一般力系向简化中心简化时,可能产生几种结果?

6. 为什么说平面汇交力系、平面平行力系已包括在平面一般力系中?

7. 已知一不平行的平面力系在 y 轴上投影的代数和等于零,且对平面内某一点之矩的代数和等于零,问此力系的简化结果是什么?

8. 一平面力系向 A、B 两点简化的结果相同,且主矢和主矩都不为零,问有否可能?

9. 对于原力系的最后简化结果为一力偶的情形,主矩与简化中心的位置无关,为什么?

10. 平面一般力系的平衡方程有几种形式?应用时有什么限制条件?

11. 平面一般力系只有 3 个独立的平衡方程,只能求解 3 个未知量,但是在图 3.23 所示的三铰刚架中,却可以用平衡方程求出 4 个未知力 F_{Ax}、F_{Ay}、F_{Bx}、F_{By},为什么?

12. 试由平面一般力系的平衡方程导出平面汇交力系和平面力偶系的平衡方程。

13. 图 3.24 所示的 y 坐标不与各力平行,试问:该平行力系若平衡,是否可写出 $\sum F_x = 0$,$\sum F_y = 0$ 和 $\sum M_O = 0$ 这 3 个独立的平衡方程,为什么?

14. 若求图 3-25 所示系统 A、B、C 处的约束反力,应怎样选取研究对象?

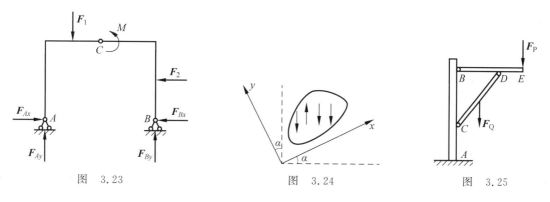

图 3.23   图 3.24   图 3.25

15. 图 3.26 所示的物体系统处于平衡状态,如要计算各支座的约束反力,应怎样选取研究对象?

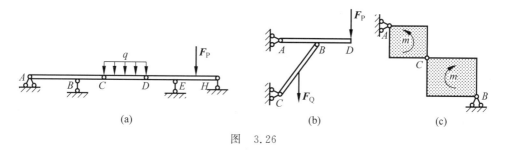

图 3.26

16. 对于如图 3.27 所示的梁,先将作用于 D 点的力 F 平移至 E 点成为 F',并附加一个力偶 $m = 3Fa$,然后求铰的约束反力,对不对?为什么?

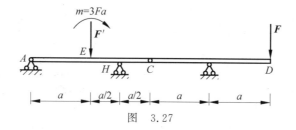

图 3.27

练习题

1. 试用解析法求图 3.28 所示平面汇交力系的合力。已知:$F_1 = F_2 = F_3 = F_4 = 100 \text{kN}$。

2. 如图 3.29 所示,固定在墙壁上的圆环受到共面且汇交于圆环中心 O 点的 3 个拉力

F_1、F_2、F_3的作用,已知$F_1=20\text{kN}$,$F_2=25\text{kN}$,$F_3=10\text{kN}$,试求此三力的合力。

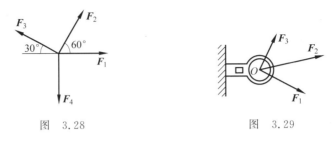

图 3.28　　　　　　　　　　　图 3.29

3. 支架由 AB 杆和 AC 杆组成,A、B、C 三处均为铰接。A 点悬挂重物,受重力 G 作用。若杆的自重不计,试求图 3.30 所示三种情况下 AB 杆和 AC 杆所受的力。

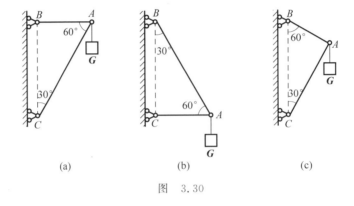

图 3.30

4. 在图 3.31 所示的刚架的 B 点作用于一水平力 F,若刚架重量不计,试求支座 A、D 的反力。

5. 电动机所受重力 $G=5\,000\text{N}$,电动机放在水平梁 AC 的中央,如图 3.32 所示。梁的 A 端以铰链连接墙,另一端以撑杆 BC 支撑,撑杆与水平梁的夹角为 30°。若梁和撑杆的重量不计,试求撑杆 BC 的内力。

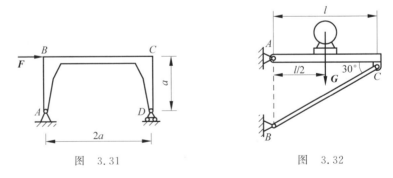

图 3.31　　　　　　　　　　　图 3.32

6. 在图 3.33 所示液压式夹紧机构中,若作用在活塞 A 上的力 $F=1\text{kN}$,$\alpha=10°$,不计各构件的重量与接触处的摩擦,试求工件 H 所受的压紧力。

7. 图 3.34 所示为一拔桩装置。在木桩的 A 点处系一绳,将绳的另一端固定在 C 点,在绳的 B 点处另系一绳 BE,将它的另一端固定在 E 点,然后在绳的 D 点用力向下拉,并使

绳的 BD 段水平，AB 段铅直；DE 段与水平线、CB 段与铅直线间成等角 $\alpha=0.1\text{rad}$。若向下的拉力 $F=800\text{N}$，试求绳 AB 作用于桩上的力。

8. 重力坝受力情形如图 3.35 所示，设坝的自重分别是 $G_1=9\,600\text{kN}$，$G_2=21\,600\text{kN}$，上游水压力 $F=10\,120\text{kN}$，试将力系向坝底 O 点简化，并求其最后的简化结果。

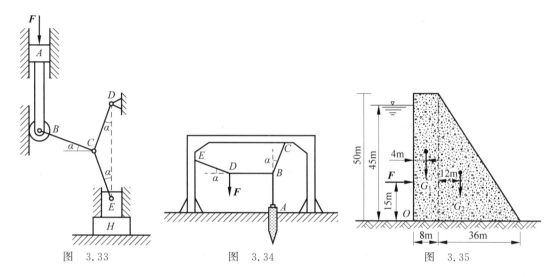

图 3.33　　　　　　　图 3.34　　　　　　　图 3.35

9. 求图 3.36 所示各梁的支座反力。

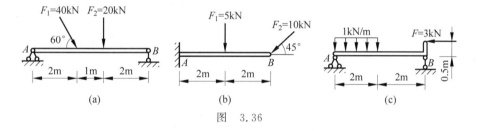

图 3.36

10. 求图 3.37 所示刚架的支座反力。

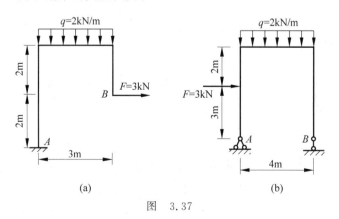

图 3.37

11. 求图 3.38 所示桁架 A、B 支座的反力。

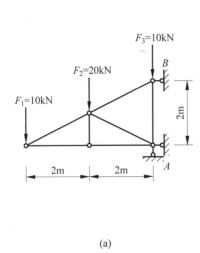
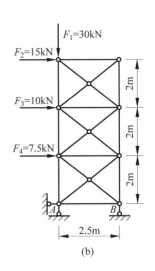

图 3.38

12. 梁 AB 用 3 根链杆 a、b、c 支承，荷载及尺寸如图 3.39 所示。已知 $F=100$kN，$M=50$kN·m，求这 3 根链杆的反力。

13. 如图 3.40 所示，塔式起重机重 $G=500$kN（不包括平衡锤重量 Q），跑车 E 的最大起重量 $P=250$kN，离 B 轨的最远距离 $l=10$m。为了防止起重机左右翻倒，需在 D 点加一平衡锤，要使跑车在空载和满载时起重机在任何位置不致翻倒，求平衡锤的最小重量和平衡锤到左轨 A 的最大距离。跑车自重不计，且 $e=1.5$m，$b=3$m。

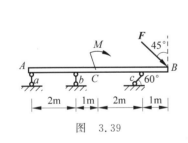

图 3.39

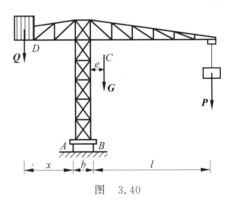

图 3.40

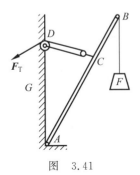

图 3.41

14. 如图 3.41 所示，AB 杆重 7.5kN，重心在杆的中心。已知 $F=8$kN，$AD=AC=4.5$m，$BC=2$m，滑轮尺寸不计。求绳子的拉力 F_T 和支座 A 的反力。

15. 求图 3.42 所示多跨静定梁的支座反力。

16. 图 3.43 所示多跨静定梁 AB 段和 BC 段用铰链 B 连接，并支承于连杆 1、2、3、4 上，已知 $AD=EC=6$m，$AB=BC=8$m，$\alpha=60°$，$a=4$m，$F=150$kN，试求各链杆所受的力。

17. 如图 3.44 所示，多跨梁上起重机的起重量 $P=10$kN，起重机重 $G=50$kN，其重心位于铅垂线 EC 上，梁自重不计，试求

A、B、D三处的支座反力。

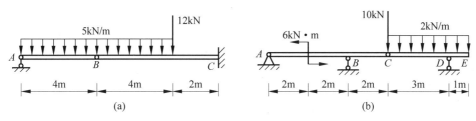

图 3.42

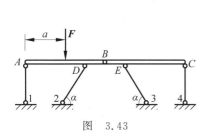

图 3.43

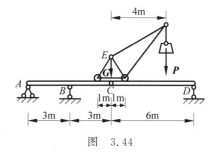

图 3.44

练习题参考答案

1. $F_R=73.2\text{kN}$,$\alpha=30.0°$。 2. $F_R=47.04\text{kN}$。

3. (a) $F_{AB}=\dfrac{\sqrt{3}}{3}G$(拉),$F_{AC}=\dfrac{2\sqrt{3}}{3}G$(压); (b) $F_{AB}=\dfrac{2\sqrt{3}}{3}G$(拉),$F_{AC}=\dfrac{\sqrt{3}}{3}G$(压);

   (c) $F_{AB}=\dfrac{1}{2}G$(拉),$F_{AC}=\dfrac{\sqrt{3}}{2}G$(压)。

4. $F_A=\dfrac{\sqrt{5}}{2}F$,$F_D=\dfrac{1}{2}F$。 5. $F_C=5\text{kN}$。 6. 16.58 kN。 7. 80 kN。

8. $F_R=32\,800\text{kN}$,$\alpha=72.03°$,$d=18.97\text{m}$。

9. (a) $F_{Ax}=34.6\text{kN}(\rightarrow)$,$F_{Ay}=20\text{kN}(\uparrow)$,$F_B=20\text{kN}(\uparrow)$;
   (b) $F_{Ax}=7.07\text{kN}(\rightarrow)$,$F_{Ay}=12.07\text{kN}(\uparrow)$,$M_A=38.3\text{kN}\cdot\text{m}$;
   (c) $F_{Ax}=3\text{kN}(\leftarrow)$,$F_{Ay}=1.875\,7\text{kN}(\uparrow)$,$F_B=0.125\text{kN}(\uparrow)$。

10. (a) $F_{Ax}=3\text{kN}(\leftarrow)$,$F_{Ay}=6\text{kN}(\uparrow)$,$M_A=15\text{kN}\cdot\text{m}$;
    (b) $F_{Ax}=3\text{kN}(\leftarrow)$,$F_{Ay}=1.75\text{kN}(\uparrow)$,$F_B=6.25\text{kN}(\uparrow)$。

11. (a) $F_{Ax}=40\text{kN}(\leftarrow)$,$F_{Ay}=40\text{kN}(\uparrow)$,$F_B=40\text{kN}(\rightarrow)$;
    (b) $F_{Ax}=32.5\text{kN}(\leftarrow)$,$F_{Ay}=28\text{kN}(\downarrow)$,$F_B=58\text{kN}(\uparrow)$。

12. $F_a=350.13\text{kN}(\downarrow)$,$F_b=543.31\text{kN}(\uparrow)$,$F_c=141.42\text{kN}(\nearrow)$。

13. $Q_{\min}=\dfrac{1\,000}{3}\text{kN}$,$x_{\max}=6.75\text{m}$。

14. $F_T = 4.39\text{kN}, F_{Ax} = 8.5\text{kN}(\rightarrow), F_{Ay} = 13.22\text{kN}(\uparrow)$。

15. (a) $F_{Ay} = 10\text{kN}(\uparrow), F_{By} = 42\text{kN}(\uparrow), M_C = 164\text{kN} \cdot \text{m}(\curvearrowright)$；
    (b) $F_{Ay} = 4.83\text{kN}(\downarrow), F_{By} = 17.5\text{kN}(\uparrow), F_D = 5.33\text{kN}(\uparrow)$。

16. $F_1 = 62.5\text{kN}(\uparrow), F_2 = 57.34\text{kN}(\nearrow), F_3 = 57.34\text{kN}(\nwarrow), F_4 = 12.41\text{kN}(\downarrow)$。

17. $F_{Ax} = 0, F_{Ay} = 48.33\text{kN}(\downarrow), F_B = 100\text{kN}(\uparrow), F_D = 8.33\text{kN}(\uparrow)$。

第 2 篇 静定结构的内力分析

引言

　　静定结构是建筑工程中经常遇到的一种结构形式,其内力分析是各种结构分析的基础。从几何组成上讲,静定结构是无多余联系的几何不变体系;从受力分析上讲,静定结构的反力、内力都能用平衡条件求出来,也就是说,静定结构的反力、内力的解是唯一的。

　　本篇研究的主要内容是,利用截面法和平衡条件,计算静定梁、静定刚架、静定桁架、三铰拱和静定组合结构的支反力、内力,以及绘制内力图等,这是构件强度、刚度和稳定性计算的基础,也是超静定结构计算的基础。

　　本篇研究问题的通用方法是截面法。先进行受力分析,再根据计算需要选取脱离体,画出受力图,根据静力平衡条件列平衡方程,求解指定截面内力,再计算所需要计算截面(称为特征截面)的内力,然后选择合适的内力图绘制方法,迅速准确地绘制出内力图。用静力法绘制影响线的思路也基本如此。

　　本篇计算的技巧是,灵活选取脱离体,正确选择坐标轴,尽量使一个平衡方程只含有一个未知数,避免解联立方程组。

　　本篇重点是,正确画出常见杆件和静定结构的内力图——弯矩图、剪力图、轴力图和影响线等。

第 4 章

材料力学的基本概念

本章学习目标
- 掌握变形固体的基本概念和变形固体的基本假设。
- 了解杆件变形的 4 种基本形式。

本章主要介绍变形固体的基本概念和变形固体的基本假设,以及杆件在荷载作用下变形的 4 种基本形式。

4.1 变形固体及其基本假设

4.1.1 变形固体

工程上所用的构件都是由固体材料制成的,如钢、铸铁、木材、混凝土等,它们在外力作用下会或多或少地产生变形,有些变形可直接观察到,有些变形可以通过仪器测出。在外力作用下会产生变形的固体称为**变形固体**。

在静力学中,由于研究的是物体在力作用下的平衡问题,而物体的微小变形对研究这种问题的影响是很小的,因此可以作为次要因素而忽略掉。在材料力学中,由于主要研究的是构件在外力作用下的强度、刚度和稳定性问题,对于这类问题,即使是微小变形也必须考虑而不能忽略,因此,在材料力学中必须将组成构件的各种固体视为变形固体。

变形固体在外力作用下会产生两种不同性质的变形:一种是外力消除后变形随着消失,这种变形称为**弹性变形**;另一种是外力消除后不能消失的变形,称为**塑性变形**。一般情况下,物体受力后既有弹性变形,又有塑性变形。但工程中常用的材料,当外力不超过一定范围时,塑性变形很小,可忽略不计,认为只有弹性变形,这种只有弹性变形的变形固体称为**完全弹性体**。只引起弹性变形的外力范围称为弹性范围。本书主要讨论材料在弹性范围内的变形。

4.1.2 变形固体的基本假设

材料力学研究的是变形固体。工程中使用的固体材料多种多样,其组成和性质非常复杂。对用变形固体材料做成的构件进行强度、刚度和稳定性计算时,为了使问题得到简化,常略去一些次要的性质,而保留其主要的性质,因此,对变形固体材料作出下列几个假设。

1. 有关材料的三个基本假设

(1) 连续性假设。假设构成变形固体的物质毫无空隙地填满了固体所占的几何空间。事实上,构件的材料是由微粒或晶粒组成的,各微粒和晶粒之间是有空隙的,是不可完全紧密的,但这种空隙和构件的尺寸比起来极为微小,因而可以假设是紧密的而毫无空隙存在。以这个假设为依据,在进行理论分析时,与构件性质相关的物理量可以用连续函数来表示,所得出的结论与实际情况不会有显著的差别。

(2) 均匀性假设。假设构件中各点处的力学性能是完全相同的。

事实上,组成构件材料的各个微粒或晶粒彼此的性质不一定完全相同。但是构件的尺寸远远大于微粒或晶粒的尺寸,构件所包含的微粒或晶粒的数目又极多,从统计学的观点来讲,材料的性质与其所在的位置无关,即材料是均匀的。按照这个假设,在进行分析时,就不必考虑材料各点客观上存在的不同晶格结构和缺陷等引起的力学性能上的差异,而可以从构件内任何位置取出一小部分来研究,其结果可代表整个物体。

(3) 各向同性假设。假设构件中的任一点在各个方向上的力学性能是相同的。

事实上,组成构件材料的各个晶粒是各向异性的。但由于构件中所含晶粒的数目极多,在构件中的排列又极不规则,按统计学的观点,则可以认为某些材料是各向同性的,如金属材料。根据这个假设,当获得了材料在任何一个方向的力学性能后,就可将其结果用于其他方向。

以上三个假设对金属材料相当吻合,对砖、石、混凝土等材料的吻合性稍差,但仍可近似地采用。木材可以认为是均匀连续的材料,但木材的顺纹和横纹两个方向的力学性能不同,是具有方向的材料。实践表明,材料力学的研究结果也可以近似地用于木材。

根据上述三个假设,可以从构件中任何位置、沿任何方向取出任意微小的部分,采用微分和积分等数学方法对构件进行受力、变形和破坏性分析。

2. 有关变形的两个基本假设

(1) 小变形假设。假设构件的变形量远小于构件的几何尺寸。这样,在研究构件的平衡和运动规律时仍可以直接利用构件的原始尺寸而忽略变形的影响。并且,构件受到多个荷载共同作用,当单独计算其中某一荷载的效应时,不但不计算这个荷载本身引起的小变形,同时也不考虑其他荷载引起的小变形的影响,也就是说各荷载的作用及作用的效应是相互独立、互不干扰的。因此,只要某个欲求量值与外力之间存在着线性关系,就可以利用叠加原理来进行分析。这个原理可表述为:多个荷载共同作用在构件中所引起的某量值,等于各荷载单独作用所引起的该量值的总和。

(2) 线弹性假设。固体材料在外力作用下发生的变形可分为弹性变形和塑性变形。外力卸去后能完全恢复的变形称为**弹性变形**;外力卸去后不能完全恢复而永久保留下来的变形称为**塑性变形**。在材料力学中,假设外力的大小没有超过一定的限度,构件只产生了弹性变形,并且外力与变形之间符合线性关系,则能够直接利用胡克定律。

以上是有关变形固体材料和变形的几个基本假设。实践表明,在这些假设的基础上建立起来的理论是符合工程实际的要求的。同时,也大大地简化了某些工程实际问题的分析与计算过程。

4.2 杆件变形的基本形式

4.2.1 杆件

构件的形状可以是各式各样的。材料力学主要研究的对象是杆件。所谓杆件,是指长度远大于其他两个方向尺寸的构件,如房屋中梁、柱、屋架中的各根杆。

杆件的形状和尺寸可由杆件的横截面和轴线两个主要几何元素来描述。横截面是指与杆长方向垂直的截面,而轴线是各横截面形心的连线。横截面与杆轴线是互相垂直的。

轴线为直线,横截面相同的杆称为等直杆。材料力学主要研究这种等直杆。

4.2.2 基本变形

杆件在不同的荷载作用下会产生不同的变形。根据荷载本身的性质及荷载作用的位置不同,可以分为轴向拉伸(压缩)、剪切、扭转、弯曲4种基本变形。

动画 4

1. 轴向拉伸和压缩

如果直杆的两端各受到一个外力 F 的作用,且两者的大小相等、方向相反,作用线与杆件的轴线重合,那么杆的变形主要是沿轴线方向伸长或缩短。当外力 F 的方向沿杆件截面的外法线方向时,杆件因受拉而变长,这种变形称为轴向拉伸;当外力 F 的方向沿杆件截面的内法线方向时,杆件因受压而变短,这种变形称为轴向压缩,分别如图 4.1(a)、(b)所示。

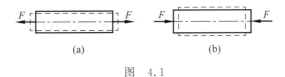

图 4.1

2. 剪切

当直杆受到一对大小相等、方向相反、作用线平行且相距很近的外力沿垂直于杆轴线方向作用时,杆件的横截面将沿外力的方向发生相对错动,这种变形称为剪切,如图 4.2 所示。

3. 扭转

如果在直杆的两端各受到一个外力偶 M_e 的作用,且二者的大小相等、转向相反,作用面与杆件的轴线垂直,那么杆件的横截面将绕轴线发生相对转动,这种变形称为扭转,如图 4.3 所示。

图 4.2   图 4.3

4. 弯曲

当直杆在两端各受到一个外力偶 M_e 的作用,且二者的大小相等、转向相反,作用面与杆的横截面垂直,或者是受到垂直于杆轴线的外力 F 作用时,杆件的轴线将由直线变为曲线,这种变形称为弯曲,如图 4.4(a)、(b)所示。

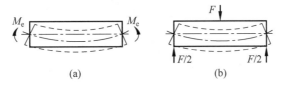

图 4.4

复习思考题

1. 什么是变形？变形体和刚体有什么主要区别？
2. 对于作为构件的变形固体，引用了哪些基本假设？
3. 杆件变形的基本形式有哪几种？举例说明。

第 5 章

轴向拉压杆、受扭杆的内力与内力图

本章学习目标
- 了解轴向拉压变形与扭转变形的概念。
- 掌握轴向拉(压)杆轴力的计算方法和受扭杆扭矩的计算方法。
- 会绘制轴力图和扭矩图。

本章介绍轴向拉(压)杆和受扭杆的基本概念和变形实例以及用截面法计算其轴力和扭矩,并根据轴力和扭矩绘制轴力图和扭矩图的方法。

5.1 轴向拉压变形与扭转变形实例

5.1.1 轴向拉压变形实例

在建筑工程中,经常会遇到这样一些构件,它们的受力变形形式都是轴向拉伸或轴向压缩。

承受轴向拉伸或压缩的杆件称为拉(压)杆。实际拉杆的几何形状和外力作用方式各不相同,若将它们加以简化,则都可抽象成如图 5.1 所示的计算简图。其受力特点是外力或外力合力的作用线与杆件的轴线重合;变形特征是沿轴线方向伸长或缩短,同时横向尺寸也发生变化。

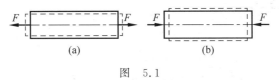

图 5.1

图 5.2(a)所示的砖柱为轴向受压构件;图 5.2(b)所示的 1、2 杆为轴向受压构件;图 5.2(c)所示的 1、2 杆为轴向受压构件,3、4 杆为轴向受拉构件;图 5.2(d)所示的 AB 杆为轴向受拉构件,BC 杆为轴向受压构件。

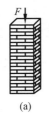
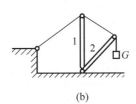

图 5.2

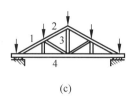
(c)

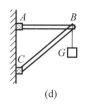
(d)

图 5.2 （续）

5.1.2 扭转变形实例

在工程中，会发现很多承受扭转变形的杆件。在垂直于杆件轴线的两个平面内作用一对大小相等、方向相反的力偶时，杆件会发生扭转变形。

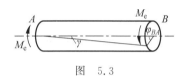

图 5.3

扭转杆件的受力特点是，在杆件两端受到两个作用面垂直于杆轴线的力偶的作用，两力偶大小相等、转向相反。其变形特点是，杆件任意两个横截面都绕杆轴线作相对转动，两横截面之间的相对角位移称为扭转角，用 φ 表示。

图 5.3 是受扭杆的计算简图，其中 φ_{BA} 表示截面 B 相对于截面 A 的扭转角。扭转时，在小变形的情况下，杆表面的纵向线仍近似地为直线，只是倾斜了一个微小的角度，倾斜角用 γ 表示。

图 5.4(a)所示为机械的传动轴，图 5.4(b)所示为汽车方向盘中的操纵杆，图 5.4(c)所示为房屋中的篷梁，工程中常把这些以扭转为主要变形的构件称为轴。

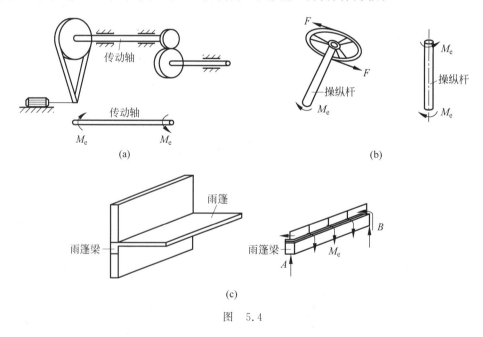

图 5.4

5.2 轴向拉压杆的内力与轴力图

5.2.1 内力的概念

我们知道,物体是由质点组成的,物体在没有受到外力作用时,其内部各质点之间就存在相互作用的内力。这种内力相互平衡,使得各质点之间保持一定的相对位置。物体在外力作用下,内部各质点之间的相对位置就会发生改变,内力也要发生变化而达到一个新的量值。这种因外力作用而引起的物体内部各质点之间相互作用的内力的改变量称为**附加内力**,简称**内力**。

杆件在外力作用下其强度和刚度与内力的大小有关,要进行杆件的强度和刚度计算,就需要先确定杆件的内力。

5.2.2 截面法

求构件内力的基本方法是截面法。下面通过求解图 5.5(a)所示的拉杆 $m-m$ 横截面上的内力来介绍这种方法。

为了显示内力,假想用一横截面将杆沿截面 $m-m$ 截开,取左段为研究对象,如图 5.5(b)所示。由于整个杆件是处于平衡状态的,所以左段也保持平衡,由平衡条件可知,截面 $m-m$ 上分布内力的合力必与杆的轴线重合,其指向背离截面。根据平衡方程

$$\sum F_x = 0, \quad 即 \ F_N - F = 0$$

可得

$$F_N = F$$

同样,若取右段为研究对象,如图 5.5(c)所示,可得出相同的结果。

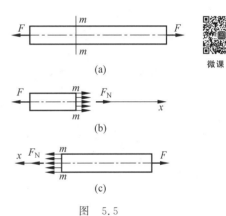

图 5.5

这种假想地将构件截开成两部分,从而显示并求解内力的方法称为截面法。用截面法求构件内力可分为以下三个步骤。

(1) 截开。沿所求内力的截面假想地将杆件截成两部分。
(2) 代替。取出任一部分为研究对象,并在截开面上用内力代替弃去部分对该部分的作用。
(3) 平衡。列出研究对象的平衡方程,并求解内力。

5.2.3 轴力

图 5.5(b)、(c)所示拉杆横截面上的内力 F_N 的作用线与杆轴线重合,F_N 称为轴力。

轴力的正负号规定如下:当轴力的方向背离截面时,杆件受拉伸变长,轴力为正;当轴力的方向指向截面时,杆件受压缩短,轴力为负。

在计算轴力时,未知轴力通常按正方向假设。若计算结果为正,则表示轴力的实际方向与假设方向相同,轴力为拉力;若计算结果为负,则表示轴力的实际方向与假设的方向相反,轴力为压力。

例 5.1 杆件受力图如图 5.6(a)所示,已知 $F_1=20\text{kN}$,$F_2=30\text{kN}$,$F_3=10\text{kN}$,求杆件 AB 段和 BC 段的轴力。

解 解题思路：根据截面法求构件内力的三个步骤进行解题。

解题过程：杆件承受多个轴向力作用时，外力将杆件分为几段，各段杆的内力不相同，因此要分段求出杆的内力。

（1）求 AB 段的轴力。

用 1—1 截面在 AB 段内将杆截开，取左段为研究对象（图 5.6(b)），截面上的轴力用 F_N 表示，并假设为拉力，由平衡方程

$$\sum F_x = 0, \quad 即 \quad F_{N1} - F_1 = 0$$

得

$$F_{N1} = F_1 = 20 \text{kN}$$

计算结果为正，说明假设方向与实际方向相同，AB 段的轴力为拉力。

（2）求 BC 段的轴力。

用 2—2 截面在 BC 段内将杆截开，取左段为研究对象（图 5.6(c)），截面上的轴力用 F_{N2} 表示，并假设为拉力，由平衡方程

$$\sum F_x = 0, \quad 即 \quad F_{N2} + F_2 - F_1 = 0$$

得

$$F_{N2} = F_1 - F_2 = (20 - 30)\text{kN} = -10 \text{kN}$$

计算结果为负，说明实际方向与假设方向相反，BC 段的轴力为压力。

若取右段为研究对象（图 5.6(d)），由平衡方程

$$\sum F_x = 0, \quad 即 \quad -F_{N2} - F_3 = 0$$

得

$$F_{N2} = -F_3 = -10 \text{kN}$$

结果与取左段相同。

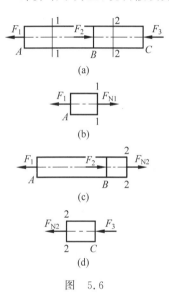

图 5.6

5.2.4 轴力图

当杆件受到多个轴向外力作用时，在杆的不同截面上轴力将不相同，在这种情况下，对杆件进行强度计算时必须知道杆的各个横截面上的轴力，以及最大轴力的数值及其所在截面的位置。为了直观地看出轴力沿横截面位置的变化情况，可按选定的比例尺，用平行于轴线的坐标表示横截面的位置，用垂直于杆轴线的坐标表示各横截面轴力的大小，绘出表示轴力与截面位置关系的图线，该图线就称为**轴力图**。画图时，习惯上将正的轴力画在上侧，负的轴力画在下侧。

例 5.2 杆件受力如图 5.7(a)所示，已知 $F_1 = 4\text{kN}$，$F_2 = 8\text{kN}$，$F_3 = 6\text{kN}$，$F_4 = 10\text{kN}$，试求杆内的轴力并绘制轴力图。

解 解题思路：先根据截面法求构件内力，再绘制轴力图。

解题过程：

（1）求支座反力。

根据平衡条件可知，轴向拉压杆固定端的支座反力只有 F（图 5.7(a)），取整根杆为研究对象，列平衡方程

$$\sum F_x = 0, \quad \text{即} \quad F_1 - F_2 + F_3 - F_4 + F = 0$$

得

$$F = -F_1 + F_2 - F_3 + F_4$$
$$= (-4 + 8 - 6 + 10)\text{kN} = 8\text{kN}$$

(2) 求各段杆的轴力。

求 AB 段轴力：用 1—1 截面将杆件在 AB 段内截开，取左段为研究对象（图 5.7(b)），以 F_{N1} 表示截面上的轴力，由平衡方程

$$\sum F_x = 0, \quad \text{即} \quad F_1 - F_{N1} = 0$$

得

$$F_{N1} = -F_1 = -4\text{kN}(\text{压力})$$

求 BC 段轴力：用 2—2 截面将杆件在 BC 段内截开，取左段为研究对象（图 5.7(c)），以 F_{N2} 表示截面上的轴力，由平衡方程

$$\sum F_x = 0, \quad \text{即} \quad F_1 - F_2 - F_{N2} = 0$$

得

$$F_{N2} = -F_1 + F_2 = (-4 + 8)\text{kN} = 4\text{kN}(\text{拉力})$$

求 CD 段轴力：用 3—3 截面将杆件在 CD 段内截开，取左段为研究对象（图 5.7(d)），以 F_{N3} 表示截面上的轴力，由平衡方程

(b)

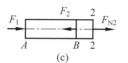

(c)

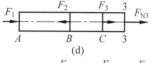

(d)

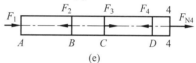

(e)

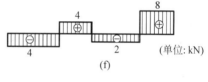

(f)

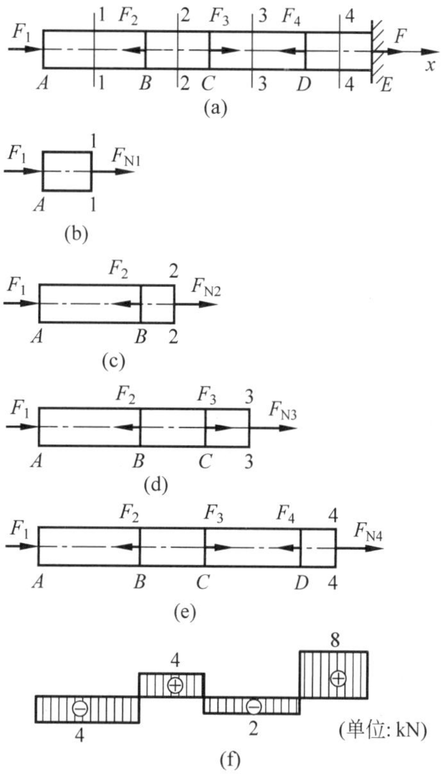

图 5.7

$$\sum F_x = 0, \quad \text{即} \quad F_1 - F_2 + F_3 + F_{N3} = 0$$

得

$$F_{N3} = -F_1 + F_2 - F_3 = (-4 + 8 - 6)\text{kN} = -2\text{kN}(\text{压力})$$

求 DE 段轴力：用 4—4 截面将杆件在 DE 段内截开，取左段为研究对象（图 5.7(e)），以 F_{N4} 表示截面上的轴力，由平衡方程

$$\sum F_x = 0, \quad \text{即} \quad F_1 - F_2 + F_3 - F_4 + F_{N4} = 0$$

得

$$F_{N4} = -F_1 + F_2 - F_3 + F_4 = (-4 + 8 - 6 + 10)\text{kN} = 8\text{kN}(\text{拉力})$$

(3) 绘制轴力图。

以平行于杆轴的 x 轴为横坐标，垂直于杆轴的坐标为 F_N，按一定的比例将各段轴力标在坐标轴上，正轴力（拉力）画在坐标轴的上方，负轴力（压力）画在坐标轴的下方，并标明正负号，如图 5.7(f)所示。

5.3 受扭杆的内力与扭矩图

5.3.1 外力偶矩的计算

工程中作用于扭转轴上的外力偶矩一般不直接给出，而是给出轴的转速和轴所传递的功率。这时就需要由转速及功率计算出相应的外力偶矩。

由理论力学可知,力偶矩为 M_e 的外力偶产生角位移 θ 时,它所做的功为

$$W = M_e \theta$$

轴转动一周时,外力偶所做的功为

$$W = 2\pi M_e$$

若轴的转速为 n(单位为 r/min),则外力偶每分钟所做的功为

$$W = 2\pi n \cdot M_e \tag{a}$$

若功率用 P 表示(单位为 kW),则外力偶每分钟所做的功为

$$W = 60 \times 10^3 P(\text{N} \cdot \text{m}) \tag{b}$$

令式(a)等于式(b),可以得到外力偶矩的计算公式

$$M_e = 9\,549 P/n$$

式中,M_e——轴上某处的外力偶矩,单位为 N·m;

P——轴上某处输入或输出的功率,单位为 kW;

n——轴的转速,单位为 r/min。

5.3.2 用截面法求轴的扭矩

作用于轴上的外力偶矩确定后,就可以用截面法求轴上任意截面的内力。有一圆截面轴如图 5.8(a)所示,在两个外力偶矩 M_e 的作用下处于平衡状态,下面求轴任意 m—m 截面上的内力。

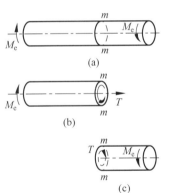

图 5.8

第一步,将轴从 m—m 处截开,取左段为研究对象,如图 5.8(b)所示。

第二步,由于轴左边有外力偶 M_e 的作用,为保持轴的平衡状态,在 m—m 截面上必定存在一个内力偶矩,它是截面上分布内力的合力偶矩,称为轴的**扭矩**,用 T 表示。

第三步,由空间力系的平衡方程

$$\sum M = 0, \quad \text{即 } T - M_e = 0$$

得

$$T = M_e$$

若取右段为研究对象,如图 5.8(c)所示,也可得出相同的结果。

为了使同一截面取左、右两段轴求得的扭矩不仅大小相等,而且正负号相同,对扭矩的正负号作如下规定:采用右手螺旋定则,使右手四指的握向与扭矩的转向相同,当拇指的指向与截面外法线方向一致时,扭矩为正号;反之为负号,如图 5.9 所示。

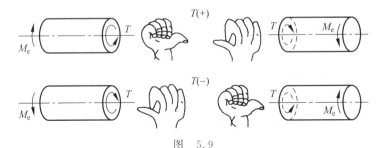

图 5.9

扭矩的常用单位为 N·m 或 kN·m。

5.3.3 扭矩图

当轴上同时有几个外力偶作用时,杆件各截面上的扭矩必须分段计算。表示轴上各横截面扭矩变化规律的图形称为**扭矩图**。扭矩图的绘制方法与轴力图相似,即以横坐标表示横截面的位置,纵坐标表示相应截面的扭矩,正扭矩画在横坐标轴的上方,负扭矩画在横坐标轴的下方。

例 5.3 图 5.10(a)所示为一传动轴,其转速为 $n=200\text{r/min}$,主动轮 B 的输入功率 $P_2=50\text{kW}$,3 个从动轮 A、C、D 的输出功率分别为 $P_1=20\text{kW}$,$P_3=P_4=15\text{kW}$,试绘制该轴的扭矩图。

解 解题思路:先根据截面法求扭转轴的扭矩,再作扭矩图。

解题过程:

(1) 计算外力偶矩。

$$M_{e1}=9\,549P_1/n=(9\,549\times 20\div 200)\text{N·m}\approx 955\text{N·m}$$
$$M_{e2}=9\,549P_2/n=(9\,549\times 50\div 200)\text{N·m}\approx 2\,387\text{N·m}$$
$$M_{e3}=9\,549P_3/n=(9\,549\times 15\div 200)\text{N·m}\approx 716\text{N·m}$$
$$M_{e4}=9\,549P_4/n=(9\,549\times 15\div 200)\text{N·m}\approx 716\text{N·m}$$

(2) 用截面法分段计算轴的扭矩。

取 1—1 截面以左部分为研究对象(图 5.10(b)),由平衡方程

$$\sum M_e=0,\quad 即\ T_1+M_{e1}=0$$

得

$$T_1=-M_{e1}=-955\text{N·m}$$

T_1 为负值表示实际方向与假设的扭矩方向相反。

取 2—2 截面以左部分为研究对象(图 5.10(c)),由平衡方程

$$\sum M_e=0,\quad 即\ T_2+M_{e1}-M_{e2}=0$$

得

$$T_2=-M_{e1}+M_{e2}=(-955+2\,387)\text{N·m}=1\,432\text{N·m}$$

T_2 为正值表示实际方向与假设的扭矩方向相同。

取 3—3 截面以左部分为研究对象(图 5.10(d)),由平衡方程

$$\sum M_e=0,\quad 即\ T_3+M_{e1}-M_{e2}+M_{e3}=0$$

得

$$T_3=-M_{e1}+M_{e2}-M_{e3}=(-955+2\,387-716)\text{N·m}=716\text{N·m}$$

取 3—3 截面以右部分为研究对象(图 5.10(d)),由平衡方程

$$\sum M_e=0,\quad 即\ T_3-M_{e4}=0$$

得

$$T_3=M_{e4}=716\text{N·m}$$

与取截面以左部分为研究对象计算的结果相同。

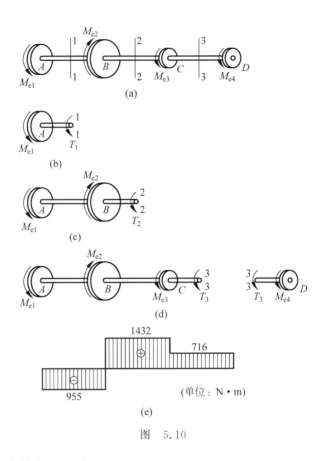

图 5.10

(3) 根据计算值绘制扭矩图。

由扭矩图(见图5.10(e))可知,最大扭矩发生在传动轴的 BC 段的各个截面上,$|T|=1432\text{N}\cdot\text{m}$。

复习思考题

1. 试分别说明轴向拉(压)杆件和受扭杆件的受力特点与变形特点。
2. 扭矩的正负号是如何规定的?
3. 试自行推导出由功率(单位为 kW)及转速(单位为 r/min)换算成外力偶矩(单位为 N·m)的公式。

练习题

1. 用截面法求图 5.11 所示杆各段横截面上的轴力,并绘制杆的轴力图。
2. 用截面法求图 5.12 所示轴各段的扭矩,并绘制轴的扭矩图。
3. 如图 5.13 所示为一传动轴,在 A 截面处输入的功率为 $P_A=30\text{kW}$,在 B 截面及 C 截面处输出的功率分别为 $P_B=20\text{kW}$,$P_C=10\text{kW}$,轴的转速 $n=120\text{r/min}$。试绘出该传动轴的扭矩图。

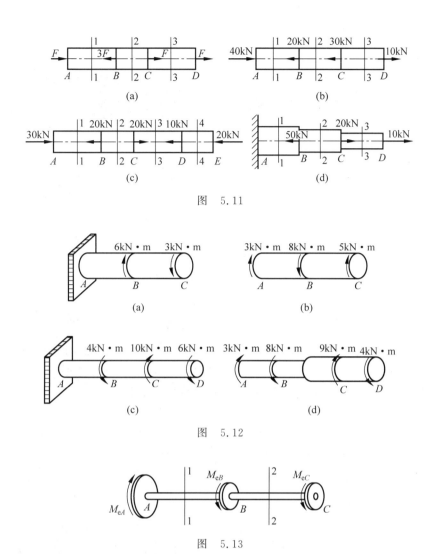

图 5.11

图 5.12

图 5.13

练习题参考答案

1. (a) $F_{N1}=-F, F_{N2}=2F, F_{N3}=F$；
   (b) $F_{N1}=-40\text{kN}, F_{N2}=-20\text{kN}, F_{N3}=10\text{kN}$；
   (c) $F_{N1}=-30\text{kN}, F_{N2}=-10\text{kN}, F_{N3}=-30\text{kN}, F_{N4}=-20\text{kN}$；
   (d) $F_{N1}=-20\text{kN}, F_{N2}=30\text{kN}, F_{N3}=10\text{kN}$。

2. (a) AB 段：$T_1=-3\text{kN}\cdot\text{m}, BC$ 段：$T_2=3\text{kN}\cdot\text{m}$；
   (b) AB 段：$T_1=3\text{kN}\cdot\text{m}, BC$ 段：$T_2=-5\text{kN}\cdot\text{m}$；
   (c) AB 段：$T_1=0, BC$ 段：$T_2=-4\text{kN}\cdot\text{m}, CD$ 段：$T_3=6\text{kN}\cdot\text{m}$；
   (d) AB 段：$T_1=3\text{kN}\cdot\text{m}, BC$ 段：$T_2=-5\text{kN}\cdot\text{m}, CD$ 段：$T_3=4\text{kN}\cdot\text{m}$。

3. AB 段：$T_1=2.387\text{kN}\cdot\text{m}, BC$ 段：$T_2=0.796\text{kN}\cdot\text{m}$。

第 6 章

静定梁的内力与内力图

本章学习目标
- 了解梁平面弯曲的概念。
- 会用截面法求梁指定截面的弯矩和剪力。
- 能用列内力方程的方法绘制单跨梁的内力图。
- 重点掌握用简捷法、叠加法绘制梁的内力图。
- 会绘制多跨静定梁的内力图。

杆件受垂直于杆轴的外力或在纵向平面内有力偶作用时,杆件轴线将由直线变成曲线,这种变形称为**弯曲变形**。弯曲变形是杆件重要的基本变形。以弯曲变形为主的杆件通常称为**梁**。梁的弯曲变形是本书的重要内容之一,本书将在上册第 6、11 章、下册第 3 章分别讨论它的内力、应力、变形和强度、刚度条件等。

6.1 平面弯曲的概念

6.1.1 梁的平面弯曲

梁是建筑工程中最常见的一种基本构件。如工业厂房中的吊车梁(图 6.1(a))、梁式桥的主梁(图 6.1(b))、阳台挑梁(图 6.1(c))等,都是梁的工程实例。梁的功能是将承受的荷载传向支座,从而形成较大的空间,供人类生产、生活之需。因此,梁是建筑工程中一种十分重要的构件。

动画 5

动画 6

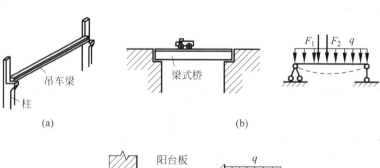

图 6.1

工程中常见的梁,其横截面通常有一根对称轴,如图 6.2 所示。这根对称轴与梁轴所组成的平面称为**纵向对称平面**(图 6.3)。若作用在梁上的外力(包括荷载和支座反力)和外力偶都位于纵向对称平面内,梁变形后,轴线将在此纵向对称平面内弯曲。**这种梁的弯曲平面与外力作用平面相重合的弯曲称为梁的平面弯曲。** 平面弯曲是一种最简单,也是最常见的弯曲变形,本章只讨论等截面直梁的平面弯曲问题。

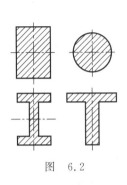

图 6.2

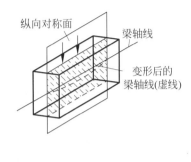

图 6.3

6.1.2 单跨静定梁的几种形式

工程中的单跨静定梁按其支座情况分为下列 3 种形式。

(1) 悬臂梁:梁的一端为固定端,另一端为自由端,其计算简图如图 6.4(a)所示。

(2) 简支梁:梁的一端为固定铰支座,另一端为活动铰支座,其计算简图如图 6.4(b)所示。

(3) 外伸梁:梁的支座形式与简支梁相同,只是梁的一端或两端伸出支座之外,其计算简图如图 6.4(c)所示。

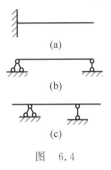

图 6.4

6.2 单跨静定梁的内力计算

为了计算梁的强度和刚度,在求得梁的支座反力后,就必须计算梁的内力。计算梁内力的方法有多种,但最基本的方法是用截面法求梁的内力,在此基础上才便于学习其他内力的计算方法。

6.2.1 用截面法计算梁指定截面的内力

1. 剪力和弯矩

图 6.5(a)所示为一简支梁,荷载 F 和支座反力 F_{Ay}、F_B 是作用在梁的纵向对称平面内的平衡力系。现用截面法分析任一截面 m—m 上的内力。假想地将梁沿 m—m 截面分为两段,取左段为研究对象,以图 6.5(b)分析,因有支座反力 F_{Ay} 作用,为使左段满足 $\sum F_y = 0$,截面 m—m 上必然有与 F_{Ay} 等值、平行且反向的内力 F_S 存在,这个内力 F_S 称为**剪力**;同时,因 F_{Ay} 对截面 m—m 的形心 O 点有一个力矩 $F_{Ay} \cdot a$ 作用,为满足 $\sum M_O = 0$,截面

m—m 上也必然有一个与力矩 $F_{Ay} \cdot a$ 大小相等且转向相反的内力偶矩 M 存在,这个内力偶矩 M 称为**弯矩**。由此可见,梁发生弯曲时,横截面上同时存在着两个内力,即**剪力和弯矩**。

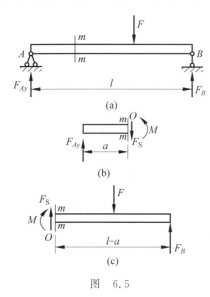

图 6.5

剪力的常用单位为 N 或 kN,与力的单位相同;弯矩的常用单位为 N·m 或 kN·m,与力矩、力偶矩的单位相同。

剪力和弯矩的大小可由左段梁的静力平衡方程求得,即

$$\sum F_y = 0, \quad F_{Ay} - F_S = 0, \quad 得 F_S = F_{Ay}$$

$$\sum M_O = 0, \quad F_{Ay} \cdot a - M = 0, \quad 得 M = F_{Ay} \cdot a$$

如果取右段梁作为研究对象,同样可求得截面 m—m 上的 F_S 和 M,根据作用力与反作用力的关系,它们与从左段梁求出的 m—m 截面上的 F_S 和 M 大小相等,方向相反,如图 6.5(c)所示。

2. 剪力和弯矩的正、负号规定

为了使从左、右两段梁所求的同一截面上的剪力 F_S 和弯矩 M 具有相同的正负号,并考虑到土建工程的习惯,对剪力和弯矩的正负号作如下规定:

(1) **剪力的正负号**。绕所在梁段有顺时针转动趋势的剪力为正(图 6.6(a));反之,为负(图 6.6(b))。

(2) **弯矩的正负号**。使梁段产生下凸变形(下侧受拉)的弯矩为正(图 6.6(c));反之,为负(图 6.6(d))。

微课 12

图 6.6

3. 用截面法计算梁指定截面的剪力和弯矩

用截面法求梁指定截面的剪力和弯矩的步骤如下:

(1) 计算支座反力。(悬臂梁可不求支座反力)

(2) 用假想的截面在所求内力处将梁切成两段,取其中任一段为研究对象,为计算简单,通常选择受力少的一段作为研究对象。

(3) 画出所取研究对象的受力图(注意截面上的 F_S 和 M 都假设为正方向)。

（4）列平衡方程,求解内力。

例 6.1 简支梁如图 6.7(a)所示。已知 $F_1=40\text{kN}, F_2=40\text{kN}$,试求截面 1—1 上的剪力和弯矩。

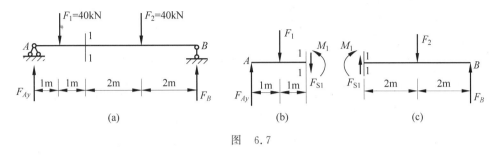

图 6.7

解 解题思路：先由平衡条件求支座反力,再用截面法分别求剪力和弯矩。

解题过程：

（1）求支座反力。考虑梁的整体平衡,由平衡方程 $\sum M_B = 0$,有

$$F_1 \times 5 + F_2 \times 2 - F_{Ay} \times 6 = 0$$

解得

$$F_{Ay} = 46.67\text{kN}(\uparrow)$$

由 $\sum M_A = 0$,有

$$-F_1 \times 1 - F_2 \times 4 + F_B \times 6 = 0$$

解得

$$F_B = 33.33\text{kN}(\uparrow)$$

校核：$\sum F_y = F_{Ay} + F_B - F_1 - F_2 = 46.67 + 33.33 - 40 - 40 = 0$,无误。

（2）求截面 1—1 上的内力。

在截面 1—1 处将梁截开,取左段梁为研究对象,画出受力图,内力 F_{S1} 和 M_1 均先假设为正方向(图 6.7(b)),列平衡方程

$$\sum F_y = 0, \quad F_{Ay} - F_1 - F_{S1} = 0$$
$$\sum M_1 = 0, \quad -F_{Ay} \times 2 + F_1 \times 1 + M_1 = 0$$

解得

$$F_{S1} = F_{Ay} - F_1 = (46.67 - 40)\text{kN} = 6.67\text{kN}$$
$$M_1 = F_{Ay} \times 2 - F_1 \times 1 = (46.67 \times 2 - 40 \times 1)\text{kN} \cdot \text{m} = 53.34\text{kN} \cdot \text{m}$$

求得 F_{S1} 和 F_1 均为正值,表示截面 1—1 上内力的实际方向与假定的方向相同；按内力的符号规定,剪力、弯矩都是正值。所以画受力图时一定先假设内力为正方向,由平衡方程求得结果的正负号,就能直接代表内力本身的正负。

若取 1—1 截面右段梁为研究对象(图 6.7(c)),可得出同样的结果,请读者自行计算。

例 6.2 已知 $q=200\text{N/m}, F=600\text{N}$,作用于悬臂梁上(图 6.8(a)),试求截面 1—1 上的剪力和弯矩。

解 解题思路：取右段为研究对象,可不求支反力。

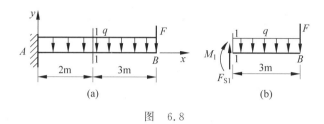

图 6.8

解题过程：取截面 1—1 右侧为研究对象，可省去求反力。截面上的剪力 F_{S1}、弯矩 M_1 均设为正，受力图如图 6.8(b)所示。列平衡方程

$$\sum F_y = 0, \quad F_{S1} - F - q \times 3 = 0$$

解得

$$F_{S1} = F + q \times 3 = (600 + 200 \times 3)\text{N} = 1\,200\text{N} = 1.2\text{kN}$$

对截面形心取矩，由

$$\sum M_1 = 0, \quad -M_1 - q \times 3 \times \frac{3}{2} - F \times 3 = 0$$

解得

$$M_1 = -\frac{9}{2}q - 3F = \left(-\frac{9}{2} \times 200 - 3 \times 600\right)\text{N}\cdot\text{m} = -2\,700\text{N}\cdot\text{m} = -2.7\text{kN}\cdot\text{m}$$

F_{S1} 为正值，与假设方向一致，为正剪力；M_1 为负值，说明与假设转向相反，为负弯矩。

例 6.3 外伸梁如图 6.9 所示，试求 1—1、2—2 截面上的内力。

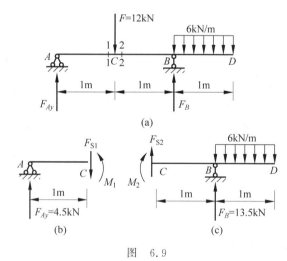

图 6.9

解 解题思路：先由平衡条件求支座反力，再用截面法求剪力和弯矩。

解题过程：

(1) 求支座反力。$F_{Ay} = 4.5\text{kN}$，$F_B = 13.5\text{kN}$。

(2) 求 1—1 截面上的内力。

在截面 1—1 处将梁截开，以左段为研究对象，画出受力图(图 6.9(b))。列平衡方程

$$\sum F_y = 0, \quad F_{Ay} - F_{S1} = 0$$

解得
$$F_{S1} = F_{Ay} = 4.5\text{kN}$$
$$\sum M_C = 0, \quad M_1 - 4.5 \times 1 = 0$$

解得
$$M_1 = 4.5\text{kN} \cdot \text{m}$$

(3) 求 2—2 截面上的内力。

在截面 2—2 处将梁截开,取右段为研究对象,画出受力图(图 6.9(c))。列平衡方程
$$\sum F_y = 0, \quad F_{S2} + F_B - 6 \times 1 = 0$$

解得
$$F_{S2} = -7.5\text{kN}$$
$$\sum M_C = 0, \quad M_2 + 6 \times 1 \times 1.5 - F_B \times 1 = 0$$

解得
$$M_2 = 4.5\text{kN} \cdot \text{m}$$

由以上计算可以看出,集中力作用处截面左右两侧的弯矩相等,剪力不等,剪力的突变值等于集中力。

6.2.2 用简易法求指定截面的内力

通过上述例题,可以总结出直接根据外力计算梁指定截面内力的规律。

1. 计算剪力的规律

计算剪力是对截面左(或右)段建立投影方程,经过移项后得
$$F_S = \sum F_{y左}$$

或
$$F_S = \sum F_{y右}$$

微课 13

上两式说明:**梁内任一横截面上的剪力在数值上等于该截面一侧所有外力在垂直于轴线方向投影的代数和**。若外力对所求截面产生顺时针方向转动趋势,取正号(图 6.9(b));反之,取负号(图 6.9(c))。此规律可记为"**顺转剪力正**"。

2. 计算弯矩的规律

计算弯矩是对截面左(或右)段梁建立力矩方程,经过移项后可得
$$M = \sum M_{C左}$$

或
$$M = \sum M_{C右}$$

上两式说明:**梁内任一横截面上的弯矩在数值上等于该截面一侧所有外力(包括力偶)对该截面形心力矩的代数和**。将所求截面固定,若外力矩使所考虑的梁段产生下凸弯曲变形时(即上部受压,下部受拉),等式右方取正号(图 6.9(a));反之,取负号(图 6.9(b))。此规律可记为"**下凸弯矩正**"。

利用上述规律直接由外力求梁内力的方法称为**简易法**。用简易法求内力可以省去画受

力图和列平衡方程,从而简化计算过程,下面举例说明。

例 6.4 用简易法求图 6.10 所示简支梁 1—1 截面上的剪力和弯矩。

解 解题思路:先根据平衡条件求支座反力,再根据"顺转剪力正"和"下凸弯矩正"的规律求 F_S 和 M。

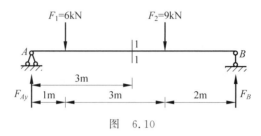

图 6.10

解题过程:

(1) 求支座反力。由梁的整体平衡条件求得

$$F_{Ay}=8\mathrm{kN}(\uparrow), \quad F_B=7\mathrm{kN}(\uparrow)$$

(2) 计算 1—1 截面上的内力。

由 1—1 截面以左部分的外力来计算内力,根据"顺转剪力正"和"下凸弯矩正"的规律,得

$$F_{S1}=F_{Ay}-F_1=(8-6)\mathrm{kN}=2\mathrm{kN}$$
$$M_1=F_{Ay}\times 3-F_1\times 2=(8\times 3-6\times 2)\mathrm{kN}\cdot\mathrm{m}=12\mathrm{kN}\cdot\mathrm{m}$$

例 6.5 用简易法求例 6.3(图 6.9(a))中 1—1、2—2 截面的剪力和弯矩。

解 解题思路:先利用平衡条件求支反力,再根据"顺转剪力正"和"下凸弯矩正"的规律求梁的剪力 F_S 和弯矩 M。

解题过程:

(1) 由例 6.3 知支座反力

$$F_{Ay}=4.5\mathrm{kN}, \quad F_B=13.5\mathrm{kN}$$

(2) 计算 1—1 截面上的剪力和弯矩。

由 1—1 截面以左部分的外力来计算内力,根据"顺转剪力正"和"下凸弯矩正"的规律得

$$F_{S1}=F_{Ay}=4.5\mathrm{kN}$$
$$M_1=F_{Ay}\times 1=4.5\mathrm{kN}\cdot\mathrm{m}$$

(3) 计算 2—2 截面上的剪力和弯矩。

由 2—2 截面以右部分的外力来计算内力,根据"顺转剪力正"和"下凸弯矩正"的规律得

$$F_{S2}=(6\times 1-13.5)\mathrm{kN}=-7.5\mathrm{kN},$$
$$M_2=F_B\times 1-6\times 1\times 1.5=(13.5-9)\mathrm{kN}\cdot\mathrm{m}=4.5\mathrm{kN}\cdot\mathrm{m}$$

6.3 内力方程法绘制剪力图和弯矩图

为了计算梁的强度和刚度,除了要计算指定截面的剪力和弯矩外,还必须知道剪力和弯矩沿梁轴线的变化规律,从中找到梁内最大剪力和最大弯矩以及它们所在的截面位置。绘制剪力图和弯矩图是解决上述问题的最好方法。

6.3.1 剪力方程和弯矩方程

从上节讨论中可以看出,梁内各截面上的剪力和弯矩一般来说都是随截面的位置而变化的。若横截面的位置用沿梁轴线的坐标 x 来表示,则各横截面上的剪力和弯矩都可以表示为坐标 x 的函数,即

$$F_S = F_S(x)$$
$$M = M(x)$$

以上两个函数式表示梁内剪力和弯矩沿梁轴线的变化规律,分别称为**剪力方程和弯矩方程**。

6.3.2 剪力图和弯矩图

为了形象地表示剪力和弯矩沿梁轴线的变化规律,便于找到梁中某一截面的最大剪力值和最大弯矩值,可以根据剪力方程和弯矩方程分别绘制剪力图和弯矩图。以沿梁轴线的横坐标 x 表示梁横截面的位置,以纵坐标表示相应横截面上的剪力或弯矩,在土建工程中,习惯上把**正剪力画在 x 轴上方,负剪力画在 x 轴下方**;而把**弯矩图画在梁受拉的一侧**。即对于水平梁来说,**正弯矩画在 x 轴下方,负弯矩画在 x 轴上方**。在弯矩图中,不需标出+、一号。梁剪力、弯矩的正负号如图 6.11 所示。

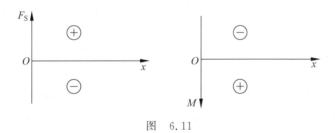

图 6.11

例 6.6 悬臂梁受均布荷载 q 作用,如图 6.12(a)所示,试绘制梁的剪力图和弯矩图。

解 解题思路:先建立坐标,写出内力方程。再用数学函数作图像绘制剪力图和弯矩图。

解题过程:

(1) 列剪力方程和弯矩方程。以梁轴线为 x 轴,左端 A 点为坐标原点。在距原点 x 处假想地将梁截开,取左段为研究对象,写出 x 处截面的剪力、弯矩表达式:

$$F_S = F_S(x) = -qx, \quad 0 \leqslant x \leqslant l \quad (a)$$

$$M = M(x) = -\frac{1}{2}qx^2, \quad 0 \leqslant x \leqslant l \quad (b)$$

(2) 绘制剪力图和弯矩图。

画出梁的轴线。由式(a)知,$F_S(x)$ 是 x 的一次函数,剪力图是一条斜直线,故只需确定任意两截面为控制点,就可绘制出剪力图。

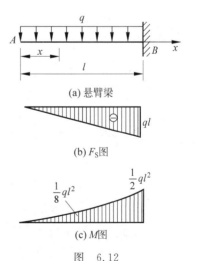

图 6.12

如当 $x=0$ 时，$F_S=0$；$x=l$ 时，$F_S=-ql$。

连接控制点的直线即为剪力图，如图 6.12(b)所示。

由式(b)知，$M(x)$ 是 x 的二次函数，弯矩图为二次抛物线，至少需要确定 3 个控制点，才能绘制出弯矩图。

如当 $x=0$ 时，$M=0$；当 $x=\dfrac{l}{2}$ 时，$M=-\dfrac{1}{8}ql^2$；当 $x=l$ 时，$M=-\dfrac{1}{2}ql^2$。

在轴线上侧（梁受拉一侧）描出上述 3 个点的纵坐标，用一条光滑的曲线连接，即为弯矩图（图 6.12(c)）。

剪力图和弯矩图应与梁的计算简图对齐，并标明图名（F_S 图或 M 图），以及各控制点的值，F_S 图还应注明正、负号；M 图绘在受拉侧，不必注明正负号。在内力图上的坐标轴可省略。

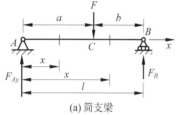

(a) 简支梁

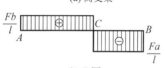

(b) F_S 图

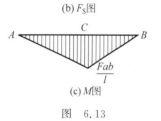

(c) M 图

图 6.13

例 6.7 图 6.13(a)所示的简支梁受集中力 F 作用，试绘制出梁的 F_S 图和 M 图。

解 解题思路：先求支座反力，再建立坐标列内力方程，根据数学函数作图像法，绘制剪力图和弯矩图。

解题过程：

（1）求支座反力。

由整体平衡得

$$F_{Ay}=\frac{1}{l}Fb\,(\uparrow)$$

$$F_B=\frac{1}{l}Fa\,(\uparrow)$$

（2）列剪力方程和弯矩方程。

以梁轴线为 x 轴，A 点为坐标原点。由于 C 截面有集中力作用，使得 AC 段与 CB 段的内力方程不同，所以需分段列出。

AC 段：

$$F_S=F_{Ay}=\frac{Fb}{l},\quad 0<x<a \tag{a}$$

$$M=F_{Ay}\cdot x=\frac{Fb}{l}\cdot x,\quad 0\leqslant x\leqslant a \tag{b}$$

CB 段：

$$F_S=-F_B=-\frac{1}{l}Fa,\quad a<x<l \tag{c}$$

$$M=F_B(l-x)=\frac{1}{l}Fa(l-x),\quad a\leqslant x\leqslant l \tag{d}$$

（3）绘制 F_S 图与 M 图。

先根据内力方程判断各段的内力图形状，再求出所需要的控制点的内力值，然后描点、标值连线。

① 绘制 F_S 图。

由式(a)知,AC 段 F_S 为常量,其值为 $\dfrac{Fb}{l}$,因此剪力图是一条在基线上方的水平线。

由式(c)知,CB 段 F_S 值为 $-\dfrac{Fa}{l}$,剪力图也是一条水平线,但在基线下方,按此绘制 F_S 图,如图 6.13(b)所示。

② 绘制 M 图。

由式(b)知,AC 段的 M 是 x 的一次函数,为一条斜直线,需求出两个截面的弯矩值,如:$x=0$ 时,$M=0$;$x=a$ 时,$M=\dfrac{Fab}{l}$。

在基线下方(梁受拉一侧)描出这两个控制点的 M 值并连线,即得 AC 段弯矩图。用同样的方法可绘制出 CB 段弯矩图。全梁 M 图如图 6.13(c)所示。

由图 6.13(b)可知,简支梁在集中力作用下,当 $a>b$ 时,CB 段上剪力绝对值为全梁最大值,其值为 $|F_S|_{\max}=\dfrac{Fa}{l}$;当 $a\leqslant b$ 时,$|F_S|_{\max}=\dfrac{Fb}{l}$,发生在 AC 段上,在集中力作用处,C 点稍偏左的截面上 $F_{SC左}=\dfrac{Fb}{l}$,稍偏右的截面上 $F_{SC右}=-\dfrac{Fa}{l}$,C 截面上剪力图有突变,突变量为 $\dfrac{Fb}{l}-\left(-\dfrac{Fa}{l}\right)=F$,即该集中力的大小。

由图 6.13(c)可知,梁在集中力作用下,弯矩图为斜直线,弯矩的最大值发生在集中力作用截面,其值为 $M_{\max}=\dfrac{Fab}{l}$;当 F 在梁的跨中 $\left(a=b=\dfrac{l}{2}\right)$ 时,$M_{\max}=\dfrac{Fl}{4}$,集中力作用处弯矩图的斜率发生变化,出现尖角。

例 6.8 简支梁受荷载作用如图 6.14(a)所示,试绘制梁的 F_S 图和 M 图。

解 解题思路:先求支座反力,再建立坐标,列内力方程,根据数学函数作图像法,绘制剪力图和弯矩图。

解题过程:

(1) 求支座反力。由力偶系的平衡条件知

$$F_{Ay}=-\dfrac{10}{4}\text{kN}=-2.5\text{kN}(\downarrow)$$

$$F_B=-F_{Ay}=2.5\text{kN}(\uparrow)$$

(2) 列内力方程。

x 轴与梁轴重合,A 为坐标原点。当 x 分别在 AC 段、CB 段时,截面同一侧的外力不同,需分两段列内力方程。

① AC 段。

取截面 C 以左部分研究:

$$F_S=F_{Ay}=-2.5\text{kN},\quad 0<x<2$$

$$M=F_{Ay}\cdot x=-2.5x,\quad 0\leqslant x\leqslant 2$$

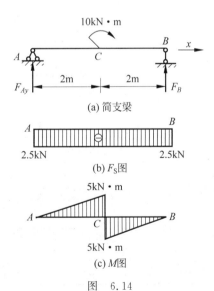

图 6.14

② CB 段。

取截面右侧为研究对象：
$$F_S = -F_B = -2.5\text{kN}, \quad 2 < x < 4$$
$$M = F_B(4-x) = 2.5(4-x), \quad 2 \leqslant x \leqslant 4$$

(3) 绘制内力图。

① 绘制 F_S 图。

各区段剪力均为常数(-2.5kN)，F_S 图为与基线平行的线段，且在基线下方。全梁的 F_S 图如图 6.14(b)所示。由图可知，集中力偶作用处剪力图无变化。

② 绘制 M 图。

由于两个区段的弯矩方程都是 x 的一次函数，故 AC 段、CB 段 M 图均为斜直线，可求出各区段控制截面的弯矩值，并按比例标在使梁受拉的一侧，然后用直线依次相连，即得全梁的弯矩图(图 6.14(c))。由图可知，集中力偶作用处(C 点)弯矩有突变，在 C 点偏左截面上弯矩 $M_{C左} = -5$kN·m，在 C 点偏右截面上 $M_{C右} = 5$kN·m，C 截面处弯矩突变量为 $(-5-5)$kN·m $= -10$kN·m，即等于集中力偶矩。

根据内力方程作图是绘制内力图的基本方法，但较为麻烦。表 6.1 列出了单跨梁在常见单一荷载作用下的内力图，读者可练习列出例题上没有列出的内力方程，并熟记这些图形，这对今后的学习十分有用。

表 6.1 单跨静定梁在单一荷载作用下的 F_S 图和 M 图

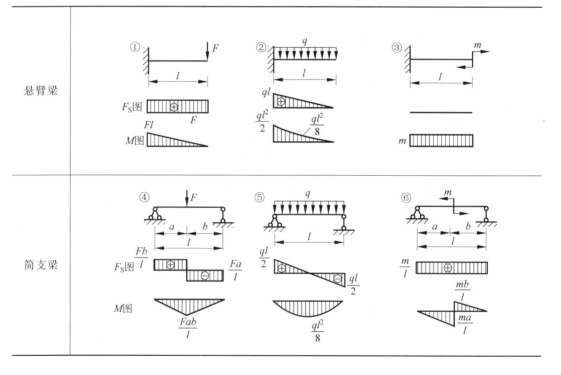

6.4 微分关系法绘制剪力图和弯矩图

6.4.1 荷载集度、剪力和弯矩之间的微分关系

在 6.3 节中通过具体计算总结出剪力图和弯矩图的一些规律和特点。下面进一步讨论剪力、弯矩与荷载集度之间的关系。

如图 6.15(a)所示,梁上作用着任意分布荷载 $q(x)$,设 $q(x)$ 以向上为正。取 A 为坐标原点,x 轴以向右为正,根据微积分的概念,现取分布荷载作用下的一微段 $\mathrm{d}x$ 来研究(图 6.15(b))。

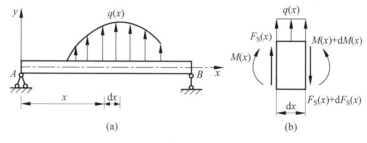

图 6.15

由于微段的长度 $\mathrm{d}x$ 非常小,因此,在微段上作用的分布荷载 $q(x)$ 可以认为是均布的。微段左侧横截面上的剪力是 $F_S(x)$,弯矩是 $M(x)$;微段右侧截面上的剪力是 $F_S(x)+\mathrm{d}F_S(x)$,弯矩是 $M(x)+\mathrm{d}M(x)$,并设它们都为正值。考虑微段的平衡,由

$$\sum F_y = 0, \quad F_S(x) + q(x)\mathrm{d}x - (F_S(x) + \mathrm{d}F_S(x)) = 0$$

得

$$\frac{\mathrm{d}F_S(x)}{\mathrm{d}x} = q(x) \tag{6-1}$$

结论一:梁上任意一横截面上的剪力对 x 的一阶导数,等于作用在该截面处的分布荷载集度。这一微分关系的几何意义是,剪力图上某点切线的斜率等于相应截面处的分布荷载集度。

再由 $\sum M_C = 0$,得

$$-M(x) - F_S(x)\mathrm{d}x - q(x)\frac{\mathrm{d}x}{2} + (M(x) + \mathrm{d}M(x)) = 0$$

式中,C 点为右侧横截面的形心,经过整理,并略去二阶微量 $q(x)\dfrac{\mathrm{d}x^2}{2}$ 后,得

$$\frac{\mathrm{d}M(x)}{\mathrm{d}x} = F_S(x) \tag{6-2}$$

结论二:梁上任一横截面上的弯矩对 x 的一阶导数等于该截面上的剪力。这一微分关系的几何意义是,弯矩图上某点切线的斜率等于相应截面上的剪力。

将式(6-2)两边求导,得

$$\frac{\mathrm{d}^2 M(x)}{\mathrm{d}x^2} = q(x) \tag{6-3}$$

结论三：梁上任一横截面上的弯矩对 x 的二阶导数等于该截面处的分布荷载集度。这一微分关系的几何意义是，弯矩图上某点的曲率等于相应截面处的荷载集度，即由分布荷载集度的正负，可以确定弯矩图的凹凸方向。

6.4.2 剪力图和弯矩图的规律

利用弯矩、剪力与荷载集度之间的微分关系及其几何意义，可总结出下列一些规律，并可用来校核或绘制梁的剪力图和弯矩图。

1. 在无荷载梁段，即 $q(x)=0$ 时

由式（6-1）知，$F_S(x)$ 是常数，即剪力图是一条平行于 x 轴的直线；又由式（6-2）知该段弯矩图上各点切线的斜率为常数，因此，弯矩图是一条斜直线。

2. 均布荷载梁段，即 $q(x)=$ 常数时

由式（6-1）可知，剪力图上各点切线的斜率为常数，即 $F_S(x)$ 是 x 的一次函数，因此 $M(x)$ 是 x 的二次函数，即弯矩图为二次抛物线。这时可能出现两种情况，如图 6.16 所示。

3. 弯矩的极值

由 $\dfrac{dM(x)}{dx}=F_S(x)=0$ 可知，在 $F_S(x)=0$ 的截面处，$M(x)$ 出现极值。即弯矩的极值（极大值或极小值）发生在剪力为零的截面上。

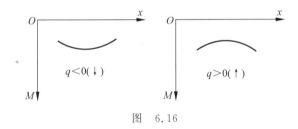

图 6.16

4. 集中力和集中力偶作用处

集中力作用处，剪力图有突变，剪力图从左到右的突变方向与集中力指向一致，突变量等于集中力的大小；弯矩图有转折，转折尖角与集中力指向相同。集中力偶作用处，剪力图无变化，弯矩图有突变，突变量等于集中力偶的大小，若集中力偶为逆时针转向，则弯矩图从左到右向上突变，反之则向下突变。

6.4.3 绘制内力图的简捷方法

为方便应用，现将上述规律列于表 6.2 中，熟练掌握这些规律，不用列梁的内力方程就能简捷地绘制各区段的内力图。作法是：首先从集中力、集中力偶作用处，以及均布荷载集度变化处将梁分段；再用截面法或简易法求出各区段端点截面的内力值；最后按上述规律绘制出各区段内力图。此外，也可以利用上述规律校核已绘出的内力图是否正确。因用此法绘制梁的内力图比较简捷，故称**简捷法**。

表 6.2 梁的荷载与剪力图、弯矩图之间的关系

序 号	梁上荷载情况	剪力图	弯矩图
1	无分布荷载 ($q=0$)	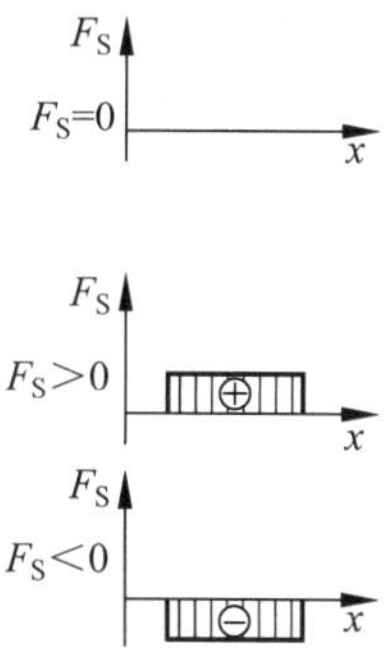 $F_S=0$；$F_S>0$ 矩形（⊕）；$F_S<0$ 矩形（⊖）	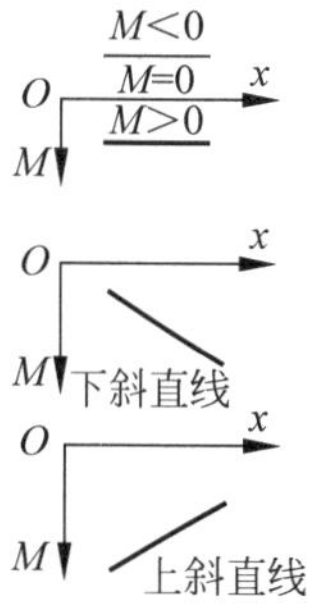 $M<0$，$M=0$，$M>0$；下斜直线；上斜直线
2	均布荷载向上作用  $q>0$	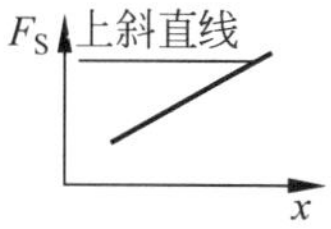 F_S 上斜直线	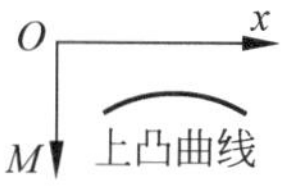 上凸曲线
3	均布荷载向下作用 $q<0$	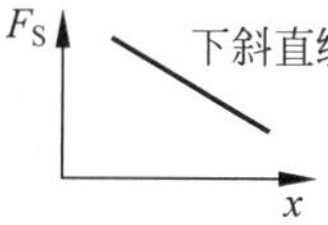 F_S 下斜直线	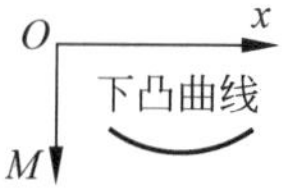 下凸曲线
4	集中力作用 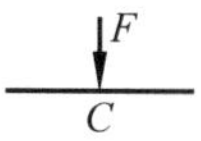	C 截面有突变 	C 截面有转折 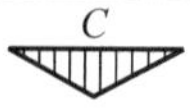
5	集中力偶作用 m 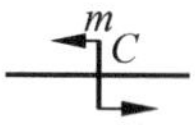	C 截面无变化	C 截面有突变 
6	q 作用区段、F 作用处	$F_S=0$ 截面	M 有极值

实践证明,若正确掌握上述绘制内力图的规律,可很容易地绘制各种梁的内力图。但由于上述规律一时难以理解记忆,使用起来也不方便,尤其绘制弯矩图时更是如此,据此,将上述绘制弯矩图的规律编成如下口诀:

用简捷法绘制梁内力图的口诀

无载段,剪力图平直线,弯矩图斜直线。
均载段,剪力图斜直线,弯矩图抛物线。
q 向下,向下斜；q 向下,向下凸。
集中力,剪力图有突变,弯矩图有尖角。
力偶处,剪力图无影响,弯矩图有突变。
剪力图,轴交点,弯矩图上有极值。

其实,无论是用简捷法绘制内力图或是用口诀绘制内力图,其步骤都相同,具体如下:

(1) 分段,即根据梁上外力及支承等情况将梁分成若干段。

(2) 根据各段梁上的荷载情况,判断其剪力图和弯矩图的大致形状。

(3) 利用计算指定截面内力的简便方法,直接求出应该求的若干控制截面上的 F_S 值和 M 值。

(4) 根据图形特征逐段绘出梁的 F_S 图和 M 图。

例 6.9 一外伸梁,梁上荷载如图 6.17(a)所示,利用微分关系绘制此外伸梁的剪力图和弯矩图。

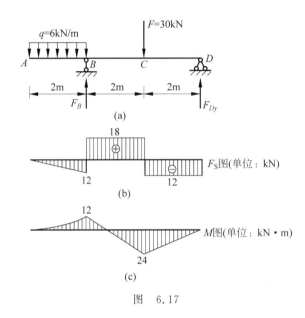

图 6.17

解 解题思路:利用平衡条件求支反力,再求控制点内力,然后用简捷法绘制内力图。

解题过程:

(1) 求支座反力。
$$F_B = 30\text{kN}(\uparrow), \quad F_{Dy} = 12\text{kN}(\uparrow)$$

(2) 根据梁上的外力情况,将梁分为 AB、BC、CD 三段。

(3) 计算控制截面剪力,绘制剪力图。

AB 段梁上有均布荷载,故该段梁的剪力图为斜直线,其控制截面剪力为
$$F_{SA} = 0$$
$$F_{SB左} = (-6 \times 2)\text{kN} = -12\text{kN}$$

BC 段和 CD 段均为无荷载区段,它们的剪力图均为水平线,其控制截面剪力为
$$F_{SB右} = (-12 + 30)\text{kN} = 18\text{kN}$$
$$F_{SD} = -F_{Dy} = -12\text{kN}$$

绘制出剪力图如图 6.17(b)所示。

(4) 计算控制截面弯矩,绘制弯矩图。

AB 段梁上有均布荷载,故该段梁的弯矩图为二次抛物线。因 q 向下($q<0$),所以曲线向下凸,其控制截面弯矩为

$$M_A = 0$$
$$M_B = (-6 \times 2 \times 1)\text{kN} \cdot \text{m} = -12\text{kN} \cdot \text{m}$$

BC 段与 CD 段均为无荷载区段,故弯矩图均为斜直线,其控制截面弯矩为

$$M_B = -12\text{kN} \cdot \text{m}$$
$$M_C = (12 \times 2)\text{kN} \cdot \text{m} = 24\text{kN} \cdot \text{m}$$
$$M_D = 0$$

绘制出弯矩图如图 6.17(c)所示。

由以上分析可看出,对本题来说,只需算出控制点的 $F_{SB左}$、$F_{SB右}$、$F_{SD左}$ 和 M_B、M_C,就可绘制出梁的剪力图和弯矩图。

例 6.10 试绘制图 6.18(a)所示外伸梁的 F_S 图与 M 图。

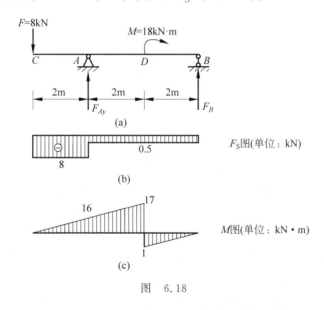

图 6.18

解 解题思路:利用平衡条件求支反力,再求控制点内力,然后用简捷法绘制内力图。

解题过程:

(1) 求支座反力。

$$\sum M_B = 0, \quad F_{Ay} = \frac{1}{4}(8 \times 6 - 18)\text{kN} = 7.5\text{kN}(\uparrow)$$
$$\sum F_y = 0, \quad F_B = F - F_{Ay} = (8 - 7.5)\text{kN} = 0.5\text{kN}(\uparrow)$$

(2) 分段。

将全梁在 A、D 两点进行分段,分为 CA、AD、DB 三段。

(3) 用截面法或简易法计算各区段分界面的内力值,并列于表 6.3。

表 6.3　用截面法或简易法计算各区段分界面的内力值

内　力	区段分界面			
	C	A	D	B
剪力/kN	$F_{SC右}=-8$	$F_{SA左}=-8$ $F_{SCA右}=-0.5$	$F_{SD}=-0.5$	$F_{SB左}=-0.5$
弯矩/(kN·m)	$M_C=0$	$M_A=-16$	$M_{D左}=-17$ $M_{D右}=1$	$M_B=0$

(4) 绘制 F_S 图。

CA 段 $q=0$,$F_S=-8$kN,自左至右 F_S 图为一条与基线平行的线段。

AD 段 $q=0$,连接 $F_{SA右}$、F_{SD} 的水平直线即为 AD 段 F_S 图。此外,A 点有向上的力 F_{Ay} 作用,F_S 图上有突变,突变量为 F_{Ay}(7.5kN)。

DB 段 $q=0$,F_S 图为连接 F_{SD} 与 $F_{SB左}$ 的水平直线。

全梁的 F_S 图如图 6.18(b)所示。

(5) 绘制 M 图。

CA 段 $q=0$,M 图为连接 $M_C=0$ 及 $M_A=-16$kN·m 的直线。

AD 段 $q=0$,M 图为连接 M_A 及 $M_{D左}$ 的直线。

DB 段 $q=0$,M 图为连接 $M_{D右}$、M_B 的直线。此外,由于 D 点作用有顺时针方向的集中力偶 $M=18$kN·m,故 D 截面弯矩从左到右向下突变,突变量为 18kN·m。

全梁的弯矩图如图 6.18(c)所示。

例 6.11　试绘制如图 6.19(a)所示简支梁的剪力图、弯矩图。已知 $M=40$kN·m,$F=20$kN,$q=10$kN/m。

解　解题思路:利用平衡条件求支座反力,再求控制截面内力,然后用简捷法绘制内力图。

解题过程:

(1) 求支座反力。

$$\sum M_B=0,\quad F_{Ay}=\frac{1}{8}\left(40+20\times 6+10\times\frac{4^2}{2}\right)\text{kN}=30\text{kN}(\uparrow)$$

$$\sum F_y=0,\quad F_B=(20+10\times 4-30)\text{kN}=30\text{kN}(\uparrow)$$

(2) 分段。从集中力作用处和均布荷载集度改变处将梁分为 AC、CD、DB 三段。

(3) 用求指定截面内力的截面法或简捷法求出各分段点的内力值,列于表 6.4。

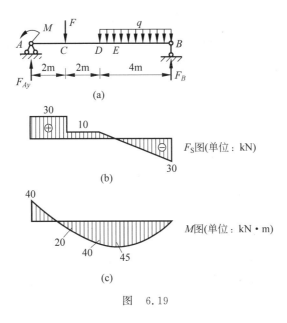

图 6.19

表 6.4 各分段点的内力值

内 力	区段分界面			
	C	A	D	B
F_S/kN	$F_{SA右}=30$	$F_{SC左}=30$ $F_{SC右}=10$	$F_{SD}=10$	$F_{SB左}=-30$
M/(kN·m)	$M_{A右}=-40$	$M_C=20$	$M_D=40$	$M_B=0$

(4)绘制 F_S 图。

AC 段 $q=0$,F_S 图为水平线,各点 $F_S=F_{SA右}=30$kN;A 截面集中力偶对 F_S 图无影响;C 截面有集中力 F 作用,F_S 图有突变。

CD 段 $q=0$,F_S 图为水平线,各点 $F_S=F_{SC右}=10$kN。

DB 段 $q=10$kN/m(向下),F_S 图从左至右为下斜直线,$F_{SD}=10$kN,$F_{SB左}=-30$kN。

根据以上分析画出梁的 F_S 图,如图 6.19(b)所示。

(5)绘制 M 图。

A 点作用有逆时针转向的集中力偶,弯矩图向上突变,$M_{A右}=-40$kN·m。又 AC 段上 $q=0$,$F_S>0$,故 M 图从左向右为连接 $M_{A右}$ 及 M_C 的下斜直线。

CD 段 $q=0$,$F_S>0$,M 从左向右为连接 M_C 与 M_D 的下斜直线。

DB 段 q 为常数,方向向下,故 M 图为下凸曲线。又区段上 F_S 值由正变负,在 $F_S=0$ 的截面上弯矩有极大值。设区段上距 D 点 x 处的 E 截面剪力为零,取 DE 段为研究对象,则 $F_{SE}=F_{SD}-q\cdot x=10-10x=0$,得 $x=1$m,于是 $M_E=M_D+F_{SD}\cdot x-qx^2/2=45$kN·m,用光滑曲线相连,全梁的弯矩图如图 6.19(c)所示。

6.5 叠加法绘制弯矩图

6.5.1 叠加原理

我们先求图 6.20 所示悬臂梁在以下三种情况下的支反力及内力,分析它们之间的支反力与内力有什么关系。

(1) 在 F、q 共同作用下(图 6.20(a)):

$$F_B = F + ql$$
$$F_S = -F - q \cdot x, \quad 0 < x < l$$
$$M = F \cdot x - \frac{1}{2}qx^2, \quad 0 \leqslant x \leqslant l$$

(2) 在 F 单独作用下(图 6.20(b)):

$$F_B = F$$
$$F_S = -F, \quad 0 < x < l$$
$$M = -F \cdot x, \quad 0 \leqslant x \leqslant l$$

(3) 在 q 单独作用下(图 6.20(c)):

$$F_B = ql$$
$$F_S = -qx, \quad 0 < x < l$$
$$M = -\frac{1}{2}qx^2, \quad 0 \leqslant x \leqslant l$$

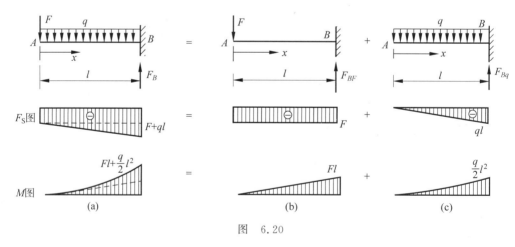

图 6.20

分析上述各种表达式可知,支座反力、内力均与荷载呈线性关系,即在反力、内力表达式中只含荷载的一次方,它们之间的关系为

$$F_B = F + ql$$
$$F_S = -F - qx$$
$$M = -F \cdot x - \frac{1}{2}qx^2$$

由此可知,梁在 F、q 共同作用时产生的反力或内力,等于 F 和 q 分别单独作用时产生反力或内力的代数和。

这种关系可以推广到一般情况,即**结构在几个荷载共同作用下所引起的某一量值(反力、内力、应力、变形)等于各个荷载单独作用时所引起的该量值的代数和,这就是叠加原理**。叠加原理在力学计算中应用很广。

应用叠加原理的条件是,所要计算的量值必须与荷载呈线性关系。对于几个荷载作用下的静定梁或其他静定结构,只要满足小变形条件,就可以应用叠加原理。

但是在另外一些情况下,虽然结构变形很小,但这种变形已经影响到外力对结构作用性质的改变,或者由于结构变形很大,已经显著地影响到外力作用点位置或方向的改变,此时,结构的一切计算都应在结构变形后的计算简图上进行,而且荷载与内力、变形之间已呈非线性关系,因此叠加原理就不适用了。本书只研究线弹性结构的分析问题。

6.5.2 分荷载叠加法绘制弯矩图

当梁上作用着几个荷载时,利用叠加原理绘制内力图,可以使计算简化。作法是:将梁上的荷载分成几组容易绘制出内力图的简单荷载;分别绘制出各简单荷载单独作用下的内力图;然后将各控制截面对应的纵坐标分别求代数和,即得到梁在几个荷载作用下的内力图。这种绘制内力图的方法称为**叠加法**。由于梁的剪力图容易绘制,通常不用叠加法。本节只讨论应用叠加法绘制梁的弯矩图的方法。现通过例题具体说明。

例 6.12 用叠加法绘制图 6.21(a)所示简支梁的弯矩图。

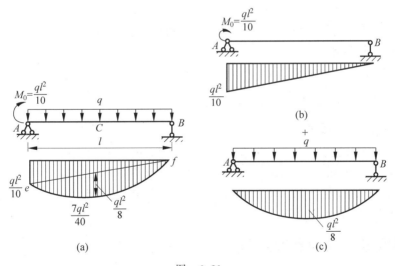

图 6.21

解 解题思路:将原梁分成单一荷载作用的单跨梁,分别绘制 M 图,然后将控制截面竖标值求代数和。

解题过程:将载荷分解为 M_0、q 单独作用在梁上,如图 6.21(b)、(c)所示。分别绘制出在 $M_0 = \dfrac{ql^2}{10}$ 单独作用下简支梁的弯矩图(图 6.21(b))和在均布荷载 q 单独作用下的弯矩图(图 6.21(c))。

再将图 6.21(b)、(c)中各控制点的弯矩值叠加。A 处,图 6.21(b)为 $\dfrac{ql^2}{10}$,图 6.21(c)为零,叠加的结果为 $\dfrac{ql^2}{10}$;B 处,图 6.21(b)、(c)中弯矩值均为零,叠加的结果也为零;C 处,图 6.21(b)为 $\dfrac{ql^2}{20}$,图 6.21(c)为 $\dfrac{ql^2}{8}$,叠加的结果是 $\dfrac{ql^2}{20}+\dfrac{ql^2}{8}=\dfrac{7ql^2}{40}$。图 6.21(b)是线性图形,图 6.21(c)是二次曲线,叠加的结果也应为二次曲线,如图 6.21(a)所示。实际作法是先绘制线性图形,再以线性图形中的 ef 为基线绘制图 6.21(c)的弯矩图。

例 6.13 用叠加法绘制图 6.22 所示外伸梁的弯矩图,已知 $F=F_1$。

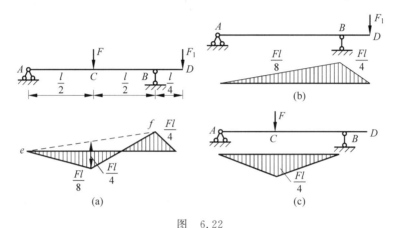

图 6.22

解 解题思路:将原梁分成单一荷载作用下的单跨梁,分别绘制 M 图,然后将控制截面竖标值分别求代数和。

解题过程:将原梁分成荷载 F、F_1 单独作用的单跨梁,如图 6.22(b)、(c)所示。然后分别计算控制截面的弯矩值,$M_A=M_D=0$,$M_C=-\dfrac{Fl}{8}+\dfrac{Fl}{4}=\dfrac{Fl}{8}$,$M_B=\dfrac{Fl}{4}+0=\dfrac{Fl}{4}$,据此绘制弯矩图如图 6.22(a)所示。

也可用另一种作法:先绘制 F_1 单独作用下的弯矩图,AB 为虚线。以该弯矩图中虚线为基线,叠加上 F 单独作用下的弯矩图 6.22(c)。其中图 6.22(b)是负弯矩,在上方;图 6.22(c)是正弯矩,在下方。叠加后,重叠的部分正负抵消。叠加后的弯矩图仍如图 6.22(a)所示。

6.5.3 区段叠加法绘制弯矩图

由 6.5.2 节用叠加法绘制 M 图可知,对于简单荷载作用下的梁,用叠加法绘制 M 图一般较方便;但对于荷载较多的梁,用叠加法绘制 M 图比较复杂。根据上述叠加法绘制弯矩图的过程可以知道,梁各截面的弯矩等于各个荷载单独作用下产生的该截面弯矩的代数相加,即弯矩图上纵坐标相加。因此,可以用区段叠加法绘制梁任意一段的弯矩图。

例如图 6.23(a)所示的外伸梁,如果已求出 D、E 截面的弯矩为 M_D、M_E,则可以取出 DE 段为脱离体(图 6.23(b)),然后根据脱离体的平衡条件,分别求出 D、E 处的剪力 F_{SD}、F_{SE},将此脱离体与图 6.23(c)所示简支梁比较,会发现此简支梁与脱离体受相同集中荷载 F

及杆端力偶 M_D、M_E 作用,因此,可由此简支梁的平衡条件求出支反力 $F_{Dy}=F_{SD}$,$F_E=F_{SE}$。可见图 6.23(b)与图 6.23(c)两者受力完全相同,因此两者的弯矩也必然相同。由此得出一个重要结论:**任何梁段都可简化成一个相应的简支梁,其内力不变。**

对于图 6.23(c)所示的简支梁,可用叠加法绘制弯矩图(图 6.23(d))。因此,可知 DE 段梁的弯矩图也可用叠加法绘制,由此可得出一个结论:**任何梁段都可简化成一个相应的简支梁,并可以利用叠加法绘制该梁的弯矩图。**因此叠加法是在梁的某一区段进行的,故称为**区段叠加法**。采用区段叠加法绘制刚架或超静梁的弯矩图也十分简便。

例 6.14 试绘制图 6.24 所示外伸梁的弯矩图。

解 解题思路:先分段,再求分段处截面的弯矩,对于有荷载梁段求控制截面的弯矩值,然后用直线或曲线连接。

解题过程:

(1) 分段。将梁分为 AB、BC 两个区段。

(2) 计算控制截面弯矩。

$$M_A = 0$$
$$M_B = -4 \times 2 \times 1 \text{kN} \cdot \text{m} = -8 \text{kN} \cdot \text{m}$$
$$M_D = 0$$

AB 区段 C 点处的弯矩叠加值为

$$\frac{Fab}{l} = \frac{9 \times 4 \times 2}{6} \text{kN} \cdot \text{m} = 12 \text{kN} \cdot \text{m}$$

$$M_C = \frac{Fab}{l} - \frac{2}{3} M_B = \left(12 - \frac{2}{3} \times 8\right) \text{kN} \cdot \text{m} \approx 6.67 \text{kN} \cdot \text{m}$$

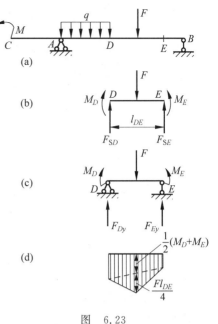

图 6.23

BD 区段中点 E 处的弯矩叠加值为

$$M_E = \frac{M_B}{2} - \frac{ql^2}{8} = \left(\frac{8}{2} - \frac{4 \times 2^2}{8}\right) \text{kN} \cdot \text{m} = 2 \text{kN} \cdot \text{m}$$

(3) 绘制 M 图,如图 6.24 所示。

由上例可以看出,用区段叠加法绘制外伸梁的弯矩图时,不需要求支座反力。所以,用区段叠加法绘制弯矩图非常方便。

例 6.15 试用区段叠加法绘制图 6.25(a)所示简支梁的弯矩图。

解 解题思路:先根据平衡条件求支反力,再用求指定截面内力的方法求控制截面的弯矩,然后对有荷

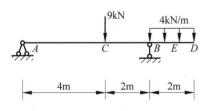

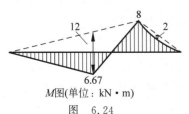

M 图(单位:kN·m)

图 6.24

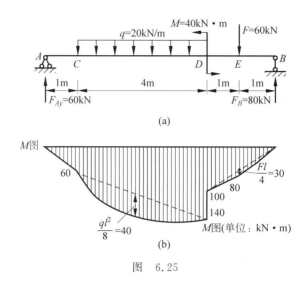

图 6.25

载梁段用区段叠加法绘制 M 图。

解题过程：

（1）求支反力。由 $\sum M_A = 0$ 和 $\sum M_B = 0$，求得 $F_{Ay} = 60\text{kN}$，$F_B = 80\text{kN}$。

（2）求各控制点的弯矩。

$$M_A = 0, \quad M_B = 0$$
$$M_C = F_{Ay} \times 1 = 60\text{kN} \cdot \text{m}$$
$$M_{D右} = F_B \times 2 - F \times 1 = 100\text{kN} \cdot \text{m}$$

（3）用区段叠加法绘制 M 图。

依次在弯矩图上写出各控制点的弯矩纵坐标。无荷载段直接连成直线，有荷载段 CD、DB 按区段叠加法绘制出叠加部分。最后得到弯矩图如图 6.25(c)所示。

值得注意的是，此弯矩图中没有标出最大值，因为梁弯矩的最大值不一定发生在集中力或集中力偶作用处，而是发生在剪力等于零的截面。此题没有要求绘制 F_S 图，故 $F_S = 0$ 处未求解时，无法求出 $M_{\max}$。

6.6 多跨静定梁的内力图

动画 7

6.6.1 多跨静定梁的几何组成特点

多跨静定梁是由若干个单跨梁用铰连接而成的静定结构。在工程中，常用它来跨越几个相连的跨度。例如公路桥梁的主要承重结构和房屋建筑中的木檩条常采用这种结构形式，如图 6.26(a)所示。

对于上述结构简图，从几何组成的特点来分析，它们都可分为基本部分和附属部分。所谓基本部分，是指不依赖于其他部分，本身就能独立地承受荷载并维持平衡的部分。如图 6.26(b)中的 AB 和 CD。

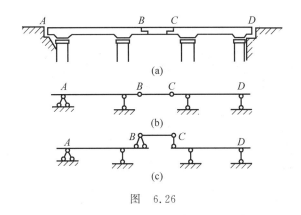

图 6.26

所谓附属部分,是指该部分去掉与其他部分的联系之后(与基础的联系不去掉)本身不能独立维持平衡,如图 6.26(b)中的 BC,它需要依赖其他部分才维持平衡。

为了更清楚地分析各部分之间的依存关系,通常要画出多跨静定梁的**层次图**。把基本部分画在最下层,附属部分画在它所依赖部分的上层,如图 6.26(c)所示。

从层次图可以看出:一旦基本部分遭到破坏,附属部分的几何不变性也随之破坏;若附属部分遭到破坏,则其基本部分的几何不变性并不受任何影响。

6.6.2 多跨静定梁的内力分析

了解了多跨静定梁的几何组成,并由此得到其层次图后,多跨静定梁的内力分析就更加容易了。从力的传递来看,荷载作用在基本部分时,附属部分不受影响,即不产生内力。荷载作用于附属部分时,力将会通过铰往下传递,使与其有关的基本部分产生内力。所以,**多跨静定梁的计算次序是先计算附属部分**。将附属部分的支座反力反向,就得到附属部分作用于基础部分的荷载。计算时,可先利用层次图把多跨静定梁拆成若干单跨静定梁,从附属程度最高的一层开始,向下逐层计算。最后将各单跨梁的内力图连在一起,就得到整个多跨静定梁的内力图。

微课 18

例 6.16 绘制图 6.27(a)所示多跨静定梁的剪力图和弯矩图。

解 解题思路:先绘制多跨静定梁的层次图,将多跨静定梁变为单跨静定梁,然后分别绘制单跨静定梁的内力图,依次放在一起,即得多跨静定梁内力图。

解题过程:绘制出多跨静定梁的层次图和层次受力图。可知 BE 属于基本部分,AB 和 EG 均为附属部分。层次图和层次受力图如图 6.27(b)、(c)所示。

(1) 求各梁段的支座反力。

如图 6.27(c)所示,对各段根据平衡条件可求出支座反力分别为

$$F_A = -5\text{kN}, \quad F_{By} = 10\text{kN}$$
$$F_{Ey} = -4\text{kN}, \quad F_F = 16\text{kN}$$
$$F_{Cy} = 28.5\text{kN}, \quad F_D = 17.5\text{kN}$$

(2) 分段绘制出各梁段的剪力图和弯矩图,将其叠加,即可得到多跨静定梁的剪力图和弯矩图,如图 6.27(d)、(e)所示。

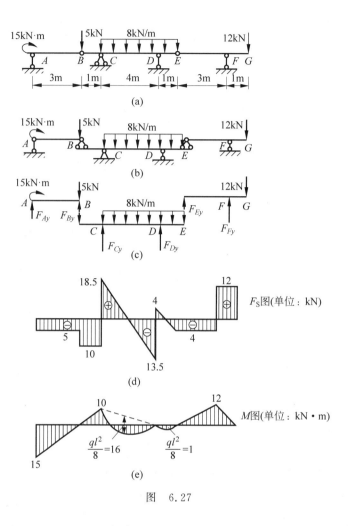

图 6.27

例 6.17 绘制图 6.28(a)所示多跨静定梁的内力图。

解 解题思路：先绘制多跨静定梁层次图,将多跨静定梁变为单跨静定梁,然后分别绘制单跨静定梁的内力图,依次叠加在一起,即得多跨静定梁内力图。

解题过程：

(1) 绘制层次图。

梁 AB 固定在基础上,是基本部分。梁 BD 端支承在基本部分 AB 上,另有一根链杆与基础相连,为附属部分。梁 DF 左端支承在附属部分 BD 上,另有一根链杆与基础相连,也为附属部分,则其层次图如图 6.28(b)所示。

(2) 计算支座反力。

由层次图可以看出,整个多跨静定梁可分为悬臂梁 AB 及两个伸臂梁 BD 和 DF,共 3 层。按由最高层到最低层的计算次序,先取梁 DF 为脱离体,利用平衡条件求支座反力。

由 $\sum F_x = 0$,得 $F_{Dx} = 0$;由 $\sum M_D = 0$,得 $F_E = 80\text{kN}(\uparrow)$;由 $\sum F_y = 0$,得 $F_{Dy} = 40\text{kN}(\uparrow)$。

再将反力 F_{Dy} 反作用在梁 BD 上,取梁 BD 为脱离体,利用平衡条件求支座反力。

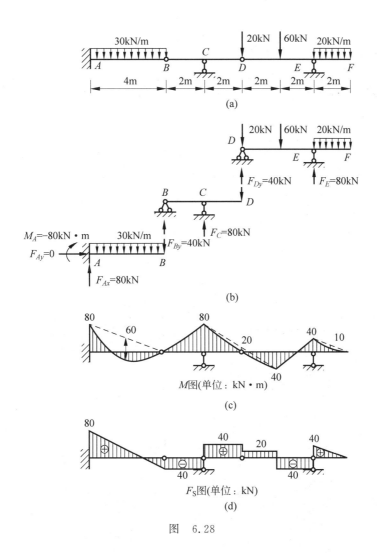

图 6.28

由 $\sum F_x=0$,得 $F_{Bx}=0$;由 $\sum M_B=0$,得 $F_{Cy}=80\text{kN}(\uparrow)$;由 $\sum F_y=0$,得 $F_E=40\text{kN}(\downarrow)$。

同理,将 F_{By} 反作用在梁 AB 上,取梁 AB 为脱离体,利用平衡条件求支座反力。

由 $\sum F_x=0$,得 $F_{Ax}=0$;由 $\sum M_A=0$,得 $M_A=-80\text{kN·m}$(上侧受拉);由 $\sum F_y=0$,得 $F_{Ay}=80\text{kN}(\downarrow)$。

(3)绘制内力图。

求得支座反力后,即可分别绘制出各梁段的内力图。再将各梁段的内力图连在一起,即得多跨静定梁的内力图,如图 6.28(c)、(d)所示。

复习思考题

1. 什么是平面弯曲?试列举梁平面弯曲的实例。
2. 剪力和弯矩的正负号是怎样规定的?它与静力学中关于力的投影和力矩的正负规

定有何区别?

3. 用简易法计算梁指定截面的剪力 F_S 与弯矩 M 的规律是什么?

4. 在集中力、集中力偶作用处截面的剪力 F_S 和弯矩 M 各有什么特点?

5. 请背诵梁绘制弯矩图的口诀,并仿照上述口诀,编出绘制剪力图的口诀。

6. 绘制图 6.29 所示梁的 F_S 图和 M 图时,哪个内力需要分别计算 B 截面左侧、右侧的值?哪个内力在 C 截面的值需要按 $C_{左}$、$C_{右}$ 计算?

7. 绘制剪力图、弯矩图各有哪几种方法?绘制剪力图最常使用的方法是什么?绘制弯矩图最常使用的方法是什么?

8. 如何确定弯矩的极值?弯矩图上的极值是否就是梁内的最大弯矩?

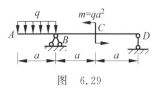

图 6.29

9. 试判断图 6.30 中各梁的 F_S、M 图的正误。若有错误,请改正。

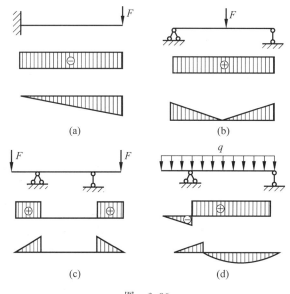

图 6.30

10. 试指出图 6.31 所示弯矩 M 图叠加的错误,并改正。

11. 在什么情况下需要使用区段叠加法?绘制出图 6.32 所示简支梁的弯矩图。

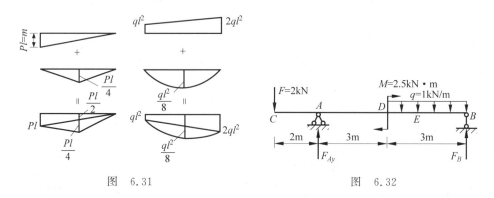

图 6.31   图 6.32

练习题

1. 试求图 6.33 所示各梁指定截面的剪力与弯矩。

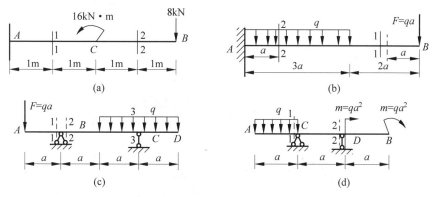

图 6.33

2. 用列内力方程的方法,绘制图 6.34 所示各梁的剪力图与弯矩图。

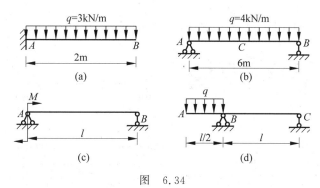

图 6.34

3. 试用简捷法绘制图 6.35 所示梁的剪力图与弯矩图。

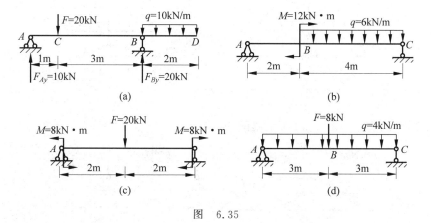

图 6.35

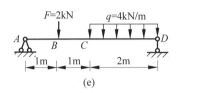
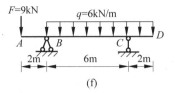

图 6.35 （续）

4. 绘制图 6.36 所示斜梁的弯矩图。

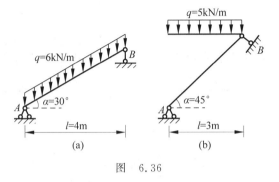

图 6.36

5. 试用叠加法绘制图 6.37 所示各梁的 M 图。

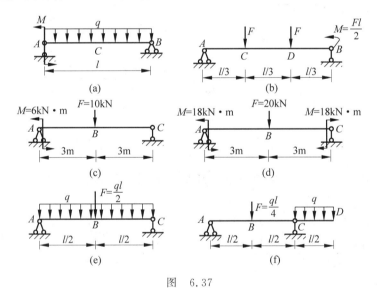

图 6.37

6. 试用叠加法绘制图 6.38 所示梁的 M 图。

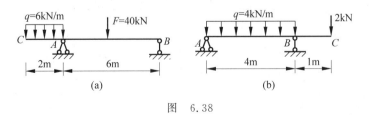

图 6.38

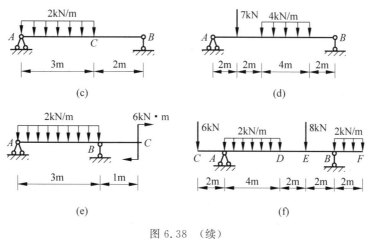

图 6.38 （续）

7. 试绘制如图 6.39 所示多跨静定梁的内力图。

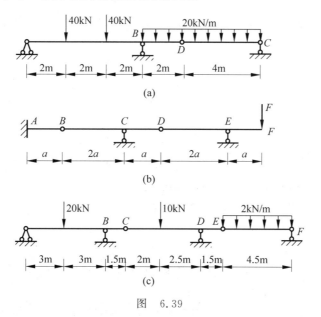

图 6.39

8. 试在图 6.40 中选择铰的位置 x，使中间一跨的跨中弯矩和支座弯矩的绝对值相等。

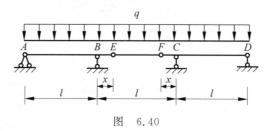

图 6.40

练习题参考答案

1. (a) $F_{S1}=8\text{kN}, M_1=-8\text{kN}\cdot\text{m}; F_{S2}=8\text{kN}, M_2=-8\text{kN}\cdot\text{m};$

   (b) $F_{S1}=qa, M_1=-qa^2; F_{S2}=3qa, M_2=-6qa^2;$

   (c) $F_{S1}=-qa, M_1=-qa^2; F_{S2}=-\dfrac{1}{2}qa, M_2=-qa^2;$

   (d) $F_{S1}=-qa, M_1=-\dfrac{1}{2}qa^2; F_{S2}=-\dfrac{3}{2}qa, M_2=-2qa^2$。

2. (a) $F_{SA}=6\text{kN}, M_A=6\text{kN}\cdot\text{m};$ (b) $F_{SA}=12\text{kN}, M_C=18\text{kN}\cdot\text{m};$

   (c) $F_{S\max}=\dfrac{m}{l}, M=m;$ (d) $F_{S\max}=\dfrac{ql}{2}, M_{\max}=\dfrac{ql^2}{8}$。

3. (a) $F_{SBD}=20\text{kN}, F_{SC左}=10\text{kN}; M_C=10\text{kN}\cdot\text{m}, M_B=20\text{kN}\cdot\text{m};$

   (b) $F_{SC}=-18\text{kN}, M_{B左}=12\text{kN}\cdot\text{m};$ (c) $|F_{S\max}|=10\text{kN}, M_{\max}=19\text{kN}\cdot\text{m};$

   (d) $|F_{S\max}|=16\text{kN}, M_{\max}=30\text{kN}\cdot\text{m};$ (e) $|F_{S\max}|=6.5\text{kN}, M_{\max}=5.28\text{kN}\cdot\text{m};$

   (f) $|F_{S\max}|=19\text{kN}, M_{\max}=18\text{kN}\cdot\text{m}$。

4. (a) $M_{\max}=16\text{kN}\cdot\text{m};$ (b) $M_{\max}=5.625\text{kN}\cdot\text{m}$。

5. (a) $M_C=\dfrac{ql^2}{8}-\dfrac{m}{2};$ (b) $M_{BA}=\dfrac{Fl}{2}, M_{DC}=\dfrac{2Fl}{3};$

   (c) $M_{\max}=12\text{kN}\cdot\text{m};$ (d) $M_{\max}=18\text{kN}\cdot\text{m};$

   (e) $M_{\max}=\dfrac{ql^2}{8}\text{kN}\cdot\text{m};$ (f) $M_{\max}=\dfrac{ql^2}{8}\text{kN}\cdot\text{m}$。

6. (a) $M_{AB}=-6\text{kN}\cdot\text{m}, M_B=12\text{kN}\cdot\text{m};$

   (b) $M_{BA}=-2\text{kN}\cdot\text{m}, M_{\max}=7\text{kN}\cdot\text{m};$

   (c) $M_{\max}=4.4\text{kN}\cdot\text{m};$

   (d) $M_{\max}=37.125\text{kN}\cdot\text{m};$

   (e) $M_{BC}=-6\text{kN}\cdot\text{m}, M_{\max}=0.25\text{kN}\cdot\text{m};$

   (f) $M_E=10\text{kN}\cdot\text{m}, M_D=8\text{kN}\cdot\text{m}$。

7. (a) $F_{By}=140\text{kN}, M_{BA}=-120\text{kN}\cdot\text{m}(上侧受拉), F_{SBA}=-60\text{kN};$

   (b) $M_A=-Pa/4(上侧受拉), F_{SA}=-P/4;$

   (c) $M_B=-6.09\text{kN}\cdot\text{m}(上侧受拉), F_{SB左}=-11\text{kN}$。

8. $x=(1/2-\sqrt{2}/4)l\approx 0.1465l$。

静定结构的内力与内力图

本章学习目标

- 会利用截面法计算静定平面刚架的内力,并会绘制内力图。
- 会计算三铰拱指定截面的内力,了解合理拱轴线。
- 掌握用结点法和截面法计算静定平面桁架的内力的方法。
- 会计算静定平面组合结构的内力。

本章主要介绍静定结构中的静定平面刚架、三铰拱、静定平面桁架、静定平面组合结构的内力分析和计算。静定结构分析的基本方法是截面法,先利用截面法求出控制截面的内力值,再根据内力的变化规律绘出结构的内力图。本章是静定结构的位移计算以及超静定结构内力计算的基础。

7.1 静定平面刚架的内力与内力图

7.1.1 静定平面刚架的特点

平面刚架是由梁和柱组成的平面结构,其特点是杆段的连接点(即结点)中含有刚结点。当刚架受力而发生变形时,刚结点处的各杆不能发生相对移动和转动,变形前后各杆的夹角保持不变,因此,刚结点可以承受和传递弯矩。由于含有刚结点,刚架中的杆件比较少,从而可以节省材料,并有较大的内部空间。在建筑工程中常以刚架作为承重结构。

7.1.2 静定平面刚架的分类

静定平面刚架主要分为以下 4 类。

(1) 简支刚架。简支刚架由一个构件用固定铰支座和可动铰支座与基础连接而成,如图 7.1(a)、(b)所示。

(2) 悬臂刚架。悬臂刚架由一个构件用固定端支座与基础连接而成,如图 7.1(c)所示。

(3) 三铰刚架。三铰刚架由两个构件用简单铰连接后,再用两个固定铰支座与基础连接而成,如图 7.1(d)所示。

(4) 组合刚架。组合刚架由上面 3 种刚架中的一种作为基本部分,再连接相应的附属部分组合而成,如图 7.1(e)所示。

7.1.3 静定平面刚架的内力计算及内力图

静定平面刚架受荷载作用时,各杆件中产生的内力有弯矩、剪力和轴力。

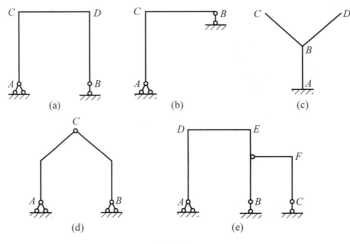

图 7.1

计算静定平面刚架的内力的步骤如下：

（1）以刚架的整体或部分作为研究对象，根据静力平衡条件计算出支座反力和铰结点处的约束反力。

（2）将刚架拆成各个杆件，根据静定梁的计算方法求出各杆的杆端内力。

（3）利用杆端内力分别作出各杆的内力图，然后将各杆的内力图合在一起，即得刚架的内力图。

刚架内力符号的规定如下。

轴力：杆件受拉时为正，受压时为负。

剪力：使脱离体产生顺时针转动趋势时为正，反之为负。

弯矩：把弯矩图画在杆件受拉的一侧，不标注正负号。

微课 20

说明：轴力图和剪力图可绘制在杆件的任一侧，但必须标明正负号。确定杆件受拉侧时，可先假设杆件一侧受拉，画出弯矩方向，然后根据平衡方程解出弯矩 M。若 M 为正，说明实际受拉侧与假设受拉侧相同；若 M 为负，说明实际受拉侧与假设受拉侧相反。

例 7.1 试绘制如图 7.2(a)所示刚架的内力图。

解 解题思路：按静定平面刚架的内力计算步骤进行。

解题过程：

（1）计算支座反力。

以整体为研究对象，如图 7.2(a)所示，由平衡方程 $\sum M_A = 0$，得 $12 \times 2 - F_D \times 4 = 0$，解得 $F_D = 6 \text{kN}$；由 $\sum F_y = 0$，得 $-F_{Ay} + 6 = 0$，解得 $F_{Ay} = 6 \text{kN}$；由 $\sum F_x = 0$，得 $-F_{Ax} + 12 = 0$，解得 $F_{Ax} = 12 \text{kN}$。

（2）求出图 7.2 所示各杆的杆端内力。

以 AB 杆为研究对象，如图 7.2(b)所示，得

$$M_{BA} = 12 \times 2 \text{kN} \cdot \text{m} = 24 \text{kN} \cdot \text{m}（右侧受拉）$$

$$F_{SBA} = 12 \text{kN}$$

$$F_{NBA} = 6 \text{kN}$$

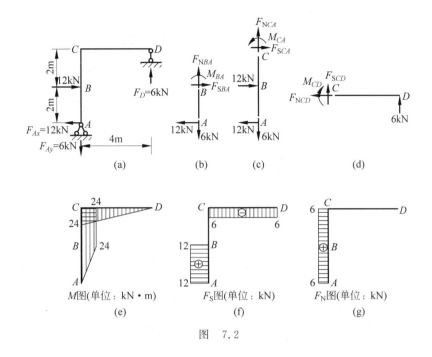

图 7.2

以 AC 杆为研究对象,如图 7.2(c)所示,得

$$M_{CA} = (12 \times 4 - 12 \times 2)\text{kN} \cdot \text{m} = 24\text{kN} \cdot \text{m}(右侧受拉)$$

$$F_{SCA} = (12 - 12)\text{kN} = 0\text{kN}$$

$$F_{NCA} = 6\text{kN}$$

以 CD 杆为研究对象,如图 7.2(d)所示,得

$$M_{CD} = 6 \times 4\text{kN} \cdot \text{m} = 24\text{kN} \cdot \text{m}(下侧受拉)$$

$$F_{SCD} = -6\text{kN}$$

$$F_{NCD} = 0$$

(3) 绘制内力图。

AB 段中,$M_{AB}=0$,$M_{BA}=24\text{kN}\cdot\text{m}$,AB 段弯矩图为一斜直线;$F_{SAB}=F_{SBA}=12\text{kN}$,AB 段剪力图是与轴线平行的直线;$F_{NAB}=F_{NBA}=6\text{kN}$,AB 段轴力图是与轴线平行的直线。BC 段中,$M_{CA}=24\text{kN}\cdot\text{m}$,BC 段弯矩图是与轴线平行的直线;$F_{SCA}=0$,BC 段剪力为零;$F_{SCA}=6\text{kN}$,BC 段轴力图是与轴线平行的直线。CD 段中,$M_{CD}=24\text{kN}\cdot\text{m}$,$M_{DC}=0$,CD 段弯矩图为一斜直线;$F_{SCD}=-6\text{kN}$,CD 段剪力图是与轴线平行的直线;$F_{NCD}=0$,CD 段轴力为零。

将各杆的内力图合在一起,得刚架的弯矩图、剪力图、轴力图分别如图 7.2(e)、(f)、(g)所示。

例 7.2 试绘制如图 7.3(a)所示刚架的内力图。

解 解题思路:按静定平面刚架的内力计算步骤进行。

解题过程:

(1) 计算支座反力。

悬臂刚架可不计算支座反力,直接计算杆端内力。

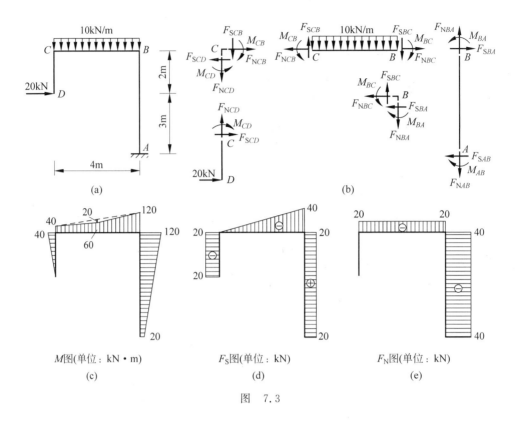

图 7.3

（2）求出各杆的杆端内力。

如图 7.3(b)所示，以 DC 杆为研究对象，得

$$M_{CD} = 20 \times 2 \text{kN} \cdot \text{m} = 40 \text{kN} \cdot \text{m}(\text{左侧受拉})$$

$$F_{SCD} = -20 \text{kN}$$

$$F_{NCD} = 0$$

以结点 C 为研究对象，得

$$M_{CB} = M_{CD} = 40 \text{kN} \cdot \text{m}(\text{上侧受拉})$$

$$F_{SCB} = F_{NCD} = 0$$

$$F_{NCB} = F_{SCD} = -20 \text{kN}$$

以 CB 杆为研究对象，得

$$M_{BC} = M_{CB} - F_{SCB} \times 4 + 10 \times 4 \times 2 = (40 - 0 + 80) \text{kN} \cdot \text{m} = 120 \text{kN} \cdot \text{m}(\text{上侧受拉})$$

$$F_{SBC} = F_{SCB} - 10 \times 4 = (0 - 40) \text{kN} = -40 \text{kN}$$

$$F_{NBC} = F_{NCB} = -20 \text{kN}$$

以结点 B 为研究对象，得

$$M_{BA} = M_{BC} = 120 \text{kN} \cdot \text{m}(\text{右侧受拉})$$

$$F_{SBA} = -F_{NBC} = 20 \text{kN}$$

$$F_{NBA} = F_{SBC} = -40 \text{kN}$$

以 BA 杆为研究对象，得

$$M_{AB} = M_{BA} - F_{SBA} \times 5 = (120 - 20 \times 5) \text{kN} \cdot \text{m} = 20 \text{kN} \cdot \text{m}(右侧受拉)$$

$$F_{SAB} = F_{SBA} = 20 \text{kN}$$

$$F_{NAB} = F_{NBA} = -40 \text{kN}$$

(3) 绘制内力图。

CD段中，$M_{DC}=0$，$M_{CD}=40\text{kN}\cdot\text{m}$，CD段弯矩图为一斜直线；$F_{SDC}=F_{SCD}=-20\text{kN}$，CD段剪力图是与轴线平行的直线；$F_{NCD}=F_{NDC}=0$。BC段中，$M_{CB}=40\text{kN}\cdot\text{m}$，$M_{BC}=120\text{kN}\cdot\text{m}$，BC段弯矩图是一段抛物线；$F_{SCB}=0$，$F_{SBC}=-40\text{kN}$，BC段剪力图为一斜直线；$F_{NCB}=-20\text{kN}$，$F_{NBC}=-20\text{kN}$，BC段轴力图是与轴线平行的直线。BA段中，$M_{BA}=120\text{kN}\cdot\text{m}$，$M_{AB}=20\text{kN}\cdot\text{m}$，BA段弯矩图为一斜直线；$F_{SBA}=20\text{kN}$，$F_{SAB}=20\text{kN}$，BA段剪力图是与轴线平行的直线；$F_{NBA}=-40\text{kN}$，$F_{NAB}=-40\text{kN}$，BA段轴力图是与轴线平行的直线。

将各杆的内力图合在一起，得刚架的弯矩图、剪力图、轴力图分别如图7.3(c)、(d)、(e)所示。

例7.3 试绘制如图7.4(a)所示刚架的内力图。

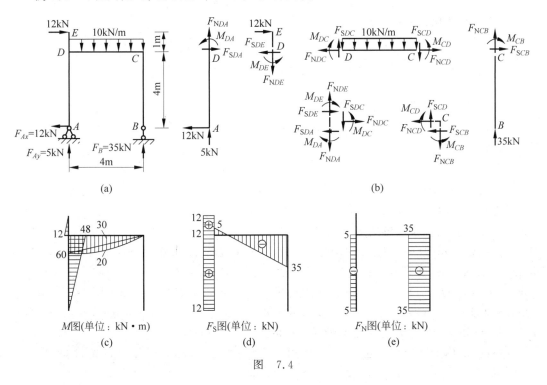

图 7.4

解 解题思路：按静定平面刚架的内力计算步骤进行。

解题过程：

(1) 计算支座反力。

以整体为研究对象，如图7.4(a)所示，列平衡方程求解：

$$\sum M_A = 0, \quad 12 \times 5 + 10 \times 4 \times 2 - F_B \times 4 = 0, \quad F_B = 35 \text{kN}$$

$$\sum F_y = 0, \quad F_{Ay} + 35 - 10 \times 4 = 0, \quad F_{Ay} = 5 \text{kN}$$

$$\sum F_x = 0, \quad -F_{Ax} + 12 = 0, \quad F_{Ax} = 12\text{kN}$$

(2) 求各杆的杆端内力。

如图 7.4(b)所示,以 DA 杆为研究对象,得

$$M_{DA} = 12 \times 4 \text{kN} \cdot \text{m} = 48 \text{kN} \cdot \text{m}(右侧受拉)$$
$$F_{SDA} = 12\text{kN}$$
$$F_{NDA} = -5\text{kN}$$

以 DE 杆为研究对象,得

$$M_{DE} = 12 \times 1 \text{kN} \cdot \text{m} = 12 \text{kN} \cdot \text{m}(左侧受拉)$$
$$F_{SDE} = 12\text{kN}$$
$$F_{NDE} = 0$$

以结点 D 为研究对象,得

$$M_{DC} = M_{DA} + M_{DE} = (48+12)\text{kN} \cdot \text{m} = 60\text{kN} \cdot \text{m}(下侧受拉)$$
$$F_{SDC} = F_{NDE} - F_{NDA} = (0+5)\text{kN} = 5\text{kN}$$
$$F_{NDC} = F_{SDA} - F_{SDE} = (12-12)\text{kN} = 0\text{kN}$$

以 DC 杆为研究对象,得

$$M_{CD} = M_{DC} + F_{SDC} \times 4 - 10 \times 4 \times 2 = (60 + 5 \times 4 - 10 \times 4 \times 2)\text{kN} \cdot \text{m} = 0\text{kN} \cdot \text{m}$$
$$F_{SCD} = F_{SDC} - 10 \times 4 = (5 - 10 \times 4)\text{kN} = -35\text{kN}$$
$$F_{NCD} = F_{NDC} = 0$$

以 CB 杆为研究对象,得

$$M_{CB} = 0$$
$$F_{SCB} = 0$$
$$F_{NCB} = -35\text{kN}$$

(3) 绘制内力图。

AD 段中,$M_{AD} = 0$,$M_{DA} = 48\text{kN} \cdot \text{m}$,AD 段弯矩图为一斜直线;$F_{SAD} = F_{SDA} = 12\text{kN}$,AD 段剪力图是与轴线平行的直线;$F_{NAD} = F_{NDA} = -5\text{kN}$,AD 段轴力图是与轴线平行的直线。DE 段中,$M_{ED} = 0$,$M_{DE} = 12\text{kN} \cdot \text{m}$,DE 段弯矩图为一斜直线;$F_{SED} = F_{SDE} = 12\text{kN}$,DE 段剪力图是与轴线平行的直线;$F_{NED} = F_{NDE} = 0$。DC 段中,$M_{DC} = 60\text{kN} \cdot \text{m}$,$M_{CD} = 0$,DC 段弯矩图为一抛物线;$F_{SDC} = 5\text{kN}$,$F_{SCD} = -35\text{kN}$,DC 段剪力图为一斜直线;$F_{NDC} = F_{NCD} = 0$。CB 段中,$M_{CB} = M_{BC} = 0$;$F_{SCB} = F_{SBC} = 0$;$F_{NCB} = F_{NBC} = -35\text{kN}$,CB 段轴力图是与轴线平行的直线。

将各杆的内力图合在一起,得到刚架的弯矩图、剪力图、轴力图分别如图 7.4(c)、(d)、(e)所示。

取结点 C 进行校核:

$$\sum F_x = -F_{NCD} - F_{SCB} = 0 - 0 = 0$$
$$\sum F_y = F_{SCD} - F_{NCB} = (-35+35)\text{kN} = 0\text{kN}$$
$$\sum M_C = M_{CD} - M_{CB} = 0 - 0 = 0$$

无误。

例 7.4 试绘制如图 7.5(a)所示的三铰刚架的内力图。

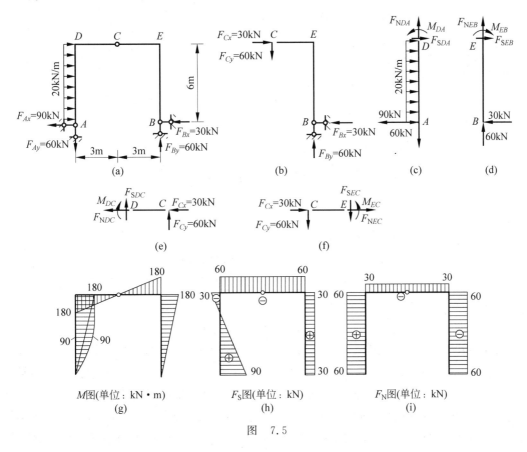

图 7.5

解 解题思路：按静定平面刚架的内力计算步骤进行。

解题过程：

(1) 计算支座反力。

以整体为研究对象，如图 7.5(a)所示，列平衡方程求解：

$$\sum M_A = 0, \quad 20 \times 6 \times 3 - F_{By} \times 6 = 0, \quad F_{By} = 60 \text{kN}$$

$$\sum F_y = 0, \quad F_{By} - F_{Ay} = 0, \quad F_{Ay} = 60 \text{kN}$$

以铰 C 右边部分为研究对象，如图 7.5(b)所示，列平衡方程求解：

$$\sum M_C = 0, \quad 60 \times 3 - F_{Bx} \times 6 = 0, \quad F_{Bx} = 30 \text{kN}$$

$$\sum F_x = 0, \quad F_{Cx} - 30 = 0, \quad F_{Cx} = 30 \text{kN}$$

$$\sum F_y = 0, \quad -F_{Cy} + 60 = 0, \quad F_{Cy} = 60 \text{kN}$$

以整体为研究对象，如图 7.5(a)所示，列平衡方程，解得

$$\sum F_x = 0, \quad -F_{Ax} + 20 \times 6 - 30 = 0, \quad F_{Ax} = 90 \text{kN}$$

(2) 求出各杆的杆端内力。

以 DA 杆为研究对象，如图 7.5(c)所示，得

$$M_{DA} = (90 \times 6 - 20 \times 6 \times 3)\text{kN} \cdot \text{m} = 180\text{kN} \cdot \text{m}(\text{右侧受拉})$$

$$F_{SDA} = (90 - 20 \times 6)\text{kN} = -30\text{kN}$$

$$F_{NDA} = 60\text{kN}$$

以 DC 杆为研究对象，如图 7.5(e)所示，得

$$M_{DC} = 60 \times 3\text{kN} \cdot \text{m} = 180\text{kN} \cdot \text{m}(\text{下侧受拉})$$

$$F_{SDC} = -60\text{kN}$$

$$F_{NDC} = -30\text{kN}$$

以 CE 杆为研究对象，如图 7.5(f)所示，得

$$M_{EC} = -60 \times 3\text{kN} \cdot \text{m} = -180\text{kN} \cdot \text{m}(\text{上侧受拉})$$

$$F_{SEC} = -60\text{kN}$$

$$F_{NEC} = -30\text{kN}$$

以 EB 杆为研究对象，如图 7.5(d)所示，得

$$M_{EB} = -30 \times 6\text{kN} \cdot \text{m} = -180\text{kN} \cdot \text{m}(\text{右侧受拉})$$

$$F_{SEB} = 30\text{kN}$$

$$F_{NEB} = -60\text{kN}$$

(3) 绘制内力图。

AD 段中，$M_{AD} = 0$，$M_{DA} = 180\text{kN} \cdot \text{m}$，AD 段弯矩图为一抛物线；$F_{SAD} = 90\text{kN}$，$F_{SDA} = -30\text{kN}$，AD 段剪力图为一斜直线；$F_{NAD} = F_{NDA} = 60\text{kN}$，AD 段轴力图是与轴线平行的直线。DC 段中，$M_{DC} = 180\text{kN} \cdot \text{m}$，$M_{CD} = 0$，DC 段弯矩图为一斜直线；$F_{SDC} = F_{SCD} = -60\text{kN}$，DC 段剪力图是与轴线平行的直线；$F_{NDC} = F_{NCD} = -30\text{kN}$，DC 段轴力图是与轴线平行的直线。CE 段中，$M_{CE} = 0$，$M_{EC} = -180\text{kN} \cdot \text{m}$，CE 段弯矩图为一斜直线；$F_{SCE} = F_{SEC} = -60\text{kN}$，CE 段剪力图是与轴线平行的直线；$F_{NCE} = F_{NEC} = -30\text{kN}$，CE 段轴力图是与轴线平行的直线；EB 段中，$M_{EB} = -180\text{kN} \cdot \text{m}$，$M_{BE} = 0$，EB 段弯矩图为一斜直线；$F_{SEB} = F_{SBE} = 30\text{kN}$，EB 段剪力图是与轴线平行的直线；$F_{NEB} = F_{NBE} = -60\text{kN}$，EB 段轴力图是与轴线平行的直线。

将各杆的内力图合在一起，得到三铰刚架的弯矩图、剪力图、轴力图分别如图 7.5(g)、(h)、(i)所示。

7.2 三铰拱的内力与合理拱轴线方程

7.2.1 概述

1. 拱的特点

拱是由曲杆组成的在竖向荷载作用下支座处产生水平推力的结构。水平推力是指两个支座处指向拱内部的水平支座反力。拱结构与梁结构的区别不仅在于外形的不同，更主要的是在于它在竖向荷载作用下是否产生水平推力。

例如图 7.6 所示的两个结构，虽然它们的杆轴都是曲线，但图 7.6(a)所示的结构在竖向荷载作用下不产生水平推力，其弯矩和相应的同跨度、同荷载的简支梁相同，这种结构不

是拱结构,而是一根曲梁;而图 7.6(b)所示的结构,由于其两端都有水平支座,在竖向荷载作用下将产生水平推力,所以属于拱结构。

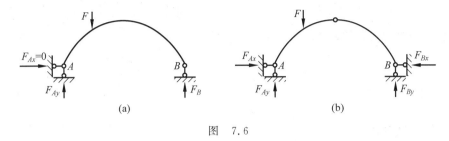

图 7.6

2. 拱的分类

拱结构通常分为无铰拱(图 7.7(a))、两铰拱(图 7.7(b))、三铰拱(图 7.7(c)),无铰拱和两铰拱是超静定结构,三铰拱是静定结构。在本节中,只讨论三铰拱的计算。

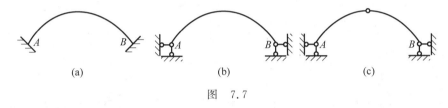

图 7.7

3. 拱各部分的名称

如图 7.8 所示,拱在基础的连接处称为拱趾,拱的轴线的最高点称为拱顶,两个拱趾之间的水平距离称为拱跨,拱顶到两个拱趾连线的高度称为拱高。拱高与拱跨的比值称为高跨比。

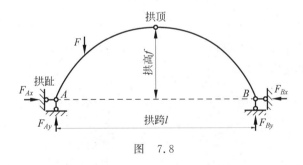

图 7.8

7.2.2 三铰拱的内力计算

1. 支座反力的计算

三铰拱是静定结构,其支座反力和内力可由静力平衡方程全部求出。三铰拱支座反力的计算方法与三铰刚架的计算方法相同。现以图 7.9(a)所示三铰拱为例,说明三铰拱支座反力的计算。

取拱整体为研究对象,列平衡方程求解:

$$\sum M_B = 0, \quad F_{Ay} = \frac{1}{l}(F_1 b_1 + F_2 b_2) \tag{a}$$

$$\sum M_A = 0, \quad F_{By} = \frac{1}{l}(F_1 a_1 + F_2 a_2) \tag{b}$$

$$\sum F_y = 0, \quad F_{Ax} = F_{Bx} = F_x \tag{c}$$

取拱左半部分为研究对象，由平衡方程 $\sum M_C = 0$，得

$$F_{Ax} = \frac{1}{f}\left[F_{Ay} \times \frac{l}{2} - F_1 \times \left(\frac{l}{2} - a_1\right)\right] \tag{d}$$

微课 22

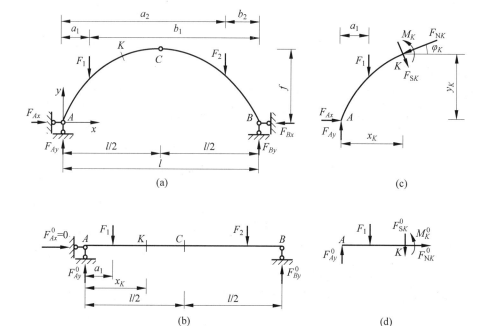

图 7.9

为了便于理解和比较，取与三铰拱相同跨度、相同荷载的简支梁，如图 7.9(b)所示。由平衡条件得简支梁的支座反力为

$$F_{Ay}^0 = \frac{1}{l}(F_1 b_1 + F_2 b_2) \tag{e}$$

$$F_{By}^0 = \frac{1}{l}(F_1 a_1 + F_2 a_2) \tag{f}$$

$$F_{Ax}^0 = 0 \tag{g}$$

同时，可以计算出简支梁 C 截面上的弯矩为

$$M_C^0 = F_{Ay}^0 \times \frac{l}{2} - F_1 \times \left(\frac{l}{2} - a_1\right) \tag{h}$$

比较式(a)与式(e)、式(b)与式(f)、式(d)与式(h)，可得三铰拱的支座反力与相应简支梁的支座反力之间的关系为

$$F_{Ay} = F_{Ay}^0 \tag{7-1}$$

$$F_{By} = F_{By}^0 \tag{7-2}$$

$$F_{Ax} = F_{Bx} = F_x = \frac{M_C^0}{f} \tag{7-3}$$

由式(7-1)与式(7-2)可知,只受竖向荷载作用的三铰拱,其两个固定铰支座的竖向反力与相应的简支梁的支座反力相同,水平反力等于相应简支梁截面 C 处的弯矩与拱高的比值。三铰拱的水平反力只与3个铰的位置有关,而与拱轴的形状无关。当荷载和跨度不变时,M_C^0 为定值,水平反力与拱高成反比,所以拱越扁平,其水平反力就越大,当 $f=0$ 时,$F_x = \infty$,这时,三铰拱的3个铰在同一条直线上,拱已成为瞬变体系。

2. 求三铰拱任一截面 K 上的内力

因为拱轴线为曲线,所以三铰拱的内力计算比较复杂,为了使计算简便,借助其相应的简支梁的内力计算结果,可求出拱的任一截面 K 上的内力。

三铰拱的内力符号规定如下:弯矩以使拱内侧纤维受拉为正;剪力以使脱离体顺时针转动为正;因拱常受压力,所以规定轴力以压力为正。

取三铰拱的 K 截面以左部分为研究对象,如图 7.9(c)所示。设 K 截面的形心坐标分别为 x_K、y_K,K 截面的法线与 x 轴的夹角为 φ_K,K 截面上的内力有弯矩 M_K、剪力 F_{SK} 和轴力 F_{NK}。图中内力均按正方向假设。利用平衡方程,可以求出拱的任意截面 K 上的内力为

$$M_K = (F_{Ay}x_K - F_1(x_K - a_1)) - F_x y_K \tag{i}$$

$$F_{SK} = (F_{Ay} - F_1)\cos\varphi_K - F_x \sin\varphi_K \tag{j}$$

$$F_{NK} = (F_{Ay} - F_1)\sin\varphi_K - F_x \cos\varphi_K \tag{k}$$

其相应的简支梁段的受力图如图 7.9(d)所示。利用平衡方程,可以求出相应简支梁 K 截面上的内力为

$$M_K^0 = F_{Ay}^0 xK - F_1(xK - a_1) \tag{l}$$

$$F_{SK}^0 = F_{Ay}^0 - F_1 \tag{m}$$

$$F_{NK}^0 = 0 \tag{n}$$

比较式(i)与式(l)、式(j)与式(m)、式(k)与式(n),可得三铰拱的内力与相应简支梁的内力之间的关系为

$$M_K = M_K^0 - F_x y_K \tag{7-4}$$

$$F_{SK} = F_{SK}^0 \cos\varphi_K - F_x \sin\varphi_K \tag{7-5}$$

$$F_{NK} = F_{SK}^0 \sin\varphi_K - F_x \cos\varphi_K \tag{7-6}$$

式(7-4)、式(7-5)、式(7-6)是三铰拱任意截面 K 上内力的计算公式。式中 φ_K 为拟求截面的倾角,φ_K 将随截面不同而改变。在左半拱,φ_K 取正值;在右半拱,φ_K 取负值。

例 7.5 试求图 7.10 所示三铰拱截面 K 和截面 D 的内力值,已知拱的轴线方程为 $y = (4f/l^2) \times (l-x)$。

解 解题思路:计算出所求 K 截面的法线与 x 轴的夹角 φ_K,再利用三铰拱与相应的简支梁之间的关系计算 K、D 截面的内力。

解题过程:

(1) 计算支座反力。

$$F_{Ay} = F_{Ay}^0 = 179.2 \text{kN}$$

$$F_{By}=F_{By}^0=170.8\text{kN}$$
$$F_{Ax}=F_{Bx}=F_x=312.4\text{kN}$$

(2) 计算 K、D 截面的纵坐标以及截面的法线与 x 轴的夹角。

$$y_K=\frac{4f}{l^2}\times(l-x)=\frac{4\times 5}{30^2}\times 7.5\times(30-7.5)\text{m}=3.75\text{m}$$

$$y_D=\frac{4f}{l^2}\times(l-x)=\frac{4\times 5}{30^2}\times 20\times(30-20)\text{m}\approx 4.44\text{m}$$

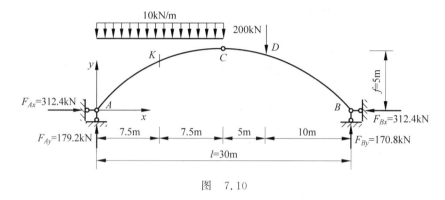

图 7.10

由
$$\tan\varphi_K=(\mathrm{d}y/\mathrm{d}x)|_{x=7.5}=(4\times 5/30^2)\times(30-2\times 7.5)\approx 0.333$$
得
$$\varphi_K=18°26'$$
$$\sin\varphi_K=0.316,\quad \cos\varphi_K=0.949$$

由
$$\tan\varphi_D=(\mathrm{d}y/\mathrm{d}x)|_{x=20}=(4\times 5/30^2)\times(30-2\times 20)=0.222$$
得
$$\varphi_D=-12°31'$$
$$\sin\varphi_D=-0.217,\quad \cos\varphi_D=0.976$$

(3) 计算 K、D 截面的内力。

由式(7-4)～式(7-6)得

$$\begin{aligned}M_K&=M_K^0-F_x y_K\\&=[(179.2\times 7.5-0.5\times 10\times 7.5^2)-312.4\times 3.75]\text{kN}\cdot\text{m}\\&\approx -109\text{kN}\cdot\text{m}\end{aligned}$$

$$\begin{aligned}F_{SK}&=F_{SK}^0\cos\varphi_K-F_x\sin\varphi_K\\&=[(179.2-10\times 7.5)\times 0.949-312.4\times 0.316]\text{kN}\\&\approx 0.17\text{kN}\end{aligned}$$

$$\begin{aligned}F_{NK}&=F_{SK}^0\sin\varphi_K-F_x\cos\varphi_K\\&=[(179.2-10\times 7.5)\times 0.316+312.4\times 0.949]\text{kN}\\&\approx 329.4\text{kN}\end{aligned}$$

同样可计算 D 截面的内力。这里要注意的是,由于 D 截面刚好在集中力作用点处,因此在计算 D 截面的内力时,应分别计算截面偏左和偏右两个截面的剪力值和轴力值。计算如下:

$$M_D = M_D^0 - F_x y_D = (170.8 \times 10 - 312.4 \times 4.44) \text{kN} \cdot \text{m} \approx 320.9 \text{kN} \cdot \text{m}$$

$$F_{SD}^{左} = F_{SD}^0 \cos\varphi_D - F_x \sin\varphi_D = [(200 - 170.8) \times 0.976 - 312.4 \times (-0.217)] \text{kN}$$
$$= 96.3 \text{kN}$$

$$F_{SD}^{右} = F_{SD}^0 \cos\varphi_D - F_x \sin\varphi_D = [-170.8 \times 0.976 - 312.4 \times (-0.217)] \text{kN}$$
$$= 98.9 \text{kN}$$

$$F_{ND}^{左} = F_{SD}^0 \sin\varphi_D - F_x \cos\varphi_D = [(200 - 170.8) \times (-0.217) + 312.4 \times 0.976] \text{kN}$$
$$= 298.6 \text{kN}$$

$$F_{ND}^{右} = F_{SD}^0 \sin\varphi_D - F_x \cos\varphi_D = [-170.8 \times (-0.217) + 312.4 \times 0.976] \text{kN}$$
$$= 342.0 \text{kN}$$

7.2.3 三铰拱的合理拱轴线方程

从上述三铰拱的内力计算公式中可以看出,当荷载一定时,确定三铰拱内力的重要因素就是拱轴线的形状。在工程中,为了充分利用砖、石、混凝土等材料的抗压强度高而抗拉强度低的特点,在给定荷载条件下,通过调整拱轴线的形状,使拱的所有截面上的弯矩都为零(同时剪力也为零),这样,截面上仅受轴向压力的作用,各截面都处于均匀受压状态,材料能得到充分利用。这种在给定荷载下使拱处于无弯矩状态的相应拱轴线称为在该荷载作用下的**合理拱轴线**。

下面讨论合理拱轴线的确定方法。由式(7-4)可知,三铰拱任一截面上的弯矩为

$$M_K = M_K^0 - F_x y_K$$

当拱为合理拱轴线时,各截面的弯矩为零,即

$$M_K = 0, \quad M_K^0 - F_x y_K = 0$$

因此,三铰拱的合理拱轴线方程为

$$y_K = \frac{M_K^0}{F_x} \tag{7-7}$$

当拱上作用的荷载已知时,只需求出相应简支梁的弯矩方程,然后除以水平推力,即水平支座反力,便得到合理拱轴线方程。

例 7.6 试求图 7.11(a)所示三铰拱在均布荷载作用下的合理拱轴线方程。

解 解题思路:列出相应简支梁的弯矩方程,再利用式(7-7)求三铰拱的合理拱轴线方程。

解题过程:列出相应简支梁的弯矩方程。

拱相应的简支梁如图 7.11(b)所示,其弯矩方程为

$$M_K^0 = \frac{1}{2}qlx - \frac{1}{2}qx^2 = \frac{1}{2}qx(l-x)$$

由式(7-3)得拱的水平推力为

$$F_x = M_C^0/f = (ql^2/8)/f = ql^2/8f$$

由式(7-7)得三铰拱的合理拱轴线方程为

$$y_K = M_K^0/F = [ql(l-x)/2](ql^2/8f)$$

$$= \frac{4f}{l^2} \times (l-x)$$

上式表明,在满跨的均布荷载作用下,三铰拱的合理拱轴线为二次抛物线。这也是工程中拱轴线常用抛物线的原因。

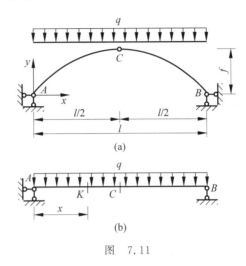

图 7.11

显然,三铰拱的合理拱轴线只是对某一种给定荷载而言的。在几种荷载共同作用的情况下,通常是以主要荷载作用下的合理拱轴线作为拱的轴线,在其他荷载作用下,拱截面虽然存在弯矩,但相对比较小。

7.3 静定平面桁架的内力计算

7.3.1 概述

1. 桁架的特点

桁架是由若干根直杆在杆端由铰结点连接而成的结构。

在结点荷载作用下,桁架各杆件的内力只有轴力,截面上的应力分布是均匀的,能充分发挥材料的作用。因此,在建筑工程中,桁架是大跨度结构中应用得非常广泛的一种结构形式,例如体育馆和工业厂房中的钢屋架,大跨度的公路和铁路桥梁以及建筑施工中使用的塔架等。

实际桁架的受力情况比较复杂,因此,在分析桁架时必须选取既能反映这种结构本质又便于计算的计算简图。科学试验和理论分析的结果表明,各种桁架有着共同的特点:在结点荷载作用下,桁架中各杆的内力主要是轴力,而弯矩和剪力则很小,可以忽略不计。从力学的观点看,各结点所起的作用和理想铰是很接近的。因此,对平面桁架的计算简图作如下假设,如图 7.12 所示。

(1) 各杆的两端都用绝对光滑而无摩擦的理想铰连接。
(2) 各杆件的轴线都是直线,且在同一平面内,并通过铰的中心。
(3) 荷载和支座反力都作用于结点上并位于桁架的平面内。

符合上述假设的桁架称为理想桁架,理想桁架中各杆件的内力只有轴力。然而,工程中的桁架与理想桁架有着一定的差距。比如桁架结点可能具有一定的刚性,有些杆件在结点处是连续不断的,杆的轴线也不一定完全为直线,结点上各杆轴也不完全交于一点,存在类似于杆件自重、风荷载、雪荷载等非结点荷载等。因此,通常把按理想桁架计算出的内力称为主内力(轴力),而把由于上述这些原因所产生的内力称为次内力(弯矩、剪力)。一般情况下,次内力可忽略不计。本书只讨论主内力的计算。

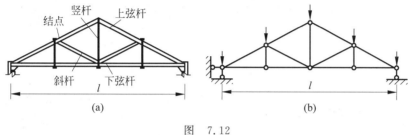

图 7.12

在图 7.12(a)中,桁架上、下边缘的杆件称为**上弦杆**和**下弦杆**,各杆件的汇交点称为**结点**,上弦杆和下弦杆之间的杆件称为**腹杆**,腹杆又分为**竖杆**和**斜杆**,弦杆相邻两个结点之间的水平距离称为**节间长度**,两支座之间的水平距离称为**跨度**,桁架最高点至两支座连线的垂直距离称为**桁高**。

2. 桁架的分类

按桁架的几何组成方式,静定平面桁架可分为以下 3 类。
(1) 简单桁架。以一个铰接三角形为基础,依次增加二元体而组成的桁架称为简单桁架,如图 7.12(b)所示。
(2) 联合桁架。由几个简单桁架按照几何不变体系的组成规则联合组成的桁架称为联合桁架,如图 7.13(a)所示。

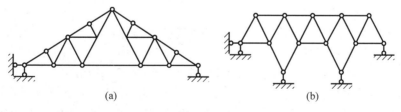

图 7.13

(3) 复杂桁架。凡不属于前面两类的桁架都称为复杂桁架,如图 7.13(b)所示。

按桁架的外形,静定平面桁架可分为以下 4 类。
(1) 平行弦桁架。上、下弦杆互相平行的桁架称为平行弦桁架,如图 7.14(a)所示。
(2) 抛物线形桁架。当上弦结点位于同一抛物线上时,则称为抛物线形桁架,如图 7.14(b)所示。

(3) 三角形桁架。当上弦杆和下弦杆形成一个三角形时,则称为三角形桁架,如图 7.14(c) 所示。

(4) 梯形桁架。当上弦杆和下弦杆形成一个梯形时,则称为梯形桁架,如图 7.14(d) 所示。

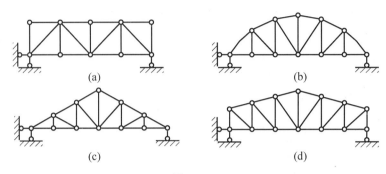

图 7.14

7.3.2 结点法和截面法

静定平面桁架的内力计算方法有**结点法**和**截面法**。

1. 结点法

微课 23

在分析桁架的内力时,可截取桁架的某一结点为脱离体,利用该结点的静力平衡条件计算截断杆件的轴力,这种方法称为结点法。

因为桁架各杆件只承受轴力,作用于桁架任一结点上的各力(包括荷载、支座反力和杆件的轴力)组成了一个平面汇交力系,而由该力系只能列出两个独立的平衡方程,因此所取结点的未知力的数目不能超过两个。结点法适用于简单桁架的内力计算。在实际计算中,为了避免解联立方程,应先从未知力不超过两个的结点开始,依次计算,就可以求出桁架各杆的轴力。

在桁架的计算过程中,通常先假设杆的未知轴力为拉力,利用 $\sum F_x=0$ 和 $\sum F_y=0$ 两个平衡方程求出未知轴力。若计算结果为正值,表示轴力为拉力;若计算结果为负值,表示轴力为压力。

在建立平衡方程时,为了避免三角函数的计算,可利用轴力与杆长之间的比例关系。如图 7.15(a)所示,桁架中斜杆的轴力 F_N 可分解成水平分力 F_{Nx} 和竖向分力 F_{Ny},F_N、F_{Nx}、F_{Ny} 构成一个三角形。如图 7.15(b)所示,杆件 AB 的长度 l 及其在水平方向的投影长度 l_x 和在竖直方向的投影长度 l_y 也构成了一个三角形。由于杆 AB 的内力 F_N 的方向和该杆的方向总是一致的,因此两三角形各边互相平行,两三角形相似,得到如下的比例关系:

$$\frac{F_N}{l}=\frac{F_{Nx}}{l_x}=\frac{F_{Ny}}{l_y}$$

桁架中有时会出现轴力为零的杆件,称为**零杆**。零杆不需要列平衡方程求解。在计算内力之前,先把零杆判断出来,会使计算得到简化。常见的出现零杆的情况归纳如下。

(1) 由 $F_y=0$,可得 $F_{N2}=0$。再由 $\sum F_x=0$,可得 $F_{N1}=0$。

如图 7.16(a)所示,不共线的两杆结点,当无外力作用时,两杆都是零杆。取 F_{N1} 的作用

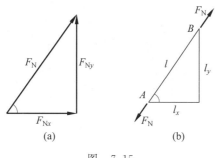

图 7.15

线为 x 轴,垂直于 F_{N1} 的方向为 y 轴,由 $\sum F_y = 0$,可得,$F_{N2} = 0$。同理,$F_{N1} = 0$。

(2) 如图 7.16(b)所示,不共线的两杆结点,当外力沿其中一杆作用时,另一杆为零杆。取 F 与 F_{N1} 的作用线为 x 轴,由 $\sum F_y = 0$,可得 $F_{N2} = 0$。再由 $\sum F_x = 0$,可得 $F_{N1} = F$。

(3) 图 7.16(c)所示为三杆结点,且有两杆共线,当无外力作用时,第三杆为零杆。取 F_{N1} 与 F_{N2} 的作用线为 x 轴,由 $\sum F_y = 0$,可得 $F_{N3} = 0$。再由 $\sum F_x = 0$,可得 $F_{N1} = F_{N2}$。

微课 24

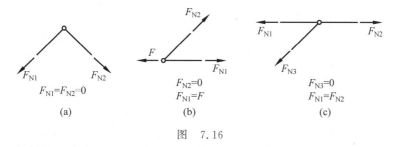

图 7.16

如图 7.17 所示,桁架上弦左端结点 F 上无荷载,FA 和 FG 两杆都是零杆;上弦右端结点 K 上荷载 F 沿杆件 KB 方向,杆件 JK 是零杆;下弦结点 E 上无荷载,杆件 EJ 是零杆。

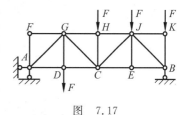

图 7.17

例 7.7 用结点法求图 7.18(a)所示桁架中各杆的内力。

解 解题思路:按静定平面桁架的内力计算步骤进行,为了避免解联立方程,应先从未知力不超过两个的结点开始,依次计算,求出桁架各杆的轴力。

解题过程:

(1) 计算支座反力。

以整体为研究对象,如图 7.18(a)所示,由平衡方程可求得支座反力:

$$F_{Ax} = 0$$
$$F_{Ay} = F_B = 40 \text{kN}$$

(2) 计算桁架各杆内力。

在计算桁架各杆内力之前,先找出零杆。C、G 均为三杆结点,且有两杆共线,无外力作

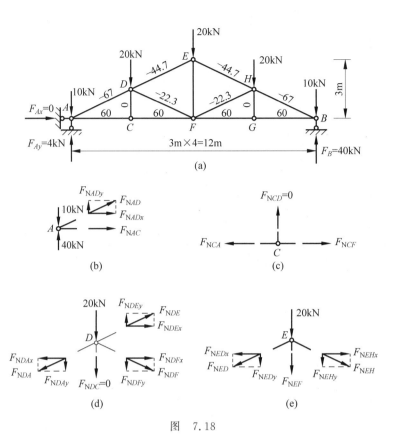

图 7.18

用,由此判断 CD、GH 杆为零杆。

依次计算每个结点。由于此桁架结构对称、荷载对称,则此桁架对称位置的杆件内力也对称,因此只需计算左半部分杆件内力,右半部分杆件内力根据对称性可得。

取结点 A 为研究对象,如图 7.18(b)所示。由

$$\sum F_y = 0$$

得

$$F_{NADy} = (10 - 40)\mathrm{kN} = -30\mathrm{kN}$$

由比例关系得

$$F_{NADx} = \frac{F_{NADy}}{1.5} \times 3 = -60\mathrm{kN}$$

$$F_{NAD} = \frac{F_{NADy}}{1.5} \times 3.35 = -67\mathrm{kN}$$

由

$$\sum F_x = 0$$

得

$$F_{NAC} = -F_{NADx} = 60\mathrm{kN}$$

取结点 C 为研究对象,如图 7.18(c)所示。由

得
$$\sum F_x = 0$$
$$F_{NCF} = F_{NCA} = 60\text{kN}$$

取结点 D 为研究对象,如图 7.18(d)所示。由
$$\sum F_x = 0$$
得平衡方程
$$F_{NDEx} + F_{NDFx} + 60 = 0$$
由
$$\sum F_y = 0$$
得平衡方程
$$F_{NDEy} - F_{NDFy} + 30 - 20 = 0$$
由比例关系得
$$F_{NDEx} = 2F_{NDEy}$$
$$F_{NDFx} = 2F_{NDFy}$$
代入上面平衡方程得
$$2F_{NDEy} + 2F_{NDFy} + 60 = 0$$
$$F_{NDEy} - F_{NDFy} + 10 = 0$$
解平衡方程组得
$$F_{NDEy} = -20\text{kN}, \quad F_{NDFy} = -10\text{kN}$$
由比例关系得
$$F_{NDEx} = -40\text{kN}, \quad F_{NDFx} = -20\text{kN}$$
$$F_{NDE} = -44.7\text{kN}, \quad F_{NDF} = -22.3\text{kN}$$

取结点 E 为研究对象,如图 7.18(e)所示。由结构的对称性得
$$F_{NEHx} = F_{NEDx} = -40\text{kN}, \quad F_{NEHy} = F_{NEDy} = -20\text{kN}$$
$$F_{NEH} = F_{NED} = -44.7\text{kN}$$
由
$$\sum F_y = 0$$
得平衡方程
$$-F_{NEF} - 2 \times (-20) - 20 = 0$$
解平衡方程得
$$F_{NEF} = [-2 \times (-20) - 20]\text{kN} = 20\text{kN}$$

根据结构的对称性,可得到右半部分各杆件的内力。

至此,桁架所有杆件的内力已全部求出,将各杆件的内力标在图上,图中轴力的单位为 kN。

2. 截面法

在一些桁架的计算问题中,有时只需要求出其中几根杆件的内力,这时可用一假想截面截断需要求内力的几根杆件后,将桁架分为两部分,取其中一部分为研究对象,建立平衡方

程,求出杆件的内力。这种计算方法称为截面法。

由于所取研究对象所受的力通常构成平面一般力系,而平面一般力系只能列出三个独立的平衡方程,因此,只要用截面法截断的未知内力的杆件数目不超过 3 根,就可根据平衡方程将截面上的未知力求出。

例 7.8 用截面法求图 7.19(a)所示桁架中 a、b、c 杆的内力。

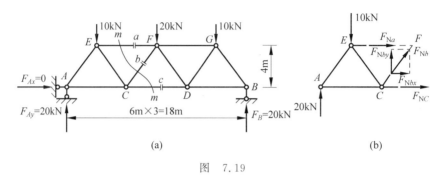

图 7.19

解 解题思路:用一假想截面截断需要求内力的 3 根杆件,将桁架分为两部分,取其中一部分为研究对象,建立平衡方程求杆件的内力。

解题过程:

(1) 计算支座反力。

以整体为研究对象,如图 7.19(a)所示,由平衡方程可求得支座反力:

$$F_{Ax} = 0$$
$$F_{Ay} = F_B = 20\text{kN}$$

(2) 求 a、b、c 杆的内力。

用截面 $m-m$ 截断 a、b、c 杆,取 $m-m$ 截面的左半部分为研究对象,如图 7.19(b)所示。

由

$$\sum M_C = 0, \quad F_{Na} \times 4 + 20 \times 6 - 10 \times 3 = 0$$

得

$$F_{Na} = -22.5\text{kN}$$

由

$$\sum M_F = 0, \quad F_{Nc} \times 4 + 10 \times 6 - 20 \times 9 = 0$$

得

$$F_{Nc} = 30\text{kN}$$

由

$$\sum F_x = 0, \quad F_{Nbx} + F_{Na} + F_{Nc} = 0$$

得

$$F_{Nbx} = -F_{Na} - F_{Nc} = (22.5 - 30)\text{kN} = -7.5\text{kN}$$

由比例关系得

$$F_{Nby} = \frac{F_{Nbx}}{3} \times 4 = -10 \text{kN}$$

$$F_{Nb} = \frac{F_{Nbx}}{3} \times 5 = -12.5 \text{kN}$$

(3)校核。

利用平衡方程 $\sum M_E = 0$ 进行校核：

$$\sum M_E = (20 \times 3 + 7.5 \times 4 + 10 \times 3 - 30 \times 4) \text{kN} \cdot \text{m} = 0 \text{kN} \cdot \text{m}$$

计算结果正确。

7.3.3 几种桁架受力性能的比较

桁架的外形对于桁架中各杆件内力的大小和性质有较大的影响。现取工程中常用的平行弦桁架、三角形桁架和抛物线形桁架进行比较，它们跨度相同、高度相同、节间长度相同、荷载相同，图 7.20(a)、(b)、(c)中分别给出了这 3 种桁架的内力数值。下面对这 3 种桁架的受力性能进行对比分析，以便在结构设计时选用合理的桁架形式。

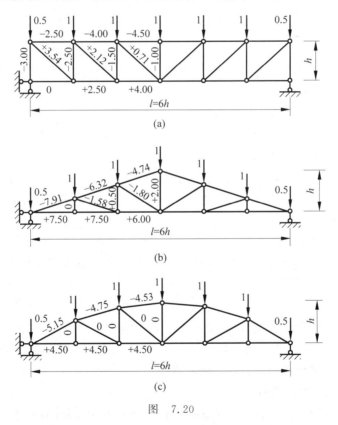

图 7.20

1. 平行弦桁架

平行弦桁架(图 7.20(a))的内力分布很不均匀。上弦杆和下弦杆的内力值均是靠支座处小，向跨度中间增大。腹杆则是靠近支座处内力大，向跨中逐渐减小。如果按各杆件内力大小选择截面，弦杆截面沿跨度方向必须随之改变，这样结点的构造处理比较复杂。如果各杆件采用相同截面,则靠近支座处弦杆材料性能不能充分利用,造成浪费。另外,平行弦桁架的优点是杆件与结点的构造有利于标准化制作和施工,因此在铁路桥梁中常被采用。

2. 三角形桁架

三角形桁架(图 7.20(b))的内力分布也是不均匀的。上弦杆和下弦杆的内力值是从跨度中间向支座方向递增,近支座处最大。在腹杆中,斜杆受压,而竖杆则受拉或为零杆,而且腹杆的内力是从支座向中间递增。这种桁架的端结点处上下弦杆之间夹角较小,构造复杂。但由于其两面斜坡的外形符合屋顶的构造要求,因此三角形桁架较多地用在跨度比较小、坡度比较大的屋盖结构中。

3. 抛物线形桁架

抛物线形桁架(图 7.20(c))中上弦杆和下弦杆的内力分布比较均匀。当荷载作用在上弦杆结点时,腹杆内力为零;当荷载作用在下弦杆结点时,腹杆中的斜杆内力为零,竖杆内力等于结点荷载。这是一种受力性能好,比较理想的结构形式。但这种桁架的上弦杆在每一结点处均需转折,结点构造复杂,施工麻烦。因此,工程中多采用外形接近抛物线形的折线形桁架,并且只在大跨度结构中使用,如 24~30m 的屋架、100~300m 的桥梁等。

7.4 静定结构的静力特性

如前所述,静定结构包括静定梁、静定刚架、三铰拱、静定桁架和静定组合结构等类型,虽然这些结构的形式各不相同,但都具有共同的特性,主要有以下几点。

1. 静定结构的反力和内力的解答是唯一的

在几何组成方面,静定结构是无多余约束的几何不变体系;在静力平衡方面,由于静定结构没有多余约束,所有内力和反力都可以由静力平衡方程完全确定,并且它们只与荷载及结构的几何形状、尺寸有关,而与结构所用的材料及构件的形状、尺寸无关,因此,所得的内力和反力的解答只有一种,这是静定结构的基本静力特性。静定结构的一些其他特性都可以由基本特性推导出来。

2. 静定结构的局部平衡性

静定结构在平衡力系作用下,其影响的范围只限于该力系作用的最小几何部分,而不影响到此范围以外,即当平衡力系加在静定结构的某一内部几何不变部分时,其余部分均不产生内力和反力。例如图 7.21(a)所示,简支梁的 CD 段为一内部几何不变部分,作用有一个平衡力系,则只有该部分受力,而其余的 AC 段、BD 段均没有内力和反力产生。如图 7.21(b)所示,桁架的三角形 CDE 为一内部几何不变部分,作用有一个平衡力系,则只有该部分的杆件产生内力,而其他杆件的内力和支座反力均为零。

3. 静定结构的荷载的等效性

将一组荷载变换成另一组荷载,并且两组荷载的合力保持相同,称为荷载的等效变换。若两组荷载的合力相同,则称为等效荷载。

当静定结构的某一内部几何不变部分上的荷载作等效变换时,只有该部分的内力发生变化,其余部分的内力和反力均保持不变。例如图 7.22(a)、(b)所示简支梁在两组等效荷载作用下,除 CD 范围内的内力有变化外,其余部分的内力和支座反力均保持不变。

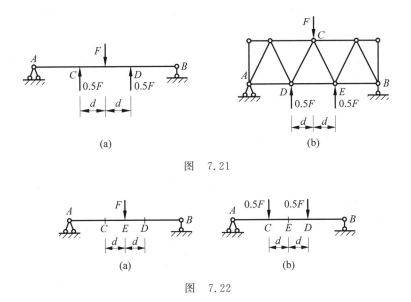

图 7.21

图 7.22

复习思考题

1. 刚结点和铰结点在受力和变形方面各有什么特点？
2. 如何根据刚架的弯矩图绘制出它的剪力图，又如何根据刚架的剪力图绘制出它的轴力图？
3. 试分析图 7.23 所示各静定刚架弯矩图的错误原因，并加以改正。

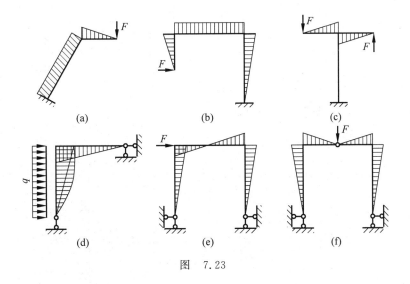

图 7.23

4. 为什么三铰拱可以用砖、石等抗拉性能差而抗压性能好的材料建造，而梁却很少用这些材料建造？

5. 什么叫合理拱轴线？如何确定三铰拱的合理拱轴线？在什么情况下三铰拱的合理拱轴线才是二次抛物线？

6. 为什么能采用理想桁架作为实际桁架的计算简图？对理想桁架作了哪些假定？

7. 桁架中的零杆是否可以拆掉不要？为什么？

8. 用截面法计算桁架的内力时，为什么截断的杆件一般不超过三根？在什么情况下可以例外？

9. 桁梁组合结构有哪些构造上的特点？两类杆件的受力性能如何？分析时应注意什么？

10. 在计算桁梁组合结构的内力时，为什么要先计算链杆的内力，再计算梁式杆的内力？

11. 静定刚架、三铰拱、静定桁架以及静定组合结构的力学性能有何不同？其内力计算的原理、方法以及步骤有何异同？

12. 静定结构有哪些静力特性？

练习题

1. 试绘制图 7.24 所示刚架的内力图。

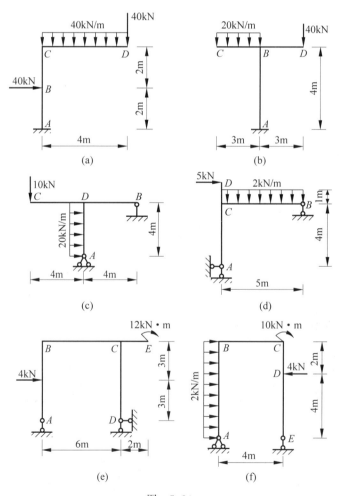

图 7.24

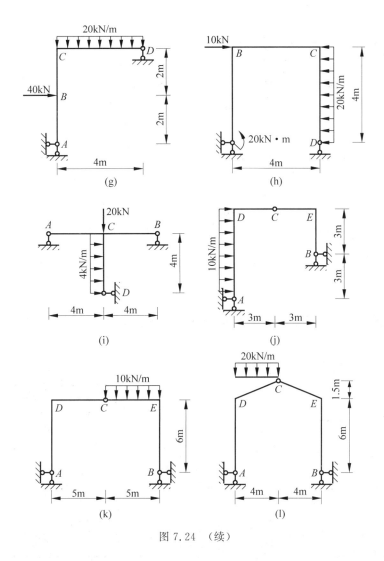

图 7.24 （续）

2. 求图 7.25 所示三铰拱上截面 D 和 E 的内力，已知拱轴线方程为 $y=\dfrac{4fx(l-x)}{l^2}$。

3. 试求图 7.26 所示圆弧三铰拱截面 K 上的内力。

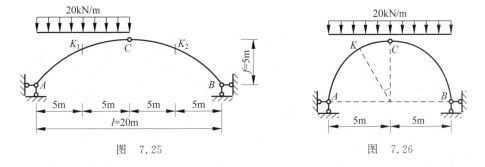

图 7.25   图 7.26

4. 试用结点法计算图 7.27 所示桁架各杆的内力。

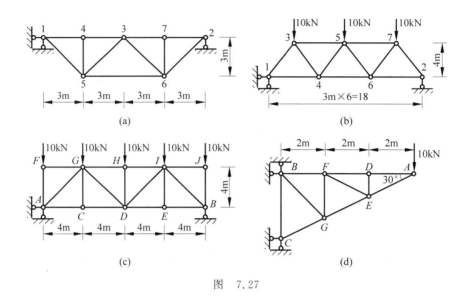

图 7.27

5. 试用较简捷的方法计算图 7.28 所示桁架中指定杆件的内力。

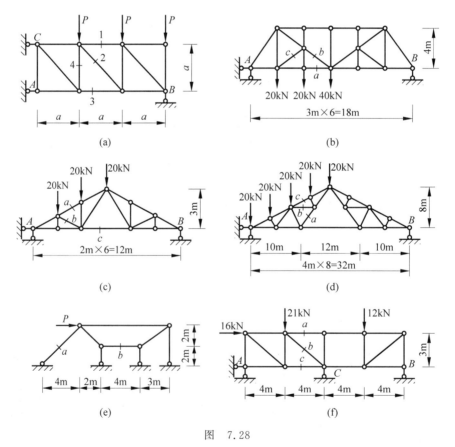

图 7.28

6. 如图 7.29 所示为一组合结构,试在链杆旁标明轴力,并绘制梁式杆的内力图。

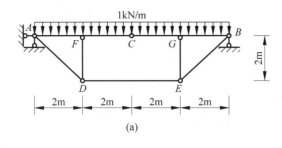

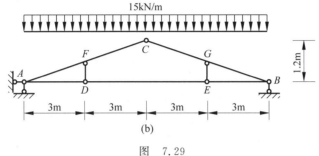

图 7.29

练习题参考答案

1. (a) $M_{BA}=240$kN·m(左侧受拉), $F_{SBC}=0$;

   (b) $M_{AB}=-30$kN·m(左侧受拉);

   (c) $M_{DB}=120$kN·m(下侧受拉);

   (d) $M_{BC}=25$kN·m(下侧受拉), $M_{BA}=20$kN·m(右侧受拉), $F_{SBC}=0$, $F_{SBA}=5$kN, $F_{NBC}=0$, $F_{NBA}=0$;

   (e) $M_{CB}=36$kN·m, $F_{SCB}=-4$kN, $F_{NCB}=-4$kN;

   (f) $M_{BA}=-12$kN·m, $F_{SBA}=-4$kN, $F_{NBA}=7.5$kN;

   (g) $M_{BC}=80$kN·m(右侧受拉);

   (h) $M_{BA}=320$kN·m(左侧受拉), $F_{SBA}=-70$kN;

   (i) $M_{CB}=-24$kN·m;

   (j) $M_{DC}=60$kN·m;

   (k) $M_{DA}=12.5$kN·m(左侧受拉);

   (l) $M_{DC}=-64$kN·m(上侧受拉), $F_{SDC}=52.46$kN。

2. $M_D=125$kN·m, $F_{SDA}=46.4$kN, $F_{SDC}=-46.4$kN, $F_{NDA}=153.2$kN, $F_{NDC}=116.1$kN, $M_E=0$, $F_{SE}=0$, $F_{NE}=134.7$kN。

3. $M_K=-29$kN·m, $F_{SK}=18.3$kN, $F_{SK}=68.3$kN。

4. (a) $F_{N56}=4$kN;

   (b) $F_{N35}=-15$kN, $F_{N34}=6.25$kN;

   (c) $F_{NAF}=-10$kN, $F_{NAG}=-21.21$kN, $F_{NCD}=15$kN;

   (d) $F_{NBF}=17.32$kN。

5. (a) $F_{N1}=-2P$, $F_{N2}=-1.414P$, $F_{N3}=3P$, $F_{N4}=0$；
   (b) $F_{Na}=52.5\text{kN}$, $F_{Nb}=10\text{kN}$, $F_{Nc}=10\text{kN}$；
   (c) $F_{Nc}=40\text{kN}$；
   (d) $F_{Na}=40\text{kN}$, $F_{Nb}=20\text{kN}$, $F_{Nc}=-105\text{kN}$；
   (e) $F_{Na}=-1.414P$；
   (f) $F_{Na}=-16\text{kN}$, $F_{Nb}=-20\text{kN}$, $F_{Nc}=32\text{kN}$。

6. (a) $F_{NDE}=4\text{kN}$, $M_F=-2\text{kN}\cdot\text{m}$(上侧受拉)；
   (b) $F_{NDE}=225\text{kN}$, $M_{GB}=67.5\text{kN}\cdot\text{m}$(下侧受拉)。

第3篇 杆件应力与强度、刚度和稳定性条件

引言

第2篇介绍了静定杆件结构在各种荷载作用下的内力计算,那么这些内力在横截面上是怎样分布的呢?怎样才能保证结构安全、经济、适用呢?这就是本篇要研究的主要问题。研究的思路是,首先建立应力的概念,接着介绍拉压、剪切、扭转、弯曲杆的应力、变形计算和常见塑性材料、脆性材料的力学性能,从而建立拉压、剪切、扭转、弯曲杆的强度条件与刚度条件;对于轴向压杆来说,还要建立理想压杆的稳定条件等。

本研究的方法是:一是观察,即对四种基本变形的模型和实物进行具体观察,找出其中的规律,然后根据这些规律推出内力分布情况,据此建立内力相对应的应力和变形计算公式;二是运用实验手段,得出常用材料在拉压、剪切、扭转、弯曲情况下的力学性能,从而建立相应的强度条件和稳定条件;三是根据杆件或结构的变形,建立相应的刚度条件。

本篇应重点掌握的内容是:四种基本变形的应力计算公式和位移计算公式,相应的强度、刚度条件及压杆稳定的临界力、临界应力与压杆的稳定条件等。

第 8 章

轴向拉压杆的应力与强度条件

本章学习目标
- 理解应力的概念,掌握轴向拉压杆横截面上的应力计算方法。
- 掌握拉压杆的变形计算方法。
- 掌握轴向拉伸与压缩时材料的力学性能。
- 掌握拉压杆的强度条件及其应用。
- 了解应力集中的概念及其利弊。

轴向拉压杆件是最简单的受力杆件,只有轴向力。那么,它的轴向力在截面上是怎样分布的呢? 其强度条件是什么? 这些都是本书首次提到的重要概念,且这些概念在以后各章中会经常应用。务请读者一开始就要认真学懂它。

8.1 轴向拉压杆截面上的应力

8.1.1 应力的概念

用截面法可以求出拉压杆横截面上分布的内力,它只表示横截面上合力的大小,但只凭内力的大小还不能判断杆件是否会因强度不足而破坏。例如,两根材料相同、截面面积不同的杆,受同样大小的轴向拉力 F 作用,显然这两根杆件横截面上的内力是相等的,但随着外力的增加,截面面积小的杆件必然先拉断。这是因为轴力只是杆横截面上分布内力的合力,而要判断杆的强度问题,还必须知道内力在截面上是怎样分布的。

内力在一点处的集度称为应力。为了说明截面上某一点 E 处的应力,可围绕 E 点取一微小面积 ΔA,作用在 ΔA 上的内力合力记为 ΔF(图 8.1(a)),则二者的比值为

$$P_\mathrm{m} = \frac{\Delta F}{\Delta A}$$

称 P_m 为 ΔA 上的平均应力。

一般情况下,截面上各点处的内力是连续分布的,但并不一定均匀,因此,平均应力的值将随 ΔA 的大小而变化,但它还不能表明内力在 E 点处的真实强弱程度。只有当 ΔA 无限缩小并趋于零时,平均应力 P_m 的极限值 P 才能代表 E 点处的**内力集度**,即

$$P = \lim_{\Delta A \to 0} \frac{\Delta F}{\Delta A} = \frac{\mathrm{d}F}{\mathrm{d}A}$$

式中,P 称为 E 点处的应力。

应力 P 也称为 E 点的总应力。因为通常应力 P 与截面既不垂直也不相切,力学中经

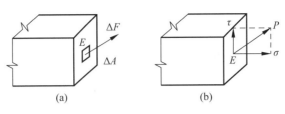

图 8.1

常将其分解为垂直于截面和相切于截面的两个分量(图 8.1(b))。与截面垂直的应力分量称为**正应力**,用 σ 表示;与截面相切的应力分量称为**切应力**,用 τ 表示。应力的单位为帕斯卡,简称帕,符号为 Pa,$1\text{Pa}=1\text{N/m}^2$。

工程实际中应力的数值较大,显然上面的应力单位太小了,工程中常用千帕(kPa)、兆帕(MPa)及吉帕(GPa)为单位,其中 $1\text{kPa}=10^3\text{Pa}$,$1\text{MPa}=10^6\text{Pa}$,$1\text{GPa}=10^9\text{Pa}$。工程图纸上,长度尺寸常以毫米为单位,凡是没有标明单位的,都默认长度单位为毫米。工程上常用的应力单位的换算关系为

$$1\text{MPa}=10^6\text{N/m}^2=10^6\text{N}/10^6\text{mm}^2=1\text{N/mm}^2$$

8.1.2 轴向拉压杆横截面上的应力

应力在截面上的分布是不能直接观察到的,但内力与变形有关。因此,要想找出内力在截面上的分布规律,通常采用的方法是先做一些实验,根据实验观察到的杆在外力作用下的变形现象做出一定的假设,然后才能以它为依据导出有实用价值的应力计算公式。下面推导出轴向拉压杆的应力计算公式。

取一根等直杆(图 8.2(a)),为了便于观察轴向受拉杆所发生的变形现象,在受拉杆未受力前在其表面均匀地画上若干与杆轴纵向平行的纵线及与轴线垂直的横线,使杆件表面形成许多大小相同的方格。然后在杆的两端施加一对轴向拉力 F(图 8.2(b)),可以观察到:所有的纵线仍保持为直线,且各纵线都伸长了,但仍互相平行,小方格变成长方格;所有的横线仍保持为直线,且仍垂直于杆轴,只是相对距离增大了。

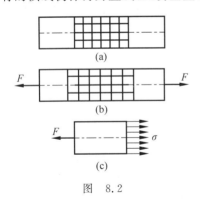

图 8.2

根据上述现象,可作如下假设。

(1) **平面假设**。若将各条横线看作一个个横截面,则杆件横截面在变形以后仍为平面且与杆轴线垂直,任意两个横截面只是作相对平行移动。

(2) 若将各杆看作由许多纵向纤维组成,根据平面假设,任意两横截面之间的所有纵向纤维的伸长都相同,这就说明,杆横截面上各点处的变形都相同。

由于前面已假设材料是均匀连续的,而杆的分布内力集度又与杆的变形程度有关,因而,由上述均匀变形的推理可知,轴力是垂直于横截面的,故它相应的应力也必然垂直于横截面,也就是说,横截面上只有正应力,没有切应力。据此可得出结论:轴向拉伸时,杆件横截面上各点处只产生正应力,且大小相等(图 8.2(c))。

由于拉压杆内力是均匀分布的,则各点处的正应力就等于横截面上的平均正应力,即

$$\sigma = \frac{F_N}{A} \tag{8-1}$$

式中，F_N——轴力；

A——杆的横截面面积。

当杆件轴向压缩时，情况完全类似，上式同样适用。只是由于前面已规定了轴力的正负号，由式(8-1)可知，正应力也随轴力 F_N 而有正负之分，即拉应力为正，压应力为负。

8.1.3 轴向拉压杆斜截面上的应力

设有一等直杆，其两端分别受到一个大小相等的轴向外力 F 的作用(图 8.3(a))，现分析任意斜截面 $m-n$ 上的应力，截面 $m-n$ 的方位用它的外法线 $\bm{n}$ 与 x 轴的夹角 α 表示，并规定 α 从 x 轴起算，逆时针转向为正。

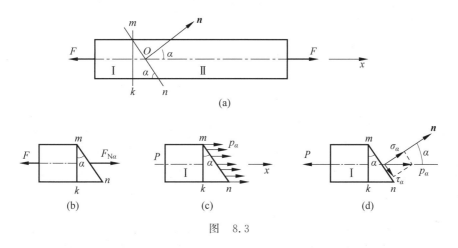

图 8.3

将杆件在 $m-n$ 截面处截开，取左半段为研究对象(图 8.3(b))，由静力平衡方程 $\sum F_x = 0$，可求得 α 截面上的内力：

$$F_{N\alpha} = F_N = F \tag{a}$$

式中，F_N——横截面 $m-k$ 上的轴力。

若以 p_α 表示 α 截面上任一点的总应力，按照上面所述横截面上正应力变化规律的分析过程，同样可得到斜截面上各点处的总应力相等的结论(图 8.3(c))，于是可得

$$p_\alpha = \frac{F_{N\alpha}}{A_\alpha} = \frac{F_N}{A_\alpha} \tag{b}$$

式中，A_α——斜截面面积。由几何原理可知 $A_\alpha = \dfrac{A}{\cos\alpha}$，代入式(b)得

$$p_\alpha = \frac{F_N}{A} \cos\alpha$$

式中，$\dfrac{F_N}{A}$——横截面上的正应力 σ，故得

$$p_\alpha = \sigma \cos\alpha$$

$p_α$ 是斜截面上任一点处的总应力,为研究方便,通常将 $p_α$ 分解为垂直于斜截面的正应力 $σ_α$ 和相切于斜截面的切应力 $τ_α$(图 8.3(d)),则

$$σ_α = p_α \cos α = σ \cos^2 α \tag{8-2}$$

$$τ_α = p_α \sin α = σ \cos α \sin α = \frac{1}{2} σ \sin 2α \tag{8-3}$$

式(8-2)、式(8-3)表示出轴向受拉杆斜截面上任一点的 $σ_α$ 和 $τ_α$ 的数值随斜截面位置 $α$ 角变化的规律,它们也适用于轴向受压杆。

$σ_α$ 和 $τ_α$ 的正负号规定如下:正应力 $σ_α$ 以拉应力为正,压应力为负;切应力 $τ_α$ 以它使研究对象绕其中任意一点有顺时针转动趋势时为正,反之为负。

当 $α=0°$ 时,正应力达到最大值:

$$σ_{\max} = σ$$

由此可见,轴向拉压杆的最大正应力发生在横截面上。

当 $α=45°$ 时,切应力达到最大值:

$$τ_{\max} = \frac{σ}{2}$$

即轴向拉压杆的最大切应力发生在与杆轴成 $45°$ 的斜截面上。

当 $α=90°$ 时,$σ_α = τ_α = 0$,表明在平行于杆轴线的纵向截面上无任何应力。

例 8.1 图 8.4(a)所示为一阶梯状直杆的受力情况,其横截面面积:AC 段为 $A_1 = 400\text{mm}^2$,CB 段为 $A_2 = 200\text{mm}^2$。不计杆的自重,试绘制轴力图并计算各段杆横截面上的正应力。

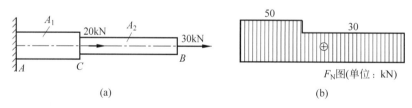

图 8.4

解 解题思路:先绘制轴力图,再按式(8-1)计算各段正应力。

解题过程:

(1)绘制轴力图。

由观察知:BC 段的内力 $F_{N2} = 30\text{kN}$(拉力);CA 段的内力 $F_{N1} = (30+20)\text{kN} = 50\text{kN}$(拉力)。按比例绘出 F_N 图,如图 8.4(b)所示。

(2)求各段横截面上的正应力。

AC 段:

$$σ_1 = \frac{F_{N1}}{A_1} = \frac{50 \times 10^3}{400} \text{MPa} = 125\text{MPa}$$

CB 段：
$$\sigma_2 = \frac{F_{N2}}{A_2} = \frac{30 \times 10^3}{200}\text{MPa} = 150\text{MPa}$$

例 8.2 三铰支架在 B 点承受荷载 $W = 20\text{kN}$（图 8.5(a)），已知各杆横截面面积为 $A_{BA} = 100\text{mm}^2$，$A_{BC} = 400\text{mm}^2$。求 BA、BC 杆横截面上的正应力。

解 解题思路：先求各杆轴力，再分别代入式(8-1)计算各杆正应力。

解题过程：

(1) 求各杆轴力。

取结点 B 为研究对象，建立坐标系 Bxy，假设各杆均受拉，绘出受力图，如图 8.5(b)所示。

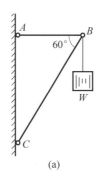
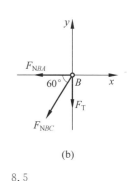

图 8.5

根据平衡条件，由 $\sum F_y = 0$，得
$$-F_{NBC}\sin 60° - F_T = 0$$
即
$$F_{NBC} = -F_T/\sin 60° = -20/0.866\text{kN} \approx -23.1\text{kN}（压力）$$
由 $\sum F_x = 0$，得
$$-F_{NBA} - F_{NBC}\cos 60° = 0$$
即
$$F_{NBA} = -(-23.1) \times 0.5\text{kN} = 11.55\text{kN}（拉力）$$

(2) 计算各杆正应力。

BA 杆：
$$\sigma_{BA} = \frac{F_{NBA}}{A_{BA}} = \frac{11.55 \times 10^3}{100}\text{MPa} = 115.5\text{MPa}（拉应力）$$

BC 杆：
$$\sigma_{BC} = \frac{F_{NBC}}{A_{BC}} = \frac{-23.1 \times 10^3}{400}\text{MPa} = -57.75\text{MPa}（压应力）$$

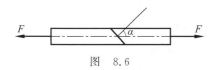

图 8.6

例 8.3 如图 8.6 所示拉杆，拉力 $F = 12\text{kN}$，横截面面积 $A = 120\text{mm}^2$，试求 $\alpha = 30°, 45°, 90°$ 时各斜截面上的正应力和切应力。

解 解题思路：先由式(8-1)求出 σ，再利用式(8-2)和式(8-3)，求 σ_α、τ_α 在 $\alpha = 30°, 45°, 90°$ 时斜截面上的值。

解题过程：

(1) 求横截面上的正应力。

由式(8-1)有
$$\sigma = \frac{F_N}{A} = \frac{12 \times 10^3}{120}\text{N/mm}^2 = 100\text{N/mm}^2 = 100\text{MPa}$$

(2) 求 α=30°斜截面上的正应力与切应力。

由式(8-2)有

$$\sigma_{30°} = \sigma\cos^2 30° = 100 \times \left(\frac{\sqrt{3}}{2}\right)^2 \text{MPa} = 75\text{MPa}$$

由式(8-3)有

$$\tau_{30°} = \frac{1}{2}\sigma\sin 2\alpha = \frac{1}{2} \times 100 \times \frac{1}{2} \text{MPa} = 25\text{MPa}$$

(3) 同理可得

$$\sigma_{45°} = \sigma\cos^2 45° = 100 \times \left(\frac{\sqrt{2}}{2}\right)^2 \text{MPa} = 50\text{MPa}$$

$$\tau_{45°} = \frac{1}{2}\sigma\sin 45° \times 2 = 50\text{MPa}$$

$$\sigma_{90°} = \sigma\cos^2 90° = \sigma = 0$$

$$\tau_{90°} = \frac{1}{2}\sigma\sin(2 \times 90°) = 0$$

由具体计算再次证实：拉压杆横截面上只有正应力；在各斜面上不仅有正应力，而且还有切应力；在纵向截面上正应力、切应力皆为零。

8.2 轴向拉压时的变形

观察可知：在轴向拉伸时，杆件沿轴线方向伸长，而横向尺寸缩短；在轴向压缩时，杆件沿轴线方向缩短，而沿横向尺寸增大。杆件这种沿纵向尺寸的改变称为**纵向变形**，沿横向尺寸的改变称为**横向变形**。

8.2.1 纵向变形

设杆件原长为 L，受拉后，长度变为 L_1（图 8.7(a)），则杆件沿长度的伸长量 $\Delta L = L_1 - L$，称为**纵向绝对变形**，单位是毫米。显然，拉伸时 ΔL 为正，压缩时 ΔL 为负。

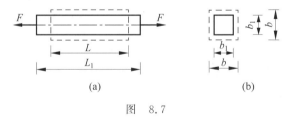

图 8.7

纵向绝对变形除以原长度，称为**相对变形**或**线应变**，记为 ε，其表达式为

$$\varepsilon = \frac{\Delta L}{L} \tag{8-4}$$

线应变表示杆件单位长度的变形量，它反映了杆件变形的强弱程度，是一个量纲为 1 的量，其正负号规定与纵向绝对变形相同。

8.2.2 横向变形

设受轴向拉伸的杆件原来横向尺寸为 b，变形后为 b_1（图 8.7(b)），则横向绝对缩短为

$$\Delta b = b_1 - b \tag{8-5}$$

相应的横向相对变形 ε' 为

$$\varepsilon' = \frac{\Delta b}{b} \tag{8-6}$$

与纵向变形相反，杆件伸长时，横向尺寸减小，Δb 与 ε' 均为负值；杆件压缩时，横向尺寸增大，Δb 与 ε' 均为正值。

8.2.3 泊松比

杆件轴向拉伸、压缩时，其横向相对变形与纵向相对变形之比的绝对值称为横向变形因数，又称泊松比，用 ν 表示，即

$$\nu = \left|\frac{\varepsilon'}{\varepsilon}\right|$$

由于 ε' 与 ε 的符号总是相反的，故有 $\varepsilon' = -\nu\varepsilon$。

泊松比是一个量纲为 1 的量。试验证明，当杆件应力不超过某一限度时，ν 为常数。各种材料的 ν 值由实验测定。工程上常用材料的泊松比列于表 8.1。

表 8.1 常用材料的 E、ν 值

材料名称	弹性模量 E/GPa	泊松比 ν
碳钢	200～220	0.25～0.33
16 锰钢	200～220	0.25～0.33
铸铁	115～160	0.23～0.27
铝及硬铝合金	71	0.33
花岗石	49	
混凝土	14.6～36	0.16～0.18
木材（顺纹）	10～12	

8.2.4 胡克定律

拉压实验表明，当应力不超过某一限度时，轴向拉压杆件的纵向绝对变形 ΔL 与外力 F、杆件原长 L 成正比，与杆件横截面面积 A 成反比，即

$$\Delta L \propto \frac{FL}{A} \tag{8-7}$$

引进比例常数 E，上式可写成等式：

$$\Delta L = \frac{FL}{EA} \tag{8-7a}$$

由于轴向拉压时 $F_N = F$，故上式可改写为

$$\Delta L = \frac{F_N L}{EA} \tag{8-7b}$$

这一关系式是由英国科学家胡克于 1678 年首先提出的,故称为**胡克定律**。

将 $\sigma = F_N/A$ 及 $\varepsilon = \Delta L/L$ 代入式(8-7b)得

$$\sigma = E\varepsilon \tag{8-8}$$

式(8-7)表明,当杆件应力不超过某一限度时,其纵向绝对变形与轴力、杆长成正比,与横截面面积成反比。式(8-8)是胡克定律的又一表达形式,它可表述为:当应力不超过某一限度时,应力与应变成正比。

式(8-7)和式(8-8)中的比例常数 E 称为弹性模量,由实验测定。由于应变 ε 是量纲为 1 的量,所以弹性模量 E 的单位与应力的单位相同。常用材料的弹性模量列于表 8.1 中。

由式(8-7)和式(8-8)还可以看出,当 σ 一定时,E 值越大,ε 就越小。因此弹性模量反映了材料抵抗拉伸或压缩变形的能力。此外,EA 越大,杆件的变形就越小,因此 EA 表示杆件抵抗拉(压)变形的能力,故 EA 称为杆件的**抗拉(压)刚度**。

需要指出的是,应用胡克定律计算变形时,在杆长 L 范围内,F_N、E、A 都应是常量。

例 8.4 图 8.8 所示为正方形截面混凝土柱,上段柱边长 $a_1 = 240\text{mm}$,下段柱边长 $a_2 = 300\text{mm}$,荷载 $F_1 = 200\text{kN}$,$F_2 = 135\text{kN}$,不计自重,混凝土的弹性模量 $E = 25\text{GPa}$,求柱的总变形。

解 解题思路:分别求各段轴力,利用式(8-7b)求各段变形,然后求其代数和,即为总变形。

解题过程:柱 AB 和 BC 两段的轴力、横截面积都不相同,需分段计算变形。

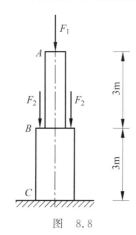

图 8.8

(1) AB 段。

轴力:
$$F_{NAB} = -F_1 = -200\text{kN}(压)$$

长度:
$$l_{AB} = 3\text{m}$$

截面面积:
$$A_{AB} = 240 \times 240 \text{mm}^2 = 5.76 \times 10^4 \text{mm}^2$$

由式(8-7b),得
$$\Delta l_{AB} = \frac{F_{NAB} \cdot l_{AB}}{E \cdot A_{AB}} = \frac{-200 \times 10^3 \times 3 \times 10^3}{25 \times 10^3 \times 5.76 \times 10^4}\text{mm} \approx -0.417\text{mm}$$

(2) BC 段。

轴力:
$$F_{NBC} = -F_1 - 2F_2 = -470\text{kN}(压)$$

长度:
$$l_{BC} = 3\text{m}$$

截面面积:
$$A_{BC} = 300 \times 300 \text{mm}^2 = 9 \times 10^4 \text{mm}^2$$

由式(8-7b),得
$$\Delta l_{BC} = \frac{F_{NBC} \cdot l_{BC}}{E \cdot A_{BC}} = \frac{-470 \times 10^3 \times 3 \times 10^3}{25 \times 10^3 \times 9 \times 10^4}\text{mm} \approx -0.627\text{mm}$$

(3) 总变形。
$$\Delta l = \Delta l_{AB} + \Delta l_{BC} = (-0.417 - 0.627)\text{mm} = -1.044\text{mm}(压缩)$$

例 8.5 试计算图 8.9(a)所示结构杆 1 及杆 2 的变形。已知杆 1 为钢杆，$A_1 = 8\text{cm}^2$，$E_1 = 200\text{GPa}$；杆 2 为木杆，$A_2 = 400\text{cm}^2$，$E_2 = 12\text{GPa}$，$F = 120\text{kN}$。

解 解题思路：先用平面汇交力系求出 1、2 杆的轴力，再用式(8-7b)求各杆变形。

解题过程：

(1) 求各杆的轴力。

取结点 B 为研究对象(图 8.9(b))，列平衡方程得
$$\sum F_y = 0, \quad -F - F_{N2}\sin\alpha = 0 \quad (\text{a})$$
$$\sum F_x = 0, \quad -F_{N1} - F_{N2}\cos\alpha = 0 \quad (\text{b})$$

因 $\tan\alpha = \dfrac{AC}{AB} = \dfrac{2\,200}{1\,400} \approx 1.57$，故 $\alpha = 57.53°$，$\sin\alpha = 0.843$，$\cos\alpha = 0.537$，代入式(a)、(b)解得
$$F_{N1} = 76.4\text{kN}(拉), \quad F_{N2} = -142.3\text{kN}(压)$$

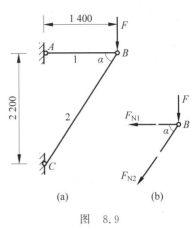

图 8.9

(2) 计算杆的变形。

由式(8-7b)得
$$\Delta l_1 = \frac{F_{N1} l_1}{E_1 A_1} = \frac{76.4 \times 10^3 \times 1.4}{200 \times 10^9 \times 8 \times 10^{-4}}\text{m} \approx 6.69 \times 10^{-4}\text{m} = 0.669\text{mm}$$

$$\Delta l_2 = \frac{F_{N2} l_2}{E_2 A_2} = \frac{-142.3 \times 10^3 \times \dfrac{2.2}{\sin\alpha}}{12 \times 10^9 \times 400 \times 10^{-4}} \approx -7.74 \times 10^{-4}\text{m} = -0.774\text{mm}$$

8.3 拉伸与压缩时材料的力学性能

8.3.1 材料拉伸时的应力-应变曲线

试件的尺寸和形状对试验结果有很大的影响，为了便于比较不同材料的试验结果，在进行试验时，应该将材料做成国家统一的标准试件，如图 8.10 所示。试件的中间部分较细，两端加粗，便于将试件安装在试验机的夹具中。在中间等直部分上标出一段作为工作段，用来测量变形，其长度称为标距 l。为了便于比较不同粗细试件工作段的变形程度，通常对圆截面标准试件的标距 l 与横截面直径的比例加以规定：$l_{10} = 10d$ 和 $l_5 = 5d$。矩形截面试件标距和截面面积 A 之间的关系规定为

$$l_{10} = 11.3\sqrt{A} \quad 和 \quad l_5 = 5.65\sqrt{A}$$

当选好标准试件之后，将其安装在材料试验机上，使试件承受轴向拉伸载荷。通过缓慢的加载过程，试验机会自动记录下试件所受的载荷和变形，得到相应的应力

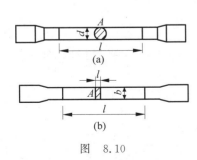

图 8.10

与应变的关系曲线,称为**应力-应变曲线**。

在建筑材料中,将材料分成两大类:塑性材料和脆性材料。对于不同的材料而言,其应力-应变曲线有很大的差异。图 8.11 所示为典型的塑性材料——低碳钢的拉伸应力-应变曲线;图 8.12 所示为典型的脆性材料——铸铁的拉伸应力-应变曲线。

通过分析拉伸应力-应变曲线,可以得到材料的若干力学性能指标。

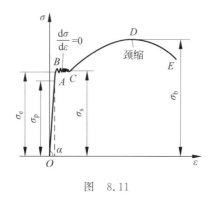
图 8.11

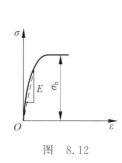
图 8.12

8.3.2 塑性材料拉伸时的力学性能

1. 弹性模量

应力-应变曲线中的直线段称为线弹性阶段,如图 8.11 中曲线的 OA 部分。弹性阶段中的应力与应变成正比,比例常数即为材料的弹性模量 E。对于大多数脆性材料来说,其应力-应变曲线上没有明显的直线段,图 8.12 中所示铸铁的应力-应变曲线即属此例。因没有明显的直线部分,常用割线(图中虚线部分)的斜率作为这类材料的弹性模量,称为**割线模量**。

2. 比例极限与弹性极限

在应力-应变曲线上,线弹性阶段的应力最高限称为**比例极限**,用 σ_p 表示。线弹性阶段之后,应力-应变曲线上有一小段微弯的曲线(图 8.11 中的 AB 段),它表示应力超过比例极限以后,应力与应变不再成正比关系。但是,如果在这一阶段卸去试件上的载荷,试件的变形将随之消失。这表明,这一阶段内的变形都是弹性变形,因而包括线弹性阶段在内,统称为**弹性阶段**(图 8.11 中的 OB 段)。弹性阶段的应力最高限称为**弹性极限**,用 σ_e 表示。大部分塑性材料的比例极限与弹性极限极为接近,只有通过精密测量才能加以区分,所以在工程应用中一般不用区分。

3. 屈服点

许多塑性材料的应力-应变曲线中,在弹性阶段之后出现近似的水平段,这一阶段中应力几乎不变,而变形却急剧增加,这种现象称为**屈服**,如图 8.11 中所示曲线的 BC 段。这一阶段的最低点的应力值称为**屈服强度**,用 σ_s 表示。

对于没有明显屈服阶段的塑性材料,工程上则规定产生 0.2% 塑性应变时的应力值为其屈服点,称为**材料的名义屈服强度**,用 $\sigma_{0.2}$ 表示。

4. 强度极限

应力超过屈服强度或条件屈服强度后,要使试件继续变形,必须再继续增加载荷。这一阶段称为**强化阶段**,如图 8.11 中曲线上的 CD 段。这一阶段应力的最高限称为**强度极限**,用 σ_b 表示。

5. 颈缩与断裂

某些塑性材料(如低碳钢和铜),应力超过强度极限以后,试件开始发生局部变形,局部变形区域内横截面尺寸急剧缩小,这种现象称为**颈缩**。出现颈缩之后,试件变形所需拉力相应减小,应力-应变曲线出现下降趋势,如图 8.11 中曲线上的 DE 段,至 E 点试件拉断。

6. 冷作硬化

在试验过程中,如加载到强化阶段某点 F 时(图 8.13),将荷载逐渐减小到零,明显可以看到,卸载过程中应力与应变仍保持为直线关系,且卸载直线 FO_1 与弹性阶段内的直线 OA 近于平行。在图 8.13 所示的 σ-ε 曲线中,F 点的横坐标可以看作 OO_1 与 O_1g 之和,其中 OO_1 是塑性变形 ε_s,O_1g 是弹性变形 ε_e。如果在卸载后又重新加载,则应力-应变曲线将沿 O_1F 上升,并且到达 F 点后转向原曲线 FDE,最后到达 E 点。这表明,如果将材料预拉到强化阶段,然后卸载,当再加载时,比例极限和屈服极限得到提高,但塑性变形减少。我们把材料的这种特性称为**冷作硬化**。

在工程上常利用钢筋冷作硬化这一特性来提高钢筋的屈服极限。例如可以通过在常温下将钢筋预先拉长一定数值的办法来提高钢筋的屈服极限,这种办法称为**冷拉**。实践证明,按照规定来冷拉钢筋,一般可以节约钢材 10%~20%。钢筋经过冷拉后,虽然强度有所提高,但减少了塑性,从而增加了脆性。这对于承受冲击和振动荷载是非常不利的。所以,在工程实际中,凡是承受冲击和振动荷载作用的结构部位及结构的重要部分不应使用冷拉钢筋。另

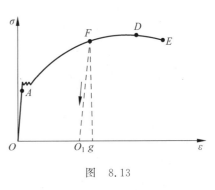

图 8.13

外,钢筋在冷拉后并不能提高抗压强度,因此,用冷拉钢筋作受压构件时并不能提高其强度。

8.3.3 脆性材料拉伸时的力学性能

对于脆性材料而言,从开始加载直至试件被拉断,试件的变形都很小。而且,大多数脆性材料拉伸的应力-应变曲线上都没有明显的直线段,几乎没有塑性变形,也不会出现屈服和颈缩现象,如图 8.12 所示。因而只有断裂时的应力值,将这个值称为**强度极限**,用 σ_b 表示。

8.3.4 强度失效概念与失效应力

如果构件发生断裂,将完全丧失正常功能,这是强度失效的一种最明显的形式。如果构件没有发生断裂而是产生明显的塑性变形,这在很多工程中都是不允许的,因此,当构件发生屈服,产生明显塑性变形时,也为失效。根据拉伸试验过程中观察的现象,强度失效的形式可以归纳为下列两种:

(1) 塑性材料的强度失效——屈服;
(2) 脆性材料的强度失效——断裂。

因此,发生屈服和断裂时的应力就是**失效应力**,也就是强度设计中的**危险应力**。塑性材料与脆性材料的强度失效应力分别为:

(1) 塑性材料的强度失效应力——屈服极限 σ_s(或名义屈服强度 $\sigma_{0.2}$);

(2) 脆性材料的强度失效应力——强度极限 σ_b。

此外,通过拉伸试验还可得到衡量材料塑性的指标——伸长率 δ 和断面收缩率 φ,公式分别为

$$\delta = \frac{l_1 - l_0}{l_0} \times 100\% \tag{8-9}$$

$$\varphi = \frac{A_0 - A_1}{A_0} \times 100\% \tag{8-10}$$

其中,l_0 为试件原长(规定的标距),A_0 为试件的初始横截面面积;l_1 和 A_1 分别为试件拉断后长度(变形后的标距长度)和断口处最小的横截面面积。

伸长率和断面收缩率的数值越大,表明材料的塑性越好。工程中一般认为:$\delta \geq 5\%$ 者为塑性材料;$\delta < 5\%$ 者为脆性材料。

8.3.5 材料压缩时的力学性能

材料压缩试验通常采用短试样。低碳钢压缩时的应力-应变曲线如图 8.14 所示。与拉伸时的应力-应变曲线相比较,拉伸和压缩屈服前的曲线基本重合,即拉伸、压缩时的弹性模量及屈服应力相同,但屈服后,由于试件越压越扁,应力-应变曲线不断上升,试件不会发生破坏。

铸铁压缩时的应力-应变曲线如图 8.15 所示,与拉伸时的应力-应变曲线不同的是,压缩时的强度极限却远远大于拉伸时的数值,通常是抗拉强度的 4~5 倍。对于抗拉和抗压强不同的材料,抗拉强度和抗压强度分别用 σ_b^+ 和 σ_b^- 表示,这种抗压强度明显高于抗拉强度的脆性材料通常用于制作受压构件。

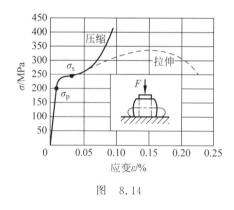

图 8.14

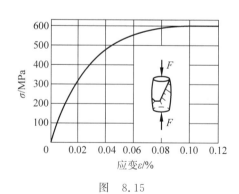

图 8.15

综上所述,衡量材料力学性能的指标主要有:比例极限 σ_p、弹性极限 σ_e、屈服极限 σ_s、弹性模量 z、伸长率 δ 和断面收缩率 φ 等。

表 8.2 中列出了几种常用材料在常温、静载下 σ_s、σ_b 和 δ_5 的数值。

表 8.2 我国常用工程材料的主要力学性能

材料名称	牌号	屈服强度 σ_s/MPa	抗拉强度 σ_b/MPa	δ_5/%
普通碳素钢	Q235	216~235	373~461	25~27
	Q255	255~274	490~608	19~21
优质碳素结构钢	40	333	569	19
	45	353	598	16
普通低合金结构钢	Q345	274~343	471~510	19~21
	Q390	333~412	490~549	17~19
合金结构钢	40Cr	540	835	10
	50Cr	785	980	9
碳素铸钢	ZG270-500	274	490	18
可锻铸铁	kTZ45-5	274	441	5
	kTZ70-2	539	687	2
球墨铸铁	QT40-10		392	10
	QT45-5		441	5
	QT60-2		588	2
灰铸铁	HT150		450	10

注：表中 δ_5 是指 $l_0 = 5a_0$ 时标准试件的延伸率。

8.4 轴向拉压杆的强度计算

8.4.1 许用应力与安全系数

由上节可知,任何一种材料所能承受的应力总是有一定限度的,超过这一限度,材料就会发生破坏。我们把某种材料所能承受应力的这个限度称为该种材料的**极限应力**,用 σ^0 表示。

塑性材料的应力达到屈服极限 σ_s 时,将出现显著的塑性变形,构件将不能正常工作;脆性材料的应力达到强度极限 σ_b 时,构件将会断裂。因此工程上将这两种情况规定为不能承担荷载的破坏标志,是不允许发生的。对塑性材料而言,屈服极限就是它的极限应力,即

$$\sigma^0 = \sigma_s$$

对脆性材料而言,强度极限就是它的极限应力,即

$$\sigma^0 = \sigma_b$$

在进行构件设计时,有许多情况难以准确估计,另外,构件使用时还要留有必要的强度储备。为此,工程上规定将极限应力 σ^0 除以一个大于1的系数 n 作为构件工作时所允许产生的最大应力,称为**许用应力**,用 $[\sigma]$ 表示,即

$$[\sigma] = \frac{\sigma^0}{n} \qquad (8-11)$$

n 称为**安全因数**。由于脆性材料破坏时没有显著的变形"预兆",而塑性材料的应力达到 σ_s 时构件也不至于断裂,因此脆性材料的安全系数比塑性材料的大。实际工程中,一般取 $n_s = 1.4 \sim 1.7, n_b = 2.5 \sim 3.0$。材料的许用应力可从有关的设计规范中查出。

安全因数的确定是一个比较复杂的问题,取值过大,许用应力就小,可增加安全储备,但

用料也增多；反之，安全因数过小，许用应力就高，安全储备就要减少。一般确定安全因数时应考虑以下因素：荷载的可能变化，对材料均匀性估计的可靠程度，应力计算方法的近似程度，构件的工作条件及重要性等。

8.4.2 轴向拉压杆的强度条件

构件工作时，由荷载所引起的实际应力称为**工作应力**。为了保证拉、压杆件在外力作用下能够安全、正常地工作，要求杆件横截面上的最大工作应力不得超过材料的许用应力，即

$$\sigma_{\max} = \frac{F_N}{A} \leqslant [\sigma] \tag{8-12}$$

式(8-12)称为拉、**压杆的强度条件**。

杆件的最大工作应力 $\sigma_{\max}$ 通常发生在危险截面上。对承受轴向拉、压荷载的等截面直杆，轴力最大的截面就是危险截面；对轴力不变而横截面变化的杆，面积最小的截面是危险截面。

若已知 F_N、A、$[\sigma]$ 中的任意两个量，即可由式(8-12)求出第三个未知量。利用强度条件，可以解决以下三类问题。

（1）**强度校核** 已知 A、$[\sigma]$ 及构件承受的荷载，可用式(8-12)验算杆内最大工作应力是否满足 $\sigma_{\max} \leqslant [\sigma]$，如果满足则构件具有足够的强度；否则，强度不够。

（2）**截面设计** 已知构件所承受的荷载、材料的许用应力 $[\sigma]$，可由式(8-12)求得构件所需的最小横截面面积，即 $A \geqslant F_N/[\sigma]$。

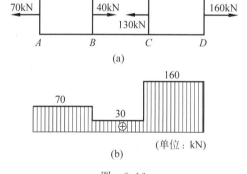

图 8.16

（3）**确定许可荷载** 已知构件的横截面面积 A 及材料的许用应力 $[\sigma]$，由式(8-12)可求得构件所能承受的最大轴力，即 $[F_N] \leqslant A[\sigma]$。

然后可以根据 $[F_N]$ 确定构件的许用荷载 $[F]$。

例 8.6 一直杆受力情况如图 8.16(a)所示。已知直杆的横截面面积 $A=10\text{cm}^2$，材料的容许应力 $[\sigma]=160\text{MPa}$，试校核此杆的强度。

解 解题思路：先画轴力图，确定最危险截面的轴力 $F_{N\max}$，验算是否满足式(8-12)。

解题过程：首先绘出直杆的轴力图，如图 8.16(b)所示。由于是等直杆，因此产生最大内力的 CD 段的截面是危险截面，由强度条件得

$$\sigma_{\max} = \frac{F_{N\max}}{A} = \frac{160 \times 10^3}{10 \times 10^{-4}} \text{Pa} = 160 \times 10^6 \text{Pa} = 160 \text{MPa} = [\sigma]$$

所以满足强度条件。

例 8.7 如图 8.17(a)所示，斜杆 AB、横梁 CD 及墙体之间均为铰接，各杆自重不计，在 D 点受集中荷载 $F=10\text{kN}$ 作用。

（1）若斜杆为木杆，横截面面积 $A=4\,900\text{mm}^2$，许用应力 $[\sigma]=6\text{MPa}$，试校核斜杆的强度。

（2）若斜杆为锻钢圆杆，$[\sigma]=120\text{MPa}$，求斜杆的截面尺寸。

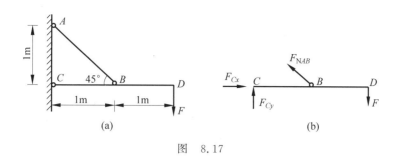

图 8.17

解 解题思路：

(1) 先计算 AB 杆轴力，再用式(8-12)校核，满足者，强度够；不满足者，强度不够。

(2) 先利用式(8-12)求出面积 A，再利用圆面积公式 $A=\dfrac{\pi d^2}{4}$ 求直径 d。

解题过程：计算斜杆的内力。斜杆在 A、B 处铰接，为二力杆。设斜杆受拉，它对 CD 梁的拉力用 F_{NAB} 表示。

取 CD 梁为研究对象（图 8.17(b)），由平衡方程 $\sum M_C=0$，有

$$1\times F_{NAB}\sin 45°-2\times F=0$$

$$F_{NAB}=\dfrac{2F}{\sin 45°}=2\sqrt{2}\times 10\text{kN}\approx 28.3\text{kN}(\text{受拉})$$

(1) 当斜杆为木杆时，作强度校核。

截面应力

$$\sigma=\dfrac{F_{NAB}}{A}=\dfrac{28.3\times 10^3}{4\,900}\text{MPa}\approx 5.78\text{MPa}<[\sigma]=6\text{MPa}$$

故斜杆满足强度要求。

(2) 当斜杆为锻钢圆杆时，求截面尺寸。

由强度条件式(8-12)，得

$$\sigma_{\max}=\dfrac{F_{N\max}}{A}=\dfrac{F_{NAB}}{A}\leqslant[\sigma]$$

故面积为

$$A\geqslant\dfrac{F_{NAB}}{[\sigma]}=\dfrac{28.3\times 10^3}{120}\text{mm}^2\approx 235.8\text{mm}^2$$

由于圆杆横截面面积

$$A=\dfrac{\pi d^2}{4}$$

故直径 d 为

$$d\geqslant\sqrt{\dfrac{4A}{\pi}}=\sqrt{\dfrac{4\times 235.8}{\pi}}\text{mm}\approx 17.33\text{mm}$$

取 $d=18\text{mm}$。

例 8.8 如图 8.18(a)所示正方形等截面石柱，容重 $\gamma=22\text{kN/m}^3$，许用应力 $[\sigma]=1\text{MPa}$，柱高 $H=10\text{m}$，柱顶有轴心压力 $F=300\text{kN}$，试按强度条件确定柱的截面尺寸。

解 解题思路：因考虑柱的自重，轴力沿轴在变化，取上段为脱离体，利用平衡条件求出轴力表达式，再确定最大轴力，运用式(8-12)计算出截面尺寸。

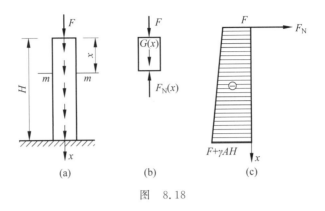

图 8.18

解题过程：

(1) 计算柱的轴力。

柱某一截面的压力由外力 F 和该面以上石柱的自重引起，所以从上到下各截面的压力是变化的。用截面法求距柱顶为 x 处截面的压力 $F_N(x)$。将柱沿 m—m 截面假想截开，取上段为研究对象(图 8.18(b))。设柱横截面面积为 A，由平衡方程有

$$-F_N(x) + F + G(x) = 0$$

得

$$F_N(x) = F + G(x) = F + \gamma A x$$

由上式知，$F_N(x)$ 是 x 的一次函数，轴力图为一条斜直线，在柱顶截面，$x=0$，$F_N=F$；在柱底截面，$x=H$，$F_N(x)=F+\gamma AH$。由轴力图(图 8.18(c))知，最大轴力发生在柱底截面上。

(2) 计算柱的截面尺寸。

由强度条件式(8-12)有

$$\sigma_{max} = \frac{F_{Nmax}}{A} = \frac{F+\gamma AH}{A} = \frac{F}{A} + \gamma H \leqslant [\sigma]$$

得面积为

$$A \geqslant \frac{F}{[\sigma]-\gamma H} = \frac{300 \times 10^3}{10^6 - 22 \times 10^3 \times 10} \text{m}^2 \approx 0.385 \text{m}^2$$

则边长

$$a = \sqrt{A} = \sqrt{0.385} \text{ m} \approx 0.62 \text{m}$$

取 $a=0.65\text{m}=650\text{mm}$

例 8.9 起重机如图 8.19(a)所示，已知起重机的起重量 $F=40\text{kN}$，绳索 AB 的许用应力 $[\sigma]=45\text{MPa}$，试根据绳索的强度条件选择其直径 d。

解 解题思路：先利用平衡方程 $M_C=0$ 求绳索轴力，再利用式(8-12)求绳索直径。

解题过程：先求绳索 AB 的轴力。取 BCD 为研究对象，受力图如图 8.19(b) 所示，列平衡方程 $\sum M_C = 0$，由

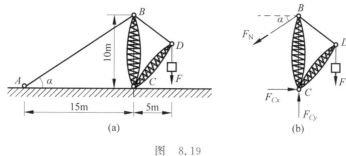

图 8.19

$$F_N \cos\alpha \times 10 - F \times 5 = 0$$

得

$$F_N = \frac{40 \times 5}{10\cos\alpha} \quad (a)$$

因为

$$AB = \sqrt{10^2 + 15^2}\,\mathrm{m} \approx 18.03\mathrm{m}$$

所以

$$\cos\alpha = \frac{15}{18.03} \approx 0.832$$

代入式(a)得

$$F_{Nmax} = \frac{40 \times 5}{10 \times 0.832}\mathrm{kN} \approx 24.04\mathrm{kN}$$

再由强度条件求绳索的直径：

$$\sigma_{max} = \frac{F_{Nmax}}{A} = \frac{F_{Nmax}}{\frac{1}{4}\pi d^2} \leqslant [\sigma]$$

故绳索直径 d 为

$$d \geqslant \sqrt{\frac{4F_{Nmax}}{\pi[\sigma]}} = \sqrt{\frac{4 \times 24.04 \times 10^3}{3.14 \times 45 \times 10^6}}\mathrm{m} \approx 0.026\mathrm{m} = 26\mathrm{mm}$$

例 8.10 在图 8.20 所示支架中，AB 为刚性杆，BC 为直径 $d=20\mathrm{mm}$ 的钢杆，许用应力 $[\sigma]=160\mathrm{MPa}$，在杆 AB 中间作用一外力 F，试求许可荷载 $[F]$。

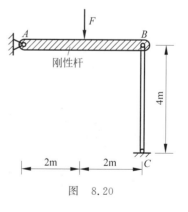

解 解题思路：以 AB 为研究对象，利用平衡条件 $\sum M_A = 0$ 求出 F_{NBC}，利用式(8-12)求出 $[F]$。

解题过程：

(1) 取 AB 为研究对象，由 $\sum M_A = 0$ 有

$$F_{NBC} = \frac{F}{2} \quad (a)$$

图 8.20

(2) 由式 $[F_{NBC}] \leqslant [\sigma]A$ 有

$$[F_{NBC}] = [\sigma]A = 160 \times \frac{\pi \times 20^2}{4}\mathrm{N} = 50.24\mathrm{kN}$$

故由式(a)有

$$[F] = 2[F_{NBC}] = 2 \times 50.24\mathrm{kN} = 100.48\mathrm{kN}$$

例 8.11 如图 8.21(a)所示为一个三铰支架,已知①杆为直径 $d=14$mm 的钢圆杆,许用应力$[\sigma]_1=160$MPa,②杆为边长 $a=100$mm 的正方形杆,$[\sigma]_2=10$MPa,在结点 B 处挂一重物 F,求许用荷载$[F]$。

解 解题思路:取结点 B 为研究对象,利用平面汇交力系的平衡条件求二杆轴力,再分别用式(8-12)求许用荷载,其最小者为支架许用荷载。

解题过程:

(1) 计算杆的轴力。

取结点 B 为研究对象(图 8.21(b)),列平衡方程:

$$\sum F(x)=0, \quad -F_{N1}-F_{N2}\cos\alpha=0; \quad \sum F_y=0, \quad -F-F_{N2}\sin\alpha=0$$

式中 α 由几何关系 $\tan\alpha=\dfrac{2}{1.5}\approx 1.333$,得 $\alpha\approx 53.13°$。

解方程得

$$F_{N1}=0.75F(拉), \quad F_{N2}=-1.25F(压)$$

(2) 计算许用荷载。

先根据①杆的强度条件计算①杆能承受的许用荷载$[F]_1$:

$$\sigma_1=\frac{F_{N1}}{A_1}=\frac{0.75F}{A_1}\leqslant [\sigma]_1$$

$$[F]_1\leqslant \frac{A_1[\sigma]_1}{0.75}=\frac{\frac{1}{4}\times 3.14\times 14^2\times 160}{0.75}\text{N}\approx 3.28\times 10^4\text{N}=32.8\text{kN}$$

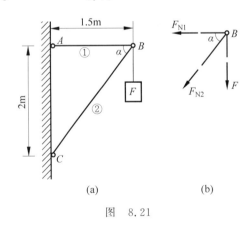

图 8.21

再根据②杆的强度条件计算②杆能承受的许用荷载$[F]_2$:

$$\sigma_2=\frac{F_{N2}}{A_2}=\frac{1.25F}{A_2}\leqslant [\sigma]_2$$

$$[F]_2\leqslant \frac{A_2[\sigma]_2}{1.25}=\frac{100^2\times 10}{1.25}\text{N}=8\times 10^4\text{N}=80\text{kN}$$

比较两次所得的许用荷载,取其较小者,故整个支架的许用荷载为$[F]\leqslant 32.8$kN。

8.5 应力集中及其利弊

8.5.1 应力集中的概念

由前面计算可知,等截面直杆轴向拉伸和压缩时,横截面上的应力是均匀分布的。但是工程上由于实际的需要,常在一些构件上钻孔、开槽以及制成阶梯形等,以致截面的形状和尺寸突然发生较大的改变。实验和理论研究表明,构件在截面突变处的应力不再是均匀分布的。例如图 8.22(a)所示开有圆孔的直杆受到轴向拉力时,在圆孔附近的局部区域内应力的数值剧烈增加,而在稍远的地方应力迅速降低而趋于均匀。又如图 8.22(b)所示具有明显粗细过渡的圆截面拉杆,在靠近粗细过渡处应力很大,在粗细过渡的横截面上其应力分布如图 8.22(b)所示。

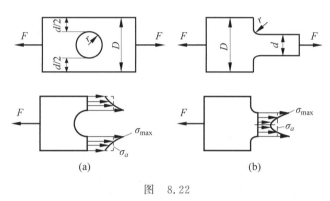

图 8.22

力学中,把物体上由于几何形状的局部变化而引起该局部应力明显增高的现象称为**应力集中**。应力集中的程度用**应力集中因数**描述。所谓应力集中因数,是指应力集中处横截面上的最大正应力 σ_{max} 与不考虑应力集中时的应力 σ_a 之比,用 K 来表示,即

$$K = \frac{\sigma_{max}}{\sigma_a} \tag{8-13}$$

8.5.2 应力集中的利弊及其应用

应力集中是生活、生产中常遇到的现象,它有利也有弊。例如在生活中,差不多每个人都有喝易拉罐饮料的经历,用手拉住罐顶的小拉片,稍一用力,随着"砰"的一声,易拉罐便被打开了,这便是"应力集中"在帮你的忙。注意一下易拉罐顶部,可以看到在小拉片周围有一小圈细长卵形的刻痕,正是这一圈刻痕使得我们在打开易拉罐时轻轻一拉便在刻痕处产生了很大的应力(产生了应力集中)。如果没有这一圈刻痕,要打开易拉罐就不那么容易了。

现在许多食品都用塑料袋包装,在这些塑料袋离封口不远处的边上,常会看到一个三角形的缺口或一条很短的切缝,在这些缺口和切缝处撕塑料袋时,会在缺口和切缝的根部产生很大的应力,因此稍一用力就可以把塑料袋沿缺口或切缝撕开。如果塑料袋上没有这样的缺口或切缝,则打开时多半要借助于剪刀了。

布店的售货员在扯布前先在扯布处剪一个小口子也是为了在扯布时造成应力集中,便

于扯开布。

劈柴时,在劈缝尖端处也存在应力集中。砍树时,在接近树的根部砍一个三角形的口子,再用力一推,树就会在三角形口处断裂。

玻璃店在切割玻璃时,先用金刚石刀在玻璃表面划一刀痕,再把刀痕两侧的玻璃轻轻一掰,玻璃就沿刀痕断开。这也是由于在刀痕处产生了应力集中。

再如在生产中,圆轴是我们几乎处处能见到的一种构件,如汽车的变速箱里便有许多根传动轴。一根轴通常在某一段较粗,在某一段较细,若在粗细段的过渡处有明显的台阶,如图 8.23(a)所示,则在台阶的根部会产生比较大的应力集中,根部越尖锐,应力集中系数越大。所以在轴的粗、细过渡台阶处,尽可能做成光滑的圆弧过渡,如图 8.23(b)所示,这样可明显降低应力集中系数,提高轴的使用寿命。

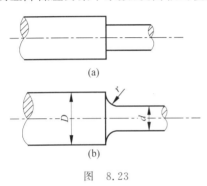

图 8.23

材料的不均匀,材料中微裂纹的存在,也会导致应力集中,导致宏观裂纹的形成、扩展,直至构件的破坏。如何生产均匀、致密的材料,一直是材料科学家的奋斗目标之一。

在构件设计时,为避免几何形状的突然变化,应尽可能做到光滑、逐渐过渡。构件中若有开孔,可对孔边进行加强(例如增加孔边的厚度),开孔、开槽尽可能做到对称等,都可以有效地降低应力集中,各行业的工程师们已经在长期的实践中积累了丰富的经验。但由于材料中的缺陷(夹杂、微裂纹等)不可避免,应力集中也总是存在,对结构进行定时检测或跟踪检测,特别是对结构中应力集中的部位进行检测,对发现的裂纹部位进行及时加强、修理,消灭隐患于未然,在工程中十分重要。例如机械设备要进行定期的检测与维修就是这个道理。

另外,应力集中对构件强度的影响随构件材料性能不同而异。当构件截面有突变时会在突变部分发生应力集中现象,截面应力呈不均匀分布(图 8.24(a))。继续增大外力时,塑性材料构件截面上的应力最高点首先到达屈服极限 σ_s(图 8.24(b))。若再继续增加外力,该点的应力不会增大,只是应变增加,其他点处的应力继续提高,以保持内外力平衡。外力不断加大,截面上到达屈服极限的区域也逐渐扩大(图 8.24(c)、(d)),直至整个截面上各点应力都达到屈服极限,构件才丧失工作能力。因此,由塑性材料制成的构件,尽管有应力集中,却并不显著降低它抵抗荷载的能力,所以在强度计算中可以不考虑应力集中的影响。但脆性材料就不同了,脆性材料没有屈服阶段,当应力集中处的最大应力达到材料的强度极限时,将导致构件的突然断裂,大大降低了构件的承载能力。

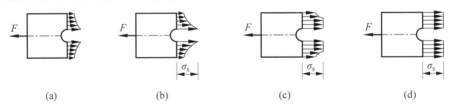

图 8.24

因此,用脆性材料制成的构成,即使在静载作用下,也应考虑应力集中的影响。

复习思考题

1. 何谓应力?它的常用单位是什么?
2. 两根材料不同、截面面积相同的杆,受同样的轴向拉力作用时,它们的应力是否相同?
3. 轴力和截面面积相等,而材料和截面形状不同的两根拉杆,在应力均匀分布的条件下,它们的应力是否相同?
4. 何谓纵向变形?何谓横向变形?二者有什么关系?
5. 在拉压杆中,轴力最大的截面一定是危险截面,这种说法对吗?为什么?
6. 低碳钢在拉伸试验中表现为哪几个阶段?有哪些特征点?怎样从 σ-ε 曲线上求出拉压弹性模量 E 的值?
7. 3 根材料不同但尺寸相同的杆,它们的 σ-ε 曲线如图 8.25 所示。问哪种材料的强度高?哪种材料的刚度大?哪种材料的塑性好?
8. 现有低碳钢和铸铁两种材料杆,如图 8.26 所示,若图中杆②选用低碳钢,杆①选用铸铁,你认为是否合理?为什么?

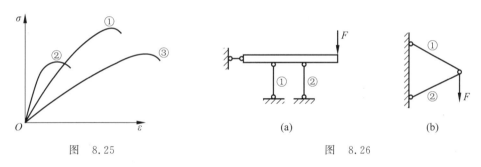

图 8.25　　　　　　　　图 8.26

9. 已知低碳钢的弹性极限 $\sigma_e=200\text{MPa}$。弹性模量 $E=200\text{GPa}$。现有一低碳钢试件,其应变 $\varepsilon=0.002$,问能否按下式计算试件的应力?
$$\sigma = E\varepsilon = 200 \times 10^3 \times 0.002 \text{MPa} = 400 \text{MPa}$$

10. 材料的塑性如何衡量?何谓塑性材料?何谓脆性材料?塑性材料和脆性材料的力学特性有哪些主要区别?
11. 胡克定律有几种表达形式?其应用条件是什么?
12. 指出下列概念的区别:
    (1) 线应变和延伸率。
    (2) 工作应力、极限应力和许用应力。
    (3) 屈服极限和强度极限。
13. 拉压强度条件是什么?利用此强度条件可进行哪几类问题的计算?
14. 何谓应力集中?它有什么利弊?

练习题

1. 如图 8.27 所示为一等直杆,当截面为 50mm×50mm 的正方形时,试求杆中各段横截面上的正应力。

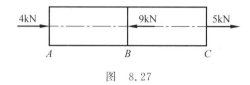

图 8.27

2. 如图 8.28 所示为阶梯状直杆,如横截面的面积 $A_1=200\text{mm}^2$,$A_2=300\text{mm}^2$,$A_3=400\text{mm}^2$,求各横截面上的正应力。

3. 如图 8.29 所示为一高 10m 的石砌桥墩,其横截面尺寸如图中所示。已知轴向压力 $F=800\text{kN}$,材料的容重 $\gamma=23\text{kN/m}^3$,试求桥墩底面上压应力的大小。

4. 如图 8.30 所示为一承受轴向拉力 $F=10\text{kN}$ 的等直杆,已知杆的横截面面积 $A=100\text{mm}^2$,试求 $\alpha=0°,30°,60°,90°$ 的各斜截面上的正应力和切应力。

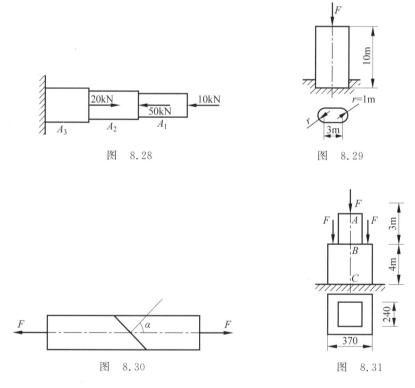

5. 如图 8.31 所示为一方形截面砖柱,上段柱边长为 240mm,下段柱边长为 370mm。荷载 $F=40\text{kN}$,不计自重,材料的弹性模量 $E=0.03\times10^5\text{MPa}$,试求砖柱顶面的位移。

6. 为了测定钢材的弹性模量 E 值,将钢材加工成直径 $d=10\text{mm}$ 的试件,放在实验机上拉伸,当拉力 F 达到 15kN 时,测得纵向线应变 $\varepsilon=0.00096$,试求这一钢材的弹性模量。

7. 一根长度 175mm 的钢杆,直径为 20mm,当受到 35kN 压力的作用后,缩短了 0.075mm。试求:

(1) 钢杆的弹性模量 E;

(2) 在 20kN 拉力作用下的伸长。

8. 一阶梯形杆受力情况如图 8.32 所示。已知各段的横截面面积分别为 $A_1 = 800\text{mm}^2$,$A_2 = 400\text{mm}^2$,材料的弹性模量 $E = 200\text{GPa}$,试求杆的总伸长。

9. 如图 8.33 所示,用绳索吊起 $W = 100\text{kN}$ 的重物,绳索的直径 $d = 40\text{mm}$,许用应力 $[\sigma] = 100\text{MPa}$,试校核绳索的强度。

10. 如图 8.34 所示为一支架,杆①为直径 $d = 16\text{mm}$ 的圆形钢杆,许用应力 $[\sigma]_1 = 140\text{MPa}$;杆②为边长 $a = 100\text{mm}$ 的方形截面木杆,许用应力 $[\sigma]_2 = 4.5\text{MPa}$。已知结点 B 处挂一重物 G,$G = 40\text{kN}$,试校核两杆的强度。

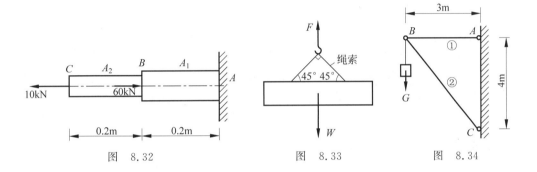

图 8.32   图 8.33   图 8.34

11. 杆件受力如图 8.35 所示,已知 CD 杆为刚性杆,AB 杆为钢杆,AB 杆的直径 $d = 30\text{mm}$,$[\sigma] = 160\text{MPa}$。试求结构的许用荷载 $[F]$。

12. 如图 8.36 所示结构中,杆①为钢杆,$A_1 = 710\text{mm}^2$,材料的 $\sigma_p = 200\text{MPa}$,$\sigma_s = 240\text{MPa}$,$\sigma_b = 400\text{MPa}$,安全因数 $n = 2$。杆②为铸铁,$A_2 = 1\ 260\text{mm}^2$,$\sigma_{b压} = 400\text{MPa}$,$\sigma_{b拉} = 100\text{MPa}$,安全因数 $n = 4$。试求结构的许用荷载 $[F]$。

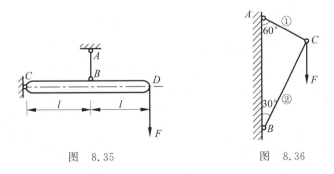

图 8.35   图 8.36

13. 有一两端固定的水平钢丝如图 8.37 中虚线所示。已知钢丝横截面直径 $d = 1\text{mm}$,当在绳中点 C 悬挂一集中荷载 F 以后,钢丝产生弹性变形,其应变为 0.000 9。设钢丝的弹性模量 $E = 200\text{GPa}$。试求:

(1) 钢丝的应力;

(2) 钢丝在 C 点下降的距离；

(3) 此时荷载 F 的值。

14. 滑轮结构如图 8.38 所示。AB 为钢杆，截面为圆形，直径 $d=20\text{mm}$，许用应力 $[\sigma]_1=160\text{MPa}$；BC 为木杆，截面为正方形，边长 $a=60\text{mm}$，许用应力 $[\sigma]_2=12\text{MPa}$。若不考虑绳与滑轮间的摩擦，试求此结构的许用荷载 $[F]$。

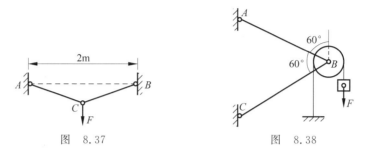

图 8.37　　　　　　　图 8.38

15. 结构受力如图 8.39 所示，杆件 AB、AC 均由等边角钢制成。已知材料的许用应力 $[\sigma]=170\text{MPa}$。试选择 AB、AD 杆的截面型号。

16. 如图 8.40 所示起重架，在 D 点作用荷载 $F=30\text{kN}$，若杆 AD、ED、AC 的许用应力分别为 $[\sigma]_1=40\text{MPa}$，$[\sigma]_2=100\text{MPa}$，$[\sigma]_3=100\text{MPa}$，试求 3 根杆所需的截面面积。

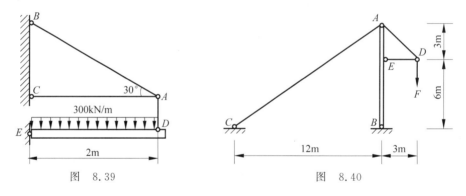

图 8.39　　　　　　　图 8.40

17. 如图 8.41 所示为一雨篷的结构计算简图。水平梁 AB 受到均布荷载 $q=10\text{kN/m}$ 的作用，B 端用圆钢杆 BC 拉住，钢杆的许用应力 $[\sigma]=160\text{MPa}$，试选择钢杆的直径。

18. 悬臂吊车如图 8.42 所示，小车可以在 AB 梁上移动，斜杆 AC 的截面为圆形，直径 $d=70\text{mm}$，许用应力 $[\sigma]=170\text{MPa}$，已知小车荷载 $F=200\text{kN}$，试校核杆 AC 的强度。

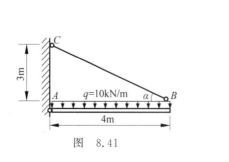 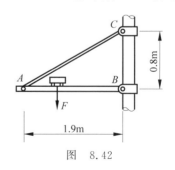

图 8.41　　　　　　　图 8.42

19. 如图 8.43 所示吊架中,拉杆 AB 用直径 $d=6$mm 的钢筋制成,已知 $[\sigma]=170$MPa,试求最大的容许荷载 q。

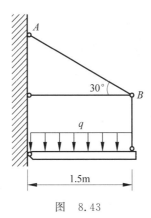

图 8.43

练习题参考答案

1. $\sigma_{AB}=-1.6$MPa,$\sigma_{BC}=2$MPa。

2. $\sigma_1=-50$MPa,$\sigma_2=-200$MPa,$\sigma_3=-100$MPa。

3. $\sigma=-0.32$MPa。

4. $\alpha=0°$时: $\sigma_\alpha=50$MPa, $\tau_\alpha=0$;
   $\alpha=30°$时: $\sigma_\alpha=43.3$MPa, $\tau_\alpha=25$MPa;
   $\alpha=60°$时: $\sigma_\alpha=25$MPa, $\tau_\alpha=43.3$MPa;
   $\alpha=90°$时: $\sigma_\alpha=0$, $\tau_\alpha=50$MPa。

5. $\Delta l=-1.86$mm(向下)。

6. $E=199$GPa。

7. (1) $E=259.7$GPa;(2) $\Delta l=0.043$mm。

8. $\Delta l=0.075$mm。

9. $\sigma=56.28$MPa$<[\sigma]$,安全。

10. $\sigma_1=149.2$MPa$>[\sigma]_1$,不安全;$\sigma_2=3$MPa$<[\sigma]_2$,安全;总起来讲不安全。

11. $[F]=56.5$kN。

12. $[F]=145.5$kN。

13. (1) $\sigma=180$MPa;(2) $\Delta C=42.5$mm;(3) $F=11.99$N。

14. $[F]=21.6$kN。

15. AB 杆 2L100×10,AD 杆 2L80×6。

16. $A_{AD}=1060$mm^2,$A_{AC}=125$mm^2,$A_{ED}=300$mm^2。

17. 取 $d=17$mm。

18. 安全。

19. $q=3.21$kN/m。

第9章 剪切与扭转杆的应力和强度条件

本章学习目标
- 掌握剪切与挤压的实用计算。
- 理解剪切胡克定律和切应力互等定理。
- 了解圆轴扭转时切应力公式的推导过程,掌握切应力强度条件。

剪切与扭转是杆件的两种基本变形。在第 5 章研究过受扭杆的内力和内力图,本章研究这两种基本变形的应力和强度条件。

9.1 剪切与挤压的概念

杆件相互连接时,必须要有起连接作用的部件,简称连接部件,如图 9.1(a)所示铆钉连接中的铆钉和图 9.1(b)所示螺栓连接中的螺栓,它们都是起连接作用的。

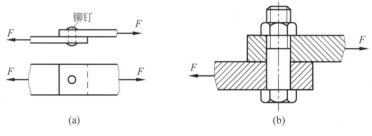

图 9.1

连接部件在受力后的主要变形形式是剪切,其受力特点和变形特点可以用如图 9.2(a)所示剪断钢筋的示意图来说明:作用在钢筋两侧面上的外力 F 大小相等、方向相反、作用线互相平行且相距很近,介于两作用力之间的各截面沿着与力 F 作用线平行的方向发生错动,如图 9.2(b)中虚线所示,发生相对错动的截面称为剪切面。

构件在受剪切的同时,在两构件的接触面上由于相互压紧会产生局部受压,称为挤压。如图 9.3 所示的铆钉连接中,作用在钢板上的拉力 F 通过钢板与铆钉的接触面传递给铆钉,接触面上就产生了挤压。两构件的接触面称为挤压面,作用于接触面上的压力称为挤压力,挤压面上的压应力称为挤压应力。当挤压力过大时,孔壁边缘将受压起"皱",铆钉局部压"扁",使圆孔变成椭圆,连接松动,这就是挤压破坏。因此,对连接部件除了进行剪切强度计算外,还需要进行挤压强度计算。

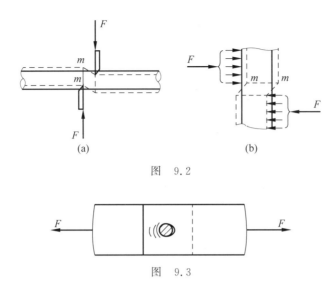

图 9.2

图 9.3

9.2 剪切与挤压的实用计算

9.2.1 剪切的实用计算

下面以螺栓连接为例，介绍剪切强度的计算方法。要对构件进行剪切强度计算，应先计算剪切面上的内力。假想将螺栓沿其剪切面 $m—m$ 截开为上下两部分，任取其中一部分作为研究对象，如图 9.4(a)所示。根据平衡条件，在剪切面上必然有与外力 F 大小相等、方向相反的内力存在，这种内力称为剪力，用 F_S 表示，即 $F_S=F$。

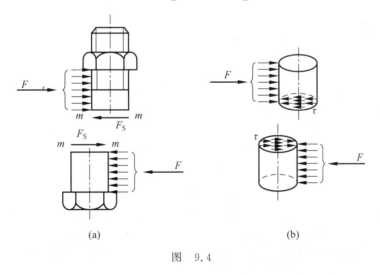

图 9.4

剪力是剪切面上分布内力的合力，剪切面上分布内力的集度用 τ 表示，称为切应力。切应力在剪切面上的分布情况十分复杂，工程上通常采用建立在实验基础上的实用计算方法来计算切应力，即假定剪切面上的切应力均匀分布，因此有

$$\tau = \frac{F_S}{A} \tag{9-1}$$

式中，A——剪切面面积；

F_S——剪切面上的剪力。

为了保证构件在工作时不发生剪切破坏，必须要求构件的工作切应力不得超过材料的许用切应力$[\tau]$，由此可得剪切强度条件为

$$\tau = \frac{F_S}{A} \leqslant [\tau] \tag{9-2}$$

许用切应力$[\tau]$由剪切试验测定。各种材料的许用切应力可从有关手册中查得。

9.2.2 挤压的实用计算

在挤压面上有挤压力，由挤压力引起的应力称为挤压应力，用σ_c表示。挤压应力在挤压面上的分布也十分复杂，如图9.5(a)所示，工程上同样采用实用计算法，即假定在挤压面上的挤压应力均匀分布，因此

$$\sigma_c = \frac{F_c}{A_c} \tag{9-3}$$

式中，F_c——挤压面上的挤压力；

A_c——挤压面的计算面积。

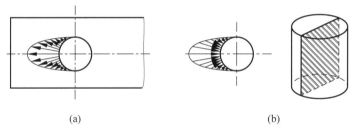

图 9.5

当接触面为平面时，接触面的面积就是挤压计算面积；当接触面为半圆柱面时，则取圆柱体的直径平面作为计算挤压面面积，如图9.5(b)所示。这样计算所得的挤压应力和实际最大挤压应力值非常接近。由此可建立挤压强度条件为

$$\sigma_c = \frac{F_c}{A_c} \leqslant [\sigma_c] \tag{9-4}$$

式中，$[\sigma_c]$为材料的许用挤压应力，由试验测得。

工程中常用材料的许用挤压应力可从有关手册或规范中查得。由于挤压时只在局部范围内引起塑性变形，周围没有发生塑性变形的材料将会阻止变形的扩展，从而提高了材料抵抗挤压的能力，因此，许用挤压应力$[\sigma_c]$通常比许用压应力$[\sigma]$高，为它的1.7~2.0倍。

例9.1 如图9.6所示螺栓承受拉力F作用，已知材料的许用切应力$[\tau]$和拉伸的许用应力$[\sigma]$之间的关系约为：$[\tau]=0.6[\sigma]$。试求螺栓直径d和螺栓头部高度h的合理比值。

解 解题思路：先计算螺栓横截面上的正应力及螺栓头部的切应力，然后由许用正应力与许用切应力的关系求出 d 和 h 的合理比值。

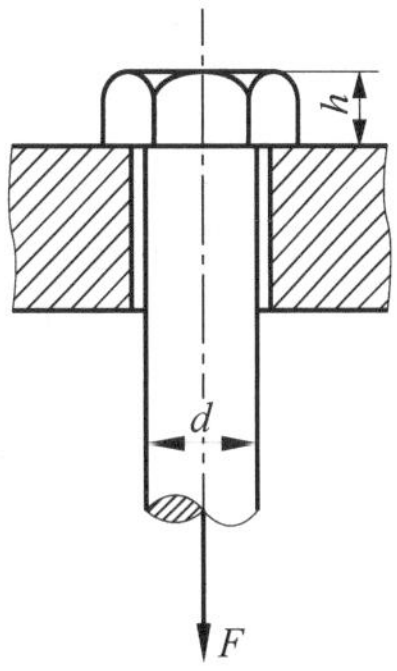

解题过程：当螺栓的工作拉应力达到许用拉应力时，螺栓头部的工作切应力恰好达到许用切应力，这种螺栓的直径 d 和螺栓头部高度 h 的比值即为合理比值。

由拉伸强度条件得

$$\sigma = \frac{F}{A_1} = \frac{F}{\pi d^2/4} = \frac{4F}{\pi d^2} = [\sigma]$$

由剪切强度条件得

$$\tau = \frac{F_S}{A} = \frac{F}{\pi dh} = [\tau] = 0.6[\sigma]$$

故

$$\frac{\tau}{\sigma} = \frac{F/\pi dh}{4F/\pi d^2} = \frac{d}{4h} = 0.6$$

因此，螺栓直径 d 和螺栓头部高度 h 的合理比值为

$$\frac{d}{h} = 2.4$$

图 9.6

例 9.2 如图 9.7 所示为一铆钉接头，已知板厚 $t = 10 \text{mm}$，板宽 $b = 100 \text{mm}$，铆钉直径 $d = 16 \text{mm}$，许用切应力 $[\tau] = 100 \text{MPa}$，许用挤压应力 $[\sigma_c] = 320 \text{MPa}$，板的许用拉应力 $[\sigma] = 170 \text{MPa}$。试计算板的许可荷载。

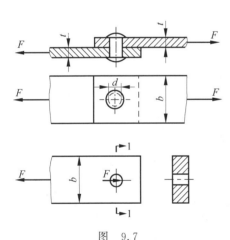

图 9.7

解 解题思路：分别计算出使板不发生拉伸破坏、铆钉不发生剪切破坏以及接触部位不发生挤压破坏的最大拉力 F，三者中最小值就是板的许可荷载。

解题过程：连接部件可能会出现三种破坏形式：铆钉被剪断；铆钉或板发生挤压破坏；板由于钻孔，截面被削弱，在削弱截面处被拉断。要使连接部件安全可靠，必须同时满足上述三种形式的强度条件。

（1）考虑铆钉的剪切强度。

剪切面上的剪力为

$$F_S = F$$

由式(9-2)得

$$\tau = \frac{F_S}{A} = \frac{F}{\pi d^2/4} \leqslant [\tau]$$

因此，满足剪切强度条件的许可荷载为

$$[F_1] = \frac{\pi d^2 [\tau]}{4} = \frac{3.14 \times 16^2 \times 100}{4} \text{N} \approx 20.1 \times 10^3 \text{N} = 20.1 \text{kN}$$

(2) 考虑挤压强度。

铆钉与孔壁的挤压力为

$$F_c = F$$

由式(9-4)得

$$\sigma_c = \frac{F_c}{A_c} = \frac{F}{dt} \leqslant [\sigma_c]$$

因此,满足挤压强度的许可荷载为

$$[F_2] = dt[\sigma_c] = 16 \times 10 \times 320 \text{N} = 51.2 \times 10^3 \text{N} = 51.2 \text{kN}$$

(3) 考虑板的抗拉强度。

截面1—1上的轴力为

$$F_N = F$$

由拉伸强度条件得

$$\sigma = \frac{F_N}{A_{1-1}} = \frac{F}{(b-d)t} \leqslant [\sigma]$$

因此,满足抗拉强度条件的许可荷载为

$$[F_3] = (b-d)t[\sigma] = (100-16) \times 10 \times 170 \text{N} = 142.8 \times 10^3 \text{N} = 142.8 \text{kN}$$

综合考虑上述三方面,该铆钉接头的许可荷载为

$$[F] = [F_1] = 20.1 \text{kN}$$

9.3 剪切胡克定律与切应力互等定理

9.3.1 剪切胡克定律

杆件发生剪切变形时,杆内与外力平行的截面会产生相对错动,如图9.8(a)所示。在杆件受剪部位中的某点A取一微小的正六面体,并将其放大,如图9.8(b)所示。剪切变形时,在切应力作用下,截面发生相对错动,使正六面体变为斜平行六面体。图中线段ee'(或ff')为平行于外力F的面$efhg$相对面$abdc$的滑移量,称为绝对剪切变形。相对剪切变形为

$$\frac{ee'}{\mathrm{d}x} = \tan\gamma \approx \gamma$$

相对剪切变形称为切应变或角应变,显然切应变γ是矩形直角的微小改变量,其单位为弧度。

τ与γ的关系类似于σ与ε的关系。实验证明,当切应力不超过材料的比例极限τ_p时,切应力τ与切应变γ成正比,如图9.8(c)所示,即

$$\tau = G\gamma \tag{9-5}$$

该式称为剪切胡克定律。式中G称为材料的剪切弹性模量,G越大表示材料抵抗剪切变形的能力越强,它反映了材料抵抗剪切变形能力的大小,是材料的刚度指标,其单位与应力相同,常采用GPa。各种材料的G值均由实验测定。对于各向同性材料,其弹性模量E、剪切弹性模量G和泊松比ν三者之间的关系为

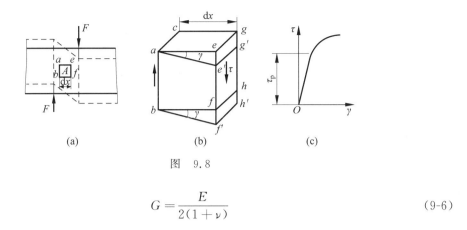

图 9.8

$$G = \frac{E}{2(1+\nu)} \tag{9-6}$$

9.3.2 切应力互等定理

现在进一步研究单元体的受力情况。设单元体的边长分别为 dx、dy、dz，如图 9.9 所示，已知单元体左右两侧面上无正应力，只有切应力 τ。这两个面上的切应力数值相等，但方向相反，于是这两个面上的剪力组成一个力偶，其力偶矩为 $(\tau dy dz) dx$。单位体的前、后两个面上无任何应力。因为单元体是平衡的，所以它的上、下两个面上必存在大小相等、方向相反的切应力 τ'，它们组成的力偶矩为 $(\tau' dx dz) dy$，应与左、右面上的力偶平衡，即

$$(\tau' dx dz) dy = (\tau dy dz) dx$$

由此可得

$$\tau' = \tau$$

上式表明，在过一点相互垂直的两个平面上，切应力必然成对存在，且数值相等，方向垂直于两个平面的交线，且同时指向或同时背离这一交线，这一规律称为**切应力互等定理**。

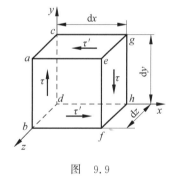

图 9.9

上述单元体的两个侧面上只有切应力，而无正应力，这种受力状态称为纯剪切应力状态。切应力互等定理对于纯剪切应力状态或其他应力状态都是适用的。

9.4 圆轴扭转时横截面上的应力

要分析圆轴扭转时横截面上的应力，需要首先明确横截面上存在什么应力，应力在横截面上如何分布，然后才能推导出应力的计算公式。为此，需要从变形关系、物理关系和静力学关系三方面进行讨论。

取一容易变形的实心圆轴，在其表面任意画上相邻的纵向线和圆周线，如图 9.10 所示。然后在圆轴的两端施加一对大小相等、转向相反、作用面与轴线垂直的外力偶 M_e，使圆轴产生扭转变形。当变形不大时，可以观察到，圆周线的形状、大小以及相邻圆周线间的距离均无变化，仅绕轴线发生了相对转动；而各纵向线仍近似为直线，且都倾斜了一个微小的角

度 γ,使原来的矩形变成了平行四边形。

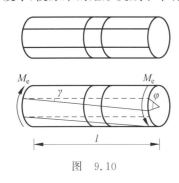

图 9.10

依据观察到的圆轴表面变形现象,可由表及里推测圆轴内部的变形情况,从而对圆轴作出如下假设:圆轴扭转变形前的横截面,变形后仍为平面,且其大小、形状及相邻两截面之间的距离均保持不变,横截面上的半径仍保持为直线,这个假设称为平面假设。按照这个假设,可得出以下结论:由于相邻横截面的间距不变,横截面上各点没有发生轴向变形,因此横截面上没有正应力;相邻横截面绕轴线发生了相对错动,产生了剪切变形,因此在横截面上必然有与剪切变形相对的切应力;又因横截面的半径长度不变,因此切应力的方向必然与半径垂直。

为了分析切应力在横截面上的分布规律,用相邻两横截面从圆轴上截出 dx 微段来研究,如图 9.11 所示。两横截面相对转过的微小角度等于截面上半径 $O_2 a$ 转过的角度 $d\varphi$。圆轴表面的圆周线和纵向线形成的方格产生了相对错动,横截面上距圆心的距离为 ρ 的任一点 e 随着 $O_2 a$ 移到了 e' 点,由此可见此微段的切应变为

$$\gamma_\rho = \rho \frac{d\varphi}{dx} \tag{9-7}$$

式中 $\dfrac{d\varphi}{dx}$ 表示转角的变化率,即单位长度的扭转角,对同一截面为常量。式(9-7)表明,横截面上任意一点的切应变 γ_ρ 与该点到圆心的距离 ρ 成正比,即切应变沿半径呈线性变化。

根据剪切胡克定律,当切应力不超过某一极限时,切应力与切应变成正比。故横截面上任意一点的切应力为

$$\tau_\rho = G\gamma_\rho = G\rho \frac{d\varphi}{dx} \tag{9-8}$$

由式(9-8)及平面假设得,横截面上任意一点的切应力 τ_ρ 与该点到截面圆心的距离 ρ 成正比,切应力的方向垂直于该点处的半径,这就是切应力的分布规律,如图 9.12 所示。当 $\rho = \rho_{max} = R$ 时,$\tau_\rho = \tau_{max}$,即横截面边缘各点的切应力最大。

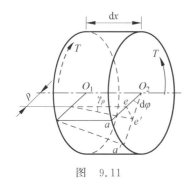

图 9.11

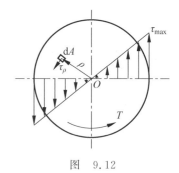

图 9.12

在横截面上距圆心 ρ 处取一微面积 dA,作用在其上的切向微内力 $\tau_\rho dA$ 对圆心的微内力矩为 $\rho\tau_\rho dA$,在整个截面上这些微内力矩之和等于该截面上的扭矩 T,即

$$T = \int_A \rho \tau_\rho \, dA \tag{9-9}$$

将式(9-8)代入式(9-9)得

$$T = \int_A \rho \left(G\rho \frac{d\varphi}{dx} \right) dA = G \frac{d\varphi}{dx} \int_A \rho^2 \, dA \tag{9-10}$$

式中积分 $\int_A \rho^2 \, dA$ 是与圆截面的几何性质有关的量,称为圆截面的极惯性矩,用 I_p 表示,即

$$I_p = \int_A \rho^2 \, dA \tag{9-11}$$

极惯性矩的单位为 m^4、mm^4 等。将式(9-11)代入式(9-10)得

$$\frac{d\varphi}{dx} = \frac{T}{GI_p} \tag{9-12}$$

将式(9-12)代入式(9-8)即得圆轴扭转时横截面上任意一点的切应力计算公式:

$$\tau_\rho = \frac{T\rho}{I_p} \tag{9-13}$$

当 $\rho = R$ 时,即在横截面边缘处,切应力最大:

$$\tau_{max} = \frac{TR}{I_p} \tag{9-14}$$

令

$$W_p = \frac{I_p}{R} \tag{9-15}$$

则

$$\tau_{max} = \frac{T}{W_p} \tag{9-16}$$

W_p 称为扭转截面系数,它和极惯性矩都是只与截面的几何形状和尺寸有关的量。通常可先根据定义用积分法求出截面的极惯性矩,再由式(9-15)得出截面的扭转截面系数。

对于直径为 d 的实心圆截面,在距圆心为 ρ 处取厚度为 $d\rho$ 的圆环作为微面积 dA,如图 9.13(a)所示,则 $dA = 2\pi\rho d\rho$。由式(9-11)可得圆截面对圆心的极惯性矩为

$$I_p = \int_A \rho^2 \, dA = \int_0^{\frac{d}{2}} \rho^2 (2\pi\rho^2) = \frac{\pi d^4}{32} \tag{9-17}$$

由式(9-15)可得扭转截面系数为

$$W_p = \frac{I_p}{R} = \frac{\pi d^4/32}{d/2} = \frac{\pi d^3}{16} \tag{9-18}$$

同理,对于如图 9.13(b)所示的外径为 D、内径为 d、内外径比 $d/D = \alpha$ 的空心圆截面(圆环),其极惯性矩和扭转截面系数分别为

$$I_p = \int_A \rho^2 \, dA = \int_{d/2}^{D/2} \rho^2 (2\pi\rho^2) = \frac{\pi}{32}(D^4 - d^4) = \frac{\pi D^4}{32}(1 - \alpha^4) \tag{9-19}$$

$$W_p = \frac{I_p}{R} = \frac{\frac{\pi D^4}{32}(1 - \alpha^4)}{D/2} = \frac{\pi D^3}{16}(1 - \alpha^4) \tag{9-20}$$

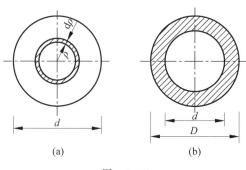

图 9.13

例 9.3 如图 9.14 所示,轴 AB 的转速 $n=360\text{r/min}$,传递的功率 $P=15\text{kW}$。轴的 AC 段为实心圆截面,CB 段为空心圆截面。已知 $D=30\text{mm}$,$d=20\text{mm}$。试计算 AC 段横截面边缘处的切应力以及 CB 段横截面内外边缘处的切应力。

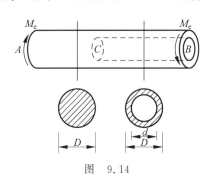

图 9.14

解 解题思路:计算外力偶矩、扭矩,计算极惯性矩,计算切应力。

解题过程:

(1) 计算扭矩。

轴所受的外力偶矩为

$$M_e = 9\,549\frac{P}{n} = 9\,549 \times \frac{15}{360}\text{N}\cdot\text{m} \approx 398\text{N}\cdot\text{m}$$

由截面法,可得各横截面上的扭矩为

$$T = M_e = 398\text{N}\cdot\text{m}$$

(2) 计算极惯性矩。

由式(9-17)及式(9-19),得 AC 段和 CB 段横截面的极惯性矩分别为

$$I_{p1} = \frac{\pi D^4}{32} = \frac{3.14 \times 30^4}{32}\text{mm}^4 \approx 7.95 \times 10^4 \text{mm}^4$$

$$I_{p2} = \frac{\pi D^4}{32} - \frac{\pi d^4}{32} = \left(\frac{3.14 \times 30^4}{32} - \frac{3.14 \times 20^4}{32}\right)\text{mm}^4 \approx 6.38 \times 10^4 \text{mm}^4$$

(3) 计算应力。

由式(9-13),得 AC 段轴在横截面边缘处的切应力为

$$\tau_{AC}^{\text{外}} = \frac{T\cdot D/2}{I_{p1}} = \frac{398 \times 10^3 \times 15}{7.95 \times 10^4} \approx 75\text{MPa}$$

CB 段轴横截面内、外边缘处的切应力分别为

$$\tau_{CB}^{\text{外}} = \frac{T\cdot D/2}{I_{p2}} = \frac{398 \times 10^3 \times 15}{6.38 \times 10^4} \approx 93.6\text{MPa}$$

$$\tau_{CB}^{\text{内}} = \frac{T\cdot d/2}{I_{p2}} = \frac{398 \times 10^3 \times 10}{6.38 \times 10^4} \approx 62.4\text{MPa}$$

9.5 圆轴扭转时的强度条件及其应用

为保证圆轴扭转时能安全、正常地工作,要求轴内的最大切应力不超过材料的许用切应力,因此圆轴扭转时的强度条件为

$$\tau_{\max} = \frac{T}{W_p} \leqslant [\tau] \tag{9-21}$$

式中,T、W_p 分别为危险截面的扭矩和扭转截面系数。许用切应力由扭转试验测定,在静荷载作用下,它与许用拉应力 $[\sigma]$ 有如下近似关系:

对于塑性材料,$[\tau]=(0.5\sim0.6)[\sigma]$;

对于脆性材料,$[\tau]=(0.8\sim1.0)[\sigma]$。

利用圆轴扭转时的强度条件可以解决 3 类问题,即强度校核、设计截面尺寸和确定许可传递的力偶矩或功率。

例 9.4 一传动轴的受力情况如图 9.15(a)所示。已知轴的直径 $d=60$mm,材料的许用切应力 $[\tau]=60$MPa,试校核该轴的强度。

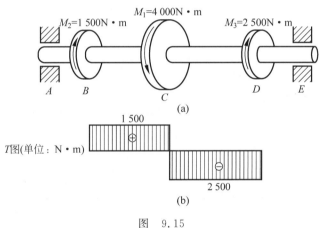

图 9.15

解 解题思路:绘制扭矩图、求最大扭矩、计算最大切应力、校核强度。

解题过程:

(1) 绘制扭矩图(图 9.15(b))。由扭矩图可知,CD 段各截面的扭矩最大,为

$$T_{\max} = 2\,500\text{N} \cdot \text{m}$$

(2) 校核强度。

该圆轴的最大切应力发生在 CD 段各横截面的边缘处,由式(9-16)计算,得

$$\tau_{\max} = \frac{T_{\max}}{W_p} = \frac{T_{\max}}{\pi D^3/16} = \frac{2\,500\times 10^3 \times 16}{3.14\times 60^3}\text{MPa} \approx 59\text{MPa} < [\tau] = 60\text{MPa}$$

故该圆轴满足强度条件。

例 9.5 某钢制圆轴的直径 $d=30$mm,转速 $n=300$r/min,若许用扭转切应力 $[\tau]=50$MPa,试确定该轴能传递的功率。

解 解题思路：计算最大扭矩、最大外力偶矩、该轴所能传递的最大功率。
解题过程：由式(9-21)得该轴能承受的最大外力偶矩为

$$M_{emax}=T_{max}=\tau_{max}W_p \leqslant [\tau]W_p=[\tau]\frac{\pi d^3}{16}$$

$$=50\times 10^6 \times \frac{3.14\times 30^3\times 10^{-9}}{16}\text{N}\cdot\text{m}\approx 265\text{N}\cdot\text{m}$$

由外力偶矩与功率的关系，得该轴能传递的功率为

$$P_k=\frac{M_{emax}n}{9\,549}=\frac{265\times 300}{9\,549}\text{kW}\approx 8.33\text{kW}$$

例 9.6 如图 9.16 所示，一实心圆轴与一空心圆轴通过牙嵌式离合器相连，以传递功率。已知圆轴的转速 $n=120\text{r/min}$，传递的功率 $P=12\text{kW}$，材料的许用切应力 $[\tau]=30\text{MPa}$，空心圆轴的内、外径之比 $\alpha=0.6$，试确定实心圆轴的直径和空心圆轴的外径及两圆轴的横截面面积之比。

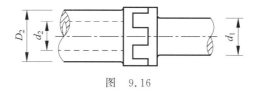

图 9.16

解 解题思路：计算外力偶矩、扭矩，根据强度条件找出扭矩与两圆轴直径之间的关系，并据此确定出两轴的直径。

解题过程：由于两圆轴的转速和所传递的功率均相等，因此两圆轴承受相同的外力偶作用，横截面上的扭矩也相等，为

$$T=M_e=9\,549\frac{P_k}{n}=9\,549\times\frac{12}{120}\text{N}\cdot\text{m}=954.9\text{N}\cdot\text{m}$$

设实心圆轴的直径为 d_1，空心圆轴的内、外径分别为 d_2 和 D_2。
对于实心圆轴：

$$\tau_{max}=\frac{T}{W_{p1}}=\frac{16T}{\pi d_1^3}\leqslant [\tau]=30\text{MPa}$$

因此实心圆轴的直径为

$$d_1\geqslant \sqrt[3]{\frac{16T}{\pi\times 30}}=\sqrt[3]{\frac{16\times 954.9}{\pi\times 30\times 10^6}}\approx 5.5\times 10^{-2}\text{m}=55\text{mm}$$

对于空心圆轴

$$\tau_{max}=\frac{T}{W_{p2}}=\frac{16T}{\pi D_2^3(1-\alpha^4)}\leqslant [\tau]=30\text{MPa}$$

因此空心圆轴的外径和内径分别为

$$D_2\geqslant\sqrt[3]{\frac{16T}{\pi(1-\alpha^4)\times 30}}=\sqrt[3]{\frac{16\times 954.9}{\pi\times(1-0.6^4)\times 30\times 10^6}}\text{m}\approx 5.6\times 10^{-2}\text{m}=56\text{mm}$$

$$d_2=0.6D_2=0.6\times 56\text{mm}\approx 34\text{mm}$$

两圆轴的横截面面积之比为

$$\frac{A_{空}}{A_{实}} = \frac{A_2}{A_1} = \frac{\frac{\pi}{4}(D_2^2 - d_2^2)}{\frac{\pi}{4}d_1^2} = \frac{56^2 - 34^2}{55^2} \approx 0.66$$

由此可见，若圆轴的长度相同，采用空心圆轴比采用实心圆轴所用材料要节省得多。在条件许可的情况下，将轴制成空心圆截面可以提高材料的利用率。但必须注意，太薄的圆筒在承受扭转作用时，筒壁可能发生皱折而丧失承载能力。

复习思考题

1. 剪切变形的受力特点和变形特点与拉伸时有何不同？
2. 什么叫挤压？挤压与压缩有何不同？同一材料的压缩许用应力与挤压许用应力是否相同？
3. 如图 9.17 所示，圆轴扭转时横截面上切应力的分布图，正确的是哪些？为什么？

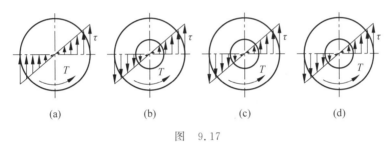

图 9.17

4. 一圆环形截面的外径为 D，内径为 d，其横截面对形心轴的极惯性矩为 $I_p = \frac{\pi D^4}{32} - \frac{\pi d^4}{32}$，该截面的扭转截面系数能否按公式 $W_p = \frac{\pi D^3}{16} - \frac{\pi d^3}{16}$ 计算？为什么？
5. 如果轴的直径增大一倍，其他情况不变，那么最大切应力将变化多少？

练习题

1. 如图 9.18 所示铆钉接头，板厚 $t = 10\text{mm}$，铆钉直径 $d = 20\text{mm}$，拉力 $F = 25\text{kN}$，许用切应力 $[\tau] = 100\text{MPa}$，许用挤压应力 $[\sigma_c] = 250\text{MPa}$。试对铆钉进行强度校核。

图 9.18

2. 如图 9.19 所示，基底边长 $a = 1\text{m}$ 的正方形混凝土上有一边长 $b = 200\text{mm}$ 的正方形混凝土柱。作用在柱上的轴向压力 $F = 150\text{kN}$，设地基对混凝土板的反力均匀分布，混凝土的许用切应力 $[\tau] = 2.0\text{MPa}$。若要使柱不穿过混凝土板，试确定混凝土板的最小厚度 δ。

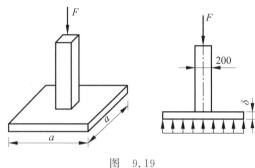

图 9.19

3. 如图 9.20 所示,厚度 $t=6\text{mm}$ 的两块钢板用三个铆钉连接,已知 $F=80\text{kN}$,连接件的许用切应力 $[\tau]=100\text{MPa}$,许用挤压应力 $[\sigma_c]=300\text{MPa}$,试确定铆钉的直径 d。

4. 如图 9.21 所示为一空心圆轴的横截面,其外径 $D=60\text{mm}$,内径 $d=40\text{mm}$,扭矩 $T=1\,000\text{N}\cdot\text{m}$。试计算横截面上距圆心 $\rho=25\text{mm}$ 的 a 点处的切应力 τ_a,以及横截面上的最大切应力和最小切应力,并在图上标出。

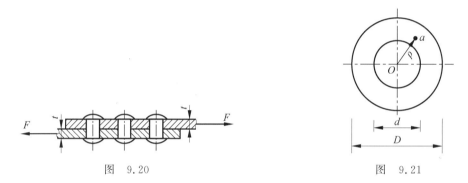

图 9.20　　　　　　　　图 9.21

5. 如图 9.22 所示为一阶梯形圆轴,已知 $d_1=80\text{mm}$,$d_2=50\text{mm}$,外力偶矩 $M_{eB}=2\,500\text{N}\cdot\text{m}$,$M_{eC}=1\,500\text{N}\cdot\text{m}$。试求杆内的最大切应力并指出其作用点的位置。

6. 某圆轴的直径 60mm,传递的功率为 75kW,转速为 300r/min,许用切应力 $[\tau]=70\text{MPa}$,试校核该轴的强度。

7. 如图 9.23 所示为一实心圆轴,外力偶矩 $M_{eA}=6.5\text{kN}\cdot\text{m}$,$M_{eB}=2.5\text{kN}\cdot\text{m}$,$M_{eC}=4\text{kN}\cdot\text{m}$,许用切应力 $[\tau]=50\text{MPa}$,试确定该轴的直径。

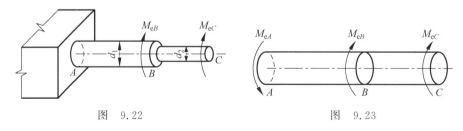

图 9.22　　　　　　　　图 9.23

8. 已知一圆轴的直径 $d=60\text{mm}$,转速 $n=120\text{r/min}$,许用切应力 $[\tau]=60\text{MPa}$。试问该轴所传递的功率是多少?

练习题参考答案

1. $\tau = 24.5\text{MPa}, \sigma_c = 125\text{MPa}$。
2. $\delta = 94\text{mm}$。
3. $d = 19\text{mm}$(取 20mm)。
4. $\tau_a = 24.5\text{MPa}, \tau_{max} = 29.4\text{MPa}, \tau_{min} = 19.6\text{MPa}$。
5. $\tau_{max} = 61.15\text{MPa}$。
6. $\tau_{max} = 56.3\text{MPa}$。
7. $d = 74\text{mm}$。
8. $P = 32\text{kW}$。

第 10 章

梁的应力与强度条件

本章学习目标
- 了解梁纯弯曲正应力公式的推导过程,掌握正应力强度条件。
- 掌握梁横截面形心、静矩、惯性矩与惯性半径的计算方法。
- 了解梁弯曲切应力的计算方法,掌握切应力强度条件。
- 了解平面应力状态与主应力迹线。
- 了解强度理论及其适用范围。

第 6 章静定梁的内力与内力图研究了梁的某一截面上的内力及沿轴向的变化规律,本章将研究梁的应力在其截面上的分布情况,并针对正应力与切应力的分布情况建立相应的强度条件。

10.1 梁横截面上正应力的计算公式

10.1.1 纯弯曲的概念

我们先来绘制图 10.1(a)所示梁的内力图,其剪力图和弯矩图如图 10.1(b)、(c)所示。

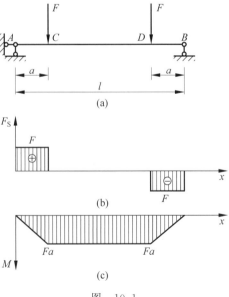

图 10.1

由图可知,在梁中段 CD 部分的各个横截面上没有剪力作用,并且弯矩都等于常量 Fa。我们把这种横截面只有常量弯矩作用,而无剪力作用的梁段称作**纯弯曲梁段**,至于梁的 AC 段和 DB 段,它们各个截面上既有弯矩 M 又有剪力 F_S 作用,通常我们把这种梁段称作**横力弯曲梁段**,或称**剪力弯曲梁段**。

10.1.2 梁纯弯曲时横截面上的正应力公式

为了使所研究的问题简单化,我们采用梁平面弯曲的特殊情况——梁的纯弯曲来推导梁横截面上的正应力计算公式,然后,再推广到梁的一般情况。推导此公式需要从三方面考虑。

1. 几何方面

要找出横截面上正应力的变化规律,应先研究该截面上任一点处的纵向线应变,从而找出纵向线应变沿该截面的变化规律。为此,需观察梁弯曲时的表面变形情况,依此作出假设。

1) 实验现象及假设

取一根矩形截面梁,在其表面画上一些纵向直线和横向直线,如图 10.2(a)所示。然后在梁两端加一对大小相等、转向相反、力偶矩为 M 的外力偶,使梁处于纯弯曲状态(图 10.2(b))。从实验中可观察到如下现象:

(1) 所有纵直线均变为弧线,上部纵线缩短,下部纵线伸长。

(2) 所有横向直线仍为直线,只是各横向线之间作了相对转动,但仍与变形后的纵向线正交。

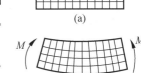

图 10.2

根据上面观察到的现象,并将表面横向直线看作梁的横截面,可作如下假设。

平面假设 变形前为平面的横截面变形后仍为平面,它像刚性平面一样绕其轴旋转了一个角度,但仍垂直于梁变形后的轴线。

单向受力假设 认为梁由无数根纵向纤维组成,各纵向纤维为单向拉伸或压缩,各纵向纤维之间无挤压现象。

根据上述假设,可以将我们研究的梁想象成这种情况:它是由若干根纵向纤维组成的,且纵向纤维之间没有挤压作用,像简单拉伸与压缩一样,纵向纤维只有伸长与缩短。

根据平面假设,梁变形后,由于横截面的转动,梁的凸边纤维伸长,凹边纤维缩短,由变形的连续性可知,中间必有一层纤维既不伸长也不缩短。此纤维层称为**中性层**,中性层与横截面的交线称为**中性轴**,如图 10.3 所示。由于外力作用在梁的纵向对称面内,对于具有对称轴的横截面梁,中性轴垂直于横截面的对称轴,且中性轴将横截面分成受拉区和受压区,中性轴两侧材料分别受拉压应力和压应力。因此,中性轴应垂直于截面的对称轴 y(图 10.3)。

概括地说,梁在纯弯曲条件下,各横截面仍保持平面并绕中性轴作相对转动,各纵向纤维处于拉伸(压缩)状态。

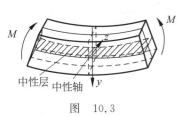

图 10.3

2) 梁横截面上任一点处的线应变

根据上述假设和推理,通过几何关系便可求出梁横截面上任一点处纵向纤维的线应变,从而找出纵向线应变的变化规律。为此,在梁上截取一微分段 dx 进行分析(图 10.4(a)),取中性轴为坐标轴 z,取截面的对称轴为坐标轴 y,y 轴向下为正。现分析距中性轴距离为 y 处的纵向纤维 ab 的线应变。

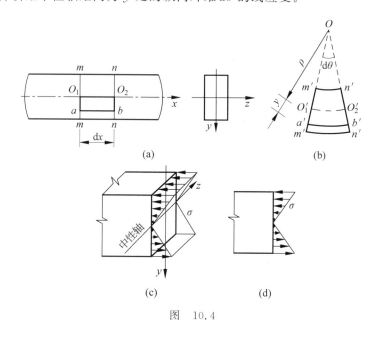

图 10.4

如图 10.4(b)所示,梁变形后截面 $m'm'$、$n'n'$ 间相对转角为 $d\theta$,纤维 ab 由直线变成弧线,O 为中性轴的曲率中心,曲率半径用 ρ 表示,则纤维 ab 的纵向变形为

$$\Delta(dx) = \widehat{a'b'} - \overline{ab} = \widehat{a'b'} - \overline{O_1O_2} = \widehat{a'b'} - \widehat{O_1'O_2'}$$
$$= (\rho + y)d\theta - \rho d\theta = y d\theta$$

其线应变为

$$\varepsilon = \frac{\Delta(dx)}{dx} = \frac{y d\theta}{\rho d\theta} = \frac{y}{\rho} \qquad (a)$$

式(a)表明,同一横截面上各点处的纵向线应变 ε 与该点到中性轴的距离 y 成正比。

2. 物理方面

根据单向受力假设,若应力未超过材料的比例极限,则

$$\sigma = E\varepsilon \qquad (b)$$

将式(a)代入式(b),得

$$\sigma = E\varepsilon = E\frac{y}{\rho} \qquad (c)$$

这就是**横截面上正应力变化规律的表达式**。由式(c)可知,横截面上任一点处的正应力与该点到中性轴的距离成正比;并以中性轴为界,一侧为拉应力,另一侧为压应力。在距中性轴等远的各点处的正应力相等。中性轴上各点处的正应力为零,距中性轴最远点处将产生正应力的最大值或最小值。这一变化可用图 10.4(c)、(d)表示。

3. 静力学方面

如图 10.5 所示,在梁的横截面上取微面积 dA,其上的法向微内力为 σdA,此微内力沿

梁轴线方向的合力为 $\int_A \sigma dA$，它应等于该横截面上的轴力 F_N，同时它对 z 轴的合力偶矩为 $\int_A y\sigma dA$，并应等于该横截面上的弯矩 M，故有

$$F_N = \int_A \sigma dA = 0$$
$$M = \int_A y\sigma dA \tag{d}$$

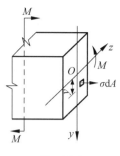

图 10.5

将式(b)代入式(d)，得

$$F_N = \frac{E}{\rho}\int_A \sigma dA = 0$$

因 $\dfrac{E}{\rho} \neq 0$，则有

$$\int_A \sigma dA = 0$$
$$S_z = 0$$

S_z 是横截面对中性轴 z 的静矩，$S_z = 0$，说明**横截面上的中性轴 z 一定是形心轴**。将式(b)代入式(d)，得

$$M = \frac{E}{\rho}\int_A y^2 dA$$

令

$$\int_A y^2 dA = I_z$$

则有

$$M = \frac{E}{\rho} I_z$$

即

$$\frac{1}{\rho} = \frac{M}{EI_z} \tag{10-1}$$

将式(10-1)代入式(c)可得纯弯曲梁横截面上任一点处的正应力计算公式为

$$\sigma = E\frac{y}{\rho} = Ey\frac{M}{EI_z} = \frac{My}{I_z} \tag{10-2}$$

式中，M 为横截面上的弯矩；y 为所求正应力点到中性轴的距离；I_z 为横截面对中性轴 z 的惯性矩，它只与横截面的形状、尺寸有关，常用单位为 m^4 或 mm^4，是横截面的几何特征之一（详见 10.2.2 节）

应用式(10-2)计算正应力时，通常不考虑式中 M 和 y 的正负号，而以其绝对值代入，正应力 σ 的正负号可根据梁的变形情况直接判断。以中性轴为界，梁凸出边一侧为拉应力，凹边一侧为压应力。

由式(10-2)可知，当 $y = y_{\max}$ 时，即在横截面上离中性轴距离最远处，弯曲正应力达到最大值，并且发生在最大弯矩 $M_{\max}$ 截面上，有

$$\sigma_{\max} = \frac{M_{\max} y_{\max}}{I_z} = \frac{M_{\max}}{\dfrac{I_z}{y_{\max}}}$$

令 $W_z = \dfrac{I_z}{y_{\max}}$，$W_z$ 称为**弯曲截面系数**，只与横截面的形状、尺寸有关，常用单位为 m^3 或 mm^3，是截面的几何性质之一。

梁横截面上的最大正应力可表示为

$$\sigma_{\max} = \dfrac{M_{\max}}{W_z} \tag{10-3}$$

为了便于理解此公式，在此以矩形和圆形为例说明 W_z 的计算方法，在 10.2 节将详述。对于矩形和圆形截面的 W_z 值，从表 10-1 中查出 I_z 值后，分别计算如下。

矩形截面杆件（图 10.6(a)）：

$$W_z = \dfrac{I_z}{y_{\max}} = \dfrac{\dfrac{bh^3}{12}}{\dfrac{h}{2}} = \dfrac{bh^2}{6}$$

圆形截面杆件（图 10.6(b)）：

$$W_z = \dfrac{I_z}{y_{\max}} = \dfrac{\dfrac{\pi d^4}{64}}{\dfrac{d}{2}} = \dfrac{\pi d^3}{32}$$

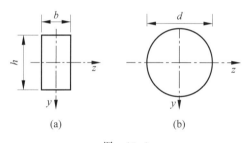

图 10.6

型钢的截面几何性质参数可从型钢表中查得。

式(10-1)和式(10-2)只适用于线弹性范围内 ($\sigma_{\max} < \sigma_p$) 的平面弯曲。

通常在梁弯曲时，横截面上既有弯矩又有剪力时，称为横力弯曲。可以证明，对横力弯曲的梁，当跨度与横截面高度之比大于 5 时，用式(10-2)计算的正应力是足够精确的，且跨高比越大，误差越小。由统计知，实际工程中的梁一般都符合上述条件，故上述公式广泛应用于实际计算中。

例 10.1 如图 10.7 所示简支梁，$q = 45 \text{kN/m}$，$l = 4\text{m}$，已知截面为矩形，$b \times h = 120\text{mm} \times 180\text{mm}$，试求梁跨中截面 a、b、c 三点处的正应力。

解 解题思路：先作内力图，后计算惯性矩 I_z，根据每点位置，将对应的 M、y 和 I_z 代入式(10-2)。

解题过程：

(1) 作梁的内力图。

由内力图知，梁的跨中截面处剪力 $F_S = 0$，弯矩

$$M = \dfrac{1}{8}ql^2 = \dfrac{1}{8} \times 45 \times 4^2 \text{kN} \cdot \text{m} = 90\text{kN} \cdot \text{m}$$

因其属纯弯曲状态，故该截面上正应力可用式(10-2)计算。

(2) 计算正应力。

$$I_z = \dfrac{1}{12}bh^3 = \dfrac{1}{12} \times 120 \times 180^3 \text{mm}^4 = 5\,832 \times 10^4 \text{mm}^4$$

a 点纵坐标值 $y_a = 90\text{mm}$，所以

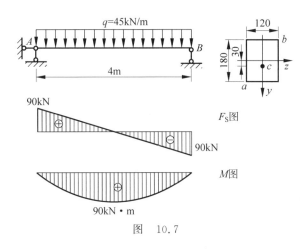

图 10.7

$$\sigma_a = \frac{M \cdot y_a}{I_z} = \frac{90 \times 10^6 \times 90}{5\,832 \times 10^4}\text{MPa} \approx 138.9\text{MPa}$$

b 点纵坐标值 $y_b = -90\text{mm}$，所以

$$\sigma_b = \frac{M \cdot y_b}{I_z} = \frac{90 \times 10^6 \times (-90)}{5\,832 \times 10^4}\text{MPa} \approx -138.9\text{MPa}$$

c 点纵坐标值 $y_c = 30\text{mm}$，所以

$$\sigma_c = \frac{M \cdot y_c}{I_z} = \frac{90 \times 10^6 \times 30}{5\,832 \times 10^4}\text{MPa} \approx 46.30\text{MPa}$$

三点处正应力的正负由变形直接判定。

例 10.2 如图 10.8(a)所示悬臂梁，横截面为 T 形，其截面尺寸如图 10.8(b)所示，形心坐标 $y_C = 30\text{mm}$，$I_z = 136\text{cm}^4$，试计算梁的最大弯曲正应力和危险截面上 K 点的弯曲正应力。

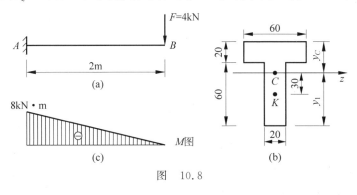

图 10.8

解 解题思路：先作内力图，后计算弯曲截面系数 W_z，根据每点位置，将对应的 $M_{\max}$ 和 W_z 代入式(10-3)。

解题过程：

(1) 作梁的弯矩图。

如图 10.8(c)所示，端点 A 处的弯矩最大，其最大弯矩为

$$M_{\max} = 4 \times 2 \text{kN} \cdot \text{m} = 8\text{kN} \cdot \text{m}$$

(2) 计算梁固定端截面上的最大弯曲正应力。

已知梁截面的惯性矩为 $I_z = 136 \times 10^4 \text{mm}^4$，离中性轴距离最远点，正应力最大。由

$y_C = 30\text{mm}$,得 $y_{\max} = y_1 = 50\text{mm}$,则 $W_z = \dfrac{I_z}{y_{\max}} = \dfrac{136 \times 10^4}{50}\text{mm}^3 = 2.72 \times 10^4 \text{mm}^3$。

由式(10-3)得

$$\sigma_{\max} = \frac{M_{\max}}{W_z} = \frac{8 \times 10^3 \times 10^3}{2.72 \times 10^4}\text{N/mm}^2 \approx 2.94 \times 10^2 \text{N/mm}^2 = 294\text{MPa}$$

(3)计算梁固定端截面上 K 点处的弯曲正应力。

由式(10-2)得

$$\sigma_K = \frac{M_{\max} y_K}{I_z} = \frac{8 \times 10^6 \times 30}{136 \times 10^4}\text{N/mm}^2 \approx 176.5\text{N/mm}^2 = 176.5\text{MPa}$$

10.2 横截面的几何性质

在拉、压杆的应力和变形计算中,涉及杆件的横截面面积 A,计算圆轴扭转的应力和变形时,涉及横截面的极惯性矩 I_p,它们都是与杆件的横截面形状和尺寸有关的几何量。在以后的计算中,还将用到截面的另一些几何量,如静矩 S_z、惯性矩 I_z、惯性积 I_{zy}、惯性半径 i 等。这些截面几何量的特征及相互关系称为**截面的几何性质**。截面的几何性质与荷载、材料无关,却直接影响杆件的承载能力。因此,选择杆件的合理截面对改善杆件的承载能力非常有意义。

10.2.1 静矩

1. 静矩的概念

任一截面图形如图 10.9 所示,其面积为 A。若在图形平面内任选一坐标系 yOz,在截面中任意一点处取一微面积 dA,该点坐标为 y、z,则整个截面上各微面积 dA 与 y 坐标(或 z 坐标)的乘积的总和称为截面对 z 轴或 y 轴的静矩,也称**面积矩**,用 S_z 或 S_y 表示。即

$$\begin{cases} S_z = \int_A y\, dA \\ S_y = \int_A z\, dA \end{cases} \quad (10\text{-}4)$$

静矩是截面对一定坐标轴而言的,所以静矩 S_z、S_y 值与截面的面积及坐标轴的位置有关。不同截面对同一坐标轴的静矩不同,同一截面对不同坐标轴的静矩也不同,其值可正、可负,也可为零。常用单位为 m^3 或 mm^3。

2. 形心

均质薄板的重心坐标公式为

$$y_C = \frac{\sum A_i y_i}{A}, \quad z_C = \frac{\sum A_i z_i}{A}$$

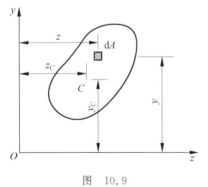

图 10.9

或

$$y_C = \frac{\int_A y\, dA}{A}, \quad z_C = \frac{\int_A z\, dA}{A} \quad (10\text{-}5)$$

而均质薄板重心与薄板平面图形形心的 y、z 坐标是相同的，所以式(10-5)也可用来计算平面图形(或截面图形)的形心坐标。由于上式中积分 $\int_A y\,\mathrm{d}A$ 和 $\int_A z\,\mathrm{d}A$ 就是截面 A 对 z 轴和 y 轴的静矩 S_z 和 S_y，因此式(10-5)又可写成如下形式：

$$y_C = \frac{S_z}{A}, \quad z_C = \frac{S_y}{A} \tag{10-6}$$

式(10-6)表明，如果已知截面对 z 轴和 y 轴的静矩以及截面的面积 A，就可由式(10-6)求得截面形心在 yOz 坐标系中的坐标 y_C、z_C。可将式(10-6)改写成

$$S_z = A \cdot y_C, \quad S_y = A \cdot z_C \tag{10-7}$$

则可用截面的面积乘以形心的坐标，计算截面对坐标轴的静矩。

由式(10-6)和式(10-7)知：

(1) 若截面对某轴的静矩等于零，则该轴必通过截面形心，即截面对形心轴的静矩恒等于零。

(2) 如截面有一根对称轴，则截面形心必在此轴上；如截面有两根对称轴，则两对称轴的交点就是截面形心。

例 10.3 求图 10.10 所示矩形截面 A_1(100mm×20mm)和 A(100mm×140mm)对 z 轴的静矩。

解 解题思路：先确定 A_1、A 的面积及相对形心位置，代入式(10-7)计算。

解题过程：

(1) 求 A_1 静矩。

$$A_1 = 100 \times 20\,\mathrm{mm}^2 = 2\,000\,\mathrm{mm}^2$$

$$y_{C1} = \left(50 + \frac{20}{2}\right)\mathrm{mm} = 60\,\mathrm{mm}$$

代入式(10-7)，得

$$S_{z1} = A y_{C1} = 2\,000 \times 60\,\mathrm{mm}^3 = 12 \times 10^4\,\mathrm{mm}^3$$

(2) 求 A 静矩。

$$A = 140 \times 100\,\mathrm{mm}^2 = 14\,000\,\mathrm{mm}^2, \quad y_C = 0$$

代入式(10-7)，得

$$S_z = A y_C = 14\,000\,\mathrm{mm}^2 \times 0 = 0$$

计算证明，截面面积对通过其形心轴的静矩等于零。

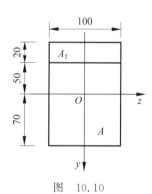

图 10.10

3. 组合截面的静矩及形心

工程实际中，杆件截面的图形大多由一些比较简单的几何图形或型钢截面图形组成，这样的截面称为组合截面。由静矩的定义式(10-7)知，组合截面对某轴的静矩，等于组合截面各组成部分对该轴静矩的代数和。计算式为

$$S_y = \sum_{i=1}^{n} A_i z_{Ci}, \quad S_z = \sum_{i=1}^{n} A_i y_{Ci} \tag{10-8}$$

式中，A_i，y_{Ci}，z_{Ci}——某一组成部分的面积及它的形心在 yOz 坐标系中的坐标；

n——组成部分的个数。

将组合截面面积 $\sum_{i=1}^{n}A_i$ 及式(10-6)代入式(10-8),就得到组合截面的形心坐标公式:

$$y_C=\frac{\sum_{i=1}^{n}A_i y_{Ci}}{\sum_{i=1}^{n}A_i},\quad z_C=\frac{\sum_{i=1}^{n}A_i z_{Ci}}{\sum_{i=1}^{n}A_i} \tag{10-9}$$

例 10.4 求图 10.11 所示 L 形截面形心的位置。

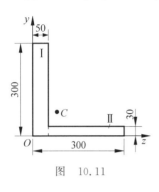

图 10.11

解 解题思路:先求静矩,再求形心位置。

解题过程:把截面分为两块形心容易确定的矩形Ⅰ和Ⅱ,其面积和形心坐标分别为

$$A_1=300\times 50\mathrm{mm}^2=15\times 10^3\mathrm{mm}^2$$
$$A_2=250\times 30\mathrm{mm}^2=7.5\times 10^3\mathrm{mm}^2$$
$$y_{C1}=150\mathrm{mm}$$
$$z_{C1}=25\mathrm{mm}$$
$$y_{C2}=15\mathrm{mm}$$
$$z_{C2}=175\mathrm{mm}$$

应用式(10-7)可得两截面对 y 轴和 z 轴的静矩分别为

$$S_y=\sum_{i=1}^{n}A_i z_{Ci}=(15\times 10^3\times 25+7.5\times 10^3\times 175)\mathrm{mm}^3$$
$$\approx 1.688\times 10^6\mathrm{mm}^3$$
$$S_z=\sum_{i=1}^{n}A_i y_{Ci}=(15\times 10^3\times 150\times 7.5\times 10^3\times 15)\mathrm{mm}^3$$
$$\approx 2.363\times 10^6\mathrm{mm}^3$$

截面的形心坐标为

$$y_C=\frac{S_z}{A}=\frac{2.363\times 10^6}{15\times 10^3+7.5\times 10^3}\mathrm{mm}\approx 105\mathrm{mm}$$
$$z_C=\frac{S_y}{A}=\frac{1.688\times 10^6}{15\times 10^3+7.5\times 10^3}\mathrm{mm}\approx 75.02\mathrm{mm}$$

例 10.5 求图 10.12 所示截面形心的位置。

解 解题思路:先求静矩,再求形心位置。

解题过程:把截面分为两块形心容易确定的矩形Ⅰ和Ⅱ。

(1)可将阴影面积看作矩形面积 A_1 减去直径 $D=100\mathrm{mm}$ 的圆形面积 A_2 而得,这也是一种截面组合形式。

(2)选参考坐标。

选截面对称轴为坐标轴 y 轴,z 轴与底边重合。由于 y 为对称轴,截面形心一定在 y 轴上,故有 $z_C=0$,只要求出 y_C 即可确定截面的形心位置。

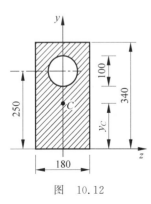

图 10.12

(3)计算截面面积和对 z 轴的静矩。

截面面积
$$A = A_1 - A_2 = \left(180 \times 340 - \frac{\pi}{4} \times 100^2\right) \text{mm}^2 = 53.35 \times 10^3 \text{mm}^2$$

截面对 z 轴的静矩
$$S_z = S_{1z} - S_{2z} = \left(180 \times 340 \times 170 - \frac{\pi}{4} \times 100^2 \times 250\right) \text{mm}^3 = 8.44 \times 10^6 \text{mm}^3$$

（4）截面的形心坐标
$$y_C = \frac{S_z}{A} = \frac{8.44 \times 10^6}{53.35 \times 10^3} \text{mm} \approx 158.2 \text{mm}$$
$$z_C = 0$$

10.2.2 惯性矩

1. 简单截面图形的惯性矩

在推导梁弯曲正应力公式(10-2)时,有一个积分 $\int_A y^2 \mathrm{d}A$,令 $I_z = \int_A y^2 \mathrm{d}A$,叫作截面对 z 轴的惯性矩;同理,如果对 y 轴也有一个积分 $\int_A z^2 \mathrm{d}A$,则令 $I_y = \int_A z^2 \mathrm{d}A$,叫作截面对 y 轴的惯性矩。根据上述惯性矩的定义,可知惯性矩恒为正值,永不为零,常用单位为 m^4、mm^4。

简单图形的惯性矩可直接用积分法求得。

在结构设计中,惯性矩是衡量构件截面抗弯能力的一个几何量。惯性矩这个名称是从动力学中的转动惯量这个名词借用来的,因为它也是衡量横截面绕轴转动"惯性"大小的一个量。

例 10.6 试求图 10.13 所示矩形截面对形心轴的惯性矩。

解 解题思路：截取微面积 $\mathrm{d}A$,代入惯性矩公式,进行面积分。

解题过程：

（1）计算 I_z。取平行于 z_C 轴的微面积 $\mathrm{d}A = b\mathrm{d}y$,应用惯性矩公式,有
$$I_z = \int_A y^2 \mathrm{d}A = \int_{-h/2}^{h/2} y^2 \cdot b\mathrm{d}y = \frac{bh^3}{12}$$

（2）计算 I_y。取平行于 y_C 轴的微面积 $\mathrm{d}A = h\mathrm{d}z$,应用惯性矩公式,积分运算后可得 $I_y = \frac{hb^3}{12}$。因此,矩形截面对图示形心轴的惯性矩为

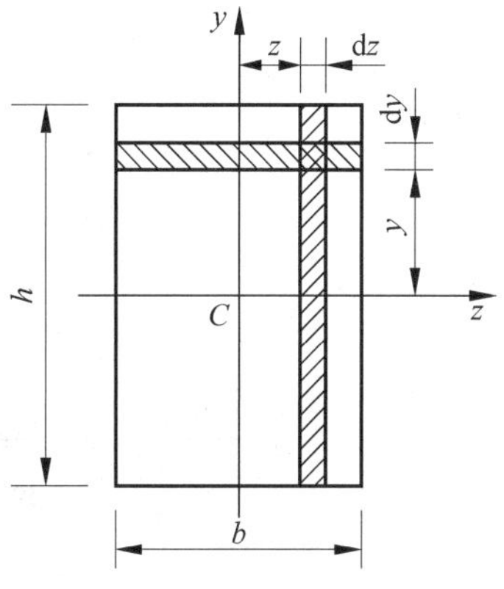

$$I_z = \frac{bh^3}{12}, \quad I_y = \frac{hb^3}{12}$$

图 10.13

其他常见简单截面的惯性矩就不一一推导了,现将公式列在表 10.1 中,运用时可直接查公式。

表 10.1　几种常见截面的面积、形心位置和惯性矩

序号	图形	面积	形心位置	惯性矩
1	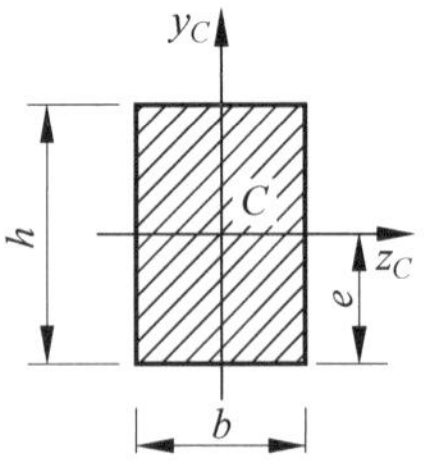 矩形（宽 b，高 h）	$A = bh$	$e = \dfrac{h}{2}$	$I_{zC} = \dfrac{bh^3}{12}$ $I_{yC} = \dfrac{hb^3}{12}$
2	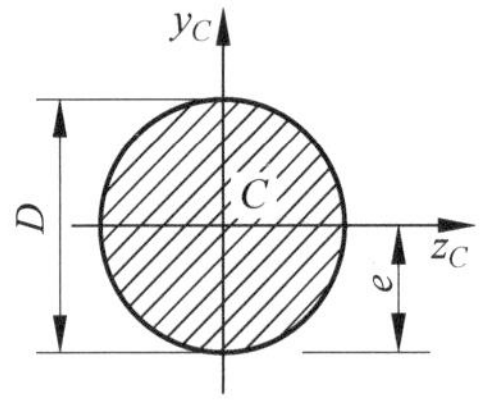 圆形（直径 D）	$A = \dfrac{\pi D^2}{4}$	$e = \dfrac{D}{2}$	$I_{zC} = I_{yC} = \dfrac{\pi D^4}{64}$
3	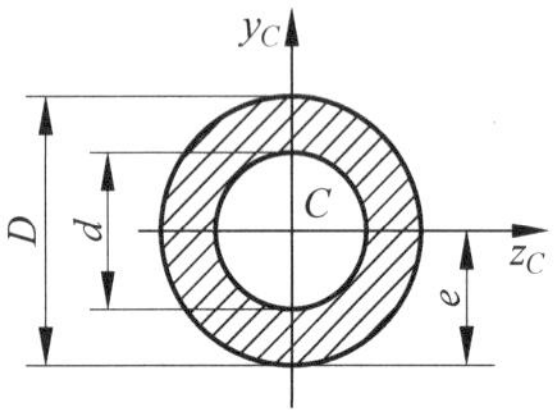 圆环（外径 D，内径 d）	$A = \dfrac{\pi(D^2 - d^2)}{4}$	$e = \dfrac{D}{2}$	$I_{zC} = I_{yC} = \dfrac{\pi(D^4 - d^4)}{64}$
4	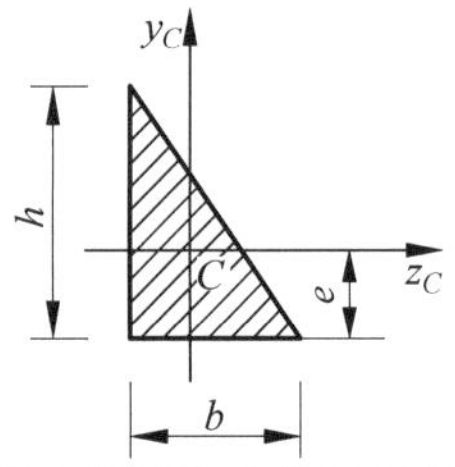 直角三角形（底 b，高 h）	$A = \dfrac{bh}{2}$	$e = \dfrac{h}{3}$	$I_{zC} = \dfrac{bh^3}{36}$
5	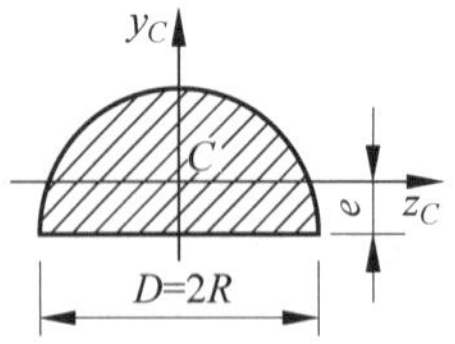 半圆（$D = 2R$）	$A = \dfrac{\pi R^2}{2}$	$e = \dfrac{4R}{3\pi}$	$I_{zC} = \left(\dfrac{1}{8} - \dfrac{8}{9\pi^2}\right)\pi R^4$

2. 组合截面图形的惯性矩

根据惯性矩的定义，由积分原理可知，组合截面图形对某轴的惯性矩等于各截面图形对同一轴的惯性矩之和。因此，计算组合截面对 y 轴和 z 轴的惯性矩的公式为

$$I_y = \sum_{i=1}^{n} I_{yi}, \quad I_z = \sum_{i=1}^{n} I_{zi} \tag{10-10}$$

式中，I_{yi} 和 I_{zi} 分别表示各截面对 y 轴和 z 轴的惯性矩；n 为截面的个数。

3. 惯性矩的平行移轴公式

同一截面对不同坐标轴的惯性矩是不同的,相互之间存在着一定的关系。现在讨论截面对相互平行的坐标轴的惯性矩之间的关系。

如图 10.14 所示为任意截面图形,其面积为 A,y_C、z_C 为图形平面内过截面形心的坐标轴,而 y 轴和 z 轴在同一平面内,分别与 y_C 轴和 z_C 轴平行。微面积在 $y_C C z_C$ 坐标系中的坐标为 y_C、z_C,在 yOz 坐标系中的坐标为 a、b,则 $z = z_C + a$,$y = y_C + b$。所以,截面对 y 轴的惯性矩为

$$I_y = \int_A z^2 \mathrm{d}A = \int_A (z_C + a)^2 \mathrm{d}A$$
$$= \int_A z_C^2 \mathrm{d}A + 2a \int_A z_C \mathrm{d}A + a^2 \int_A \mathrm{d}A$$

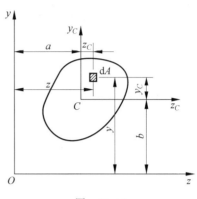

图 10.14

式中,$\int_A z_C^2 \mathrm{d}A$ 为截面对形心轴 y_C 的惯性矩 I_{yC};$\int_A z_C \mathrm{d}A$ 为截面对 y_C 轴的静矩,由于 y_C 轴为形心轴,故有 $\int_A z_C \mathrm{d}A = 0$;$\int_A \mathrm{d}A$ 为截面面积。上式可写成

$$I_y = I_{yC} + a^2 A$$

同理可得

$$I_z = I_{zC} + b^2 A \tag{10-11}$$

式(10-11)就是惯性矩的平行移轴公式。该式表明:截面对某轴的惯性矩,等于截面对平行于该轴的形心轴的惯性矩,加上截面面积与两轴之间距离平方的乘积。利用此公式即可根据截面对形心轴的惯性矩计算截面对其他与形心轴平行的轴的惯性矩,或进行逆运算。

由式(10-11)可知,截面对一系列平行轴的惯性矩中,对通过形心轴的惯性矩最小。

惯性矩的平行移轴公式在惯性矩的计算中有着广泛的应用。

例 10.7 试计算图 10.15 所示 T 形截面对形心轴 z、y 的惯性矩。

解 解题思路:先确定一个辅助坐标轴,再求 I_z、I_y。用式(10-9)确定形心位置,画出形心轴 z、y,然后使用式(10-11)。

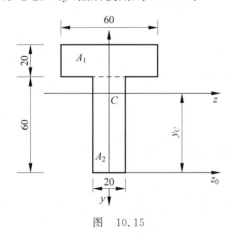

图 10.15

解题过程:

(1) 求截面形心位置。

由于截面有一根对称轴 y,故形心必在此轴上,即

$$z_C = 0$$

为求 y_C,先设 z_0 轴。将截面图形分成两个矩形,这两部分的面积和形心对 z_0 轴的坐标分别为

$$A_1 = 60 \times 20 \mathrm{mm}^2 = 12 \times 10^2 \mathrm{mm}^2$$

$$y_1 = \left(\frac{20}{2} + 60\right) \mathrm{mm} = 70 \mathrm{mm}$$

$$A_2 = 60 \times 20 \mathrm{mm}^2 = 12 \times 10^2 \mathrm{mm}^2$$

$$y_2 = \frac{60}{2}\text{mm} = 30\text{mm}$$

故
$$y_C = \frac{\sum A_i y_i}{A} = \frac{12 \times 10^2 \times 70 + 12 \times 10^2 \times 30}{12 \times 10^2 \times 2}\text{mm}$$
$$= 50\text{mm}$$

(2) 计算 I_z 与 I_y。

图形对 z 轴的惯性矩,分别等于两个分图形对 z 轴的惯性矩之和,即
$$I_z = I_{1z} + I_{2z}$$

应用惯性矩平行移轴公式(10-11),得

$$I_z = I_{1z} + I_{2z} = \left\{\frac{60 \times 20^3}{12} + 60 \times 20\left[\frac{20}{2} + (60-50)\right]^2 + \frac{20 \times 60^3}{12} + 60 \times 20 \times \left(50 - \frac{60}{2}\right)^2\right\}\text{mm}^4$$
$$= 136 \times 10^4 \text{mm}^4$$

y 轴正好经过矩形截面 A_1、A_2 的形心,利用矩形的惯性矩公式 $I_y = \frac{bh^3}{12}$,得

$$I_y = I_{1y} + I_{2y} = \left(\frac{20 \times 60^3}{12} + \frac{60 \times 20^3}{12}\right)\text{mm}^4 = 4 \times 10^5 \text{mm}^4$$

例 10.8 求图 10.16 所示半圆形截面对平行于底边的 z_1 轴的惯性矩 I_{z1}。已知 $R = 40\text{mm}$,z_1 轴与底边相距 $a = 100\text{mm}$。

解 解题思路:先求对 z 轴的惯性矩 I_z,利用惯性矩平行移轴公式,移项求得形心轴的惯性矩,再利用平行移轴公式求出 I_{z1}。

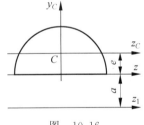

图 10.16

解题过程:

(1) 查表 10-1 知,对过圆心的任一坐标轴,圆的惯性矩为 $\frac{\pi D^4}{64}$,故半圆的 $I_z = \frac{\pi D^4}{128} = \frac{\pi \times 80^4}{128}\text{mm}^4 \approx 100.53 \times 10^4 \text{mm}^4$,但计算 I_{z1} 时不能直接用平行移轴公式,因为 z 和 z_1 均不是形心轴。因此必须先计算半圆截面对形心轴的惯性矩 I_{zC}。由平行移轴公式,移项得

$$I_{zC} = I_z - e^2 A = I_z - \left(\frac{4R}{3\pi}\right)^2 A$$
$$= \left[100.53 \times 10^4 - \left(\frac{4 \times 40}{3\pi}\right)^2 \times \pi \times 40^2 \times \frac{1}{2}\right]\text{mm}^4$$
$$\approx 28.1 \times 10^4 \text{mm}^4$$

(2) 计算 I_{z1}。

$$I_{z1} = I_{zC} + (e+a)^2 A = I_{zC} + \left(\frac{4R}{3\pi} + a\right)^2 \times \frac{\pi R^2}{2}$$
$$= \left[28.1 \times 10^4 + \left(\frac{4 \times 40}{3\pi} + 100\right)^2 \times \frac{\pi \times 40^2}{2}\right]\text{mm}^4$$
$$= 3467.14 \times 10^4 \text{mm}^4$$

例 10.9 图 10.17 表示用两个 No.20b 槽钢组成的组合柱子的横截面。试求此截面对两对称轴的惯性矩 I_{zC} 和 I_{yC}。

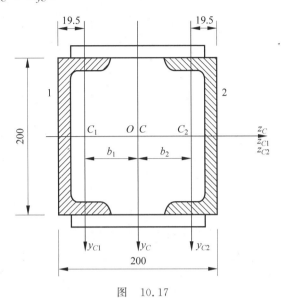

图 10.17

解 解题思路：在型钢表中分别查出 No.20b 槽钢的有关数据，利用惯性矩的平行移轴公式(10-11)求惯性矩。

解题过程：组合截面由两个截面图形 1 和 2 所组成，每个 No.20b 槽钢的有关几何数据可以从书末附录 A 的型钢表中查出。

槽钢 1 和 2 的形心分别为 C_1、C_2，形心到截面的外边缘的距离为 19.5mm。

槽钢 1 和 2 的面积：
$$A_1 = A_2 = 32.83 \text{cm}^2 = 3.283 \times 10^3 \text{mm}^2$$

槽钢 1 和 2 分别对自身形心轴 z_{C1}、y_{C1}、z_{C2} 和 y_{C2} 的惯性矩为 I_{z1}、I_{y1}、I_{z2} 和 I_{y2}，它们分别为
$$I_{z1} = I_{z2} = 1\,913.7 \text{cm}^4 = 19.137 \times 10^6 \text{mm}^4$$
$$I_{y1} = I_{y2} = 143.6 \text{cm}^4 = 1.463 \times 10^6 \text{mm}^4$$

(1) 求组合截面对 z_C 轴的惯性矩 I_{zC}。

因为组成截面的 z_C 轴与槽钢 1 和 2 的形心轴 z_{C1}、z_{C2} 重合，故
$$I_{zC} = I_{z1} + I_{z2} = (19.137 \times 10^6 + 19.137 \times 10^6)\text{mm}^4$$
$$= 38.274 \times 10^6 \text{mm}^4$$

(2) 求组合截面对 y_C 轴的惯性矩 I_{yC}。

因为槽钢 1 和 2 各自的形心轴 y_{C1} 和 y_{C2} 与 y_C 轴平行，并且 y_{C1} 和 y_{C2} 轴与 y_C 轴之间的距离为
$$b_1 = b_2 = \left(\frac{200}{2} - 19.5\right)\text{mm} = 80.5\text{mm}$$

因此可以应用平行移轴公式，求得该组合截面的惯性矩 I_y。因为图形对称，因此
$$I_{yC} = (I_{y1} + A_1 b_1^2) + (I_{y2} + A_2 b_2^2) = (I_{y1} + A_1 b_1^2) \times 2$$

$$= [1.436 \times 10^6 + (80.5)^2 \times 3.283 \times 10^3] \times 2 \text{mm}^4 \approx 45.421 \times 10^6 \text{mm}^4$$

10.2.3 惯性半径

在压杆稳定计算中,会出现 $\dfrac{I_y}{A}$、$\dfrac{I_z}{A}$ 关系式,其分子、分母都是关于截面的几何量,为了使用方便,可用另一个几何量来代替。由上节知,分子 I_y、I_z 的单位是长度的四次方,分母 A 的单位是长度的二次方,设 $i_y^2 = \dfrac{I_y}{A}$,$i_z^2 = \dfrac{I_z}{A}$,则

$$i_y = \sqrt{\dfrac{I_y}{A}}, \quad i_z = \sqrt{\dfrac{I_z}{A}} \tag{10-12}$$

由此知,i_y、i_z 的单位为长度的一次方。在工程中,将 i_y、i_z 分别称为截面对 y 轴、z 轴的**惯性半径**,单位为 m 或 mm。

例如,直径为 d 的圆截面,其截面面积 $A = \dfrac{\pi d^2}{4}$,惯性矩 $I_{zC} = I_{yC} = \dfrac{\pi d^4}{64}$,代入式(10-12),得圆截面的惯性半径为

$$i_y = i_z = \sqrt{\dfrac{\pi d^4}{64} \Big/ \dfrac{\pi d^2}{4}} = \dfrac{d}{4}$$

由此知,圆的惯性半径不等于圆的半径,只是圆半径的四分之一。它是另一种与截面几何形状、尺寸有关的几何量,是惯性的一种量度,所以叫**惯性半径**,也叫**回转半径**。

10.2.4 惯性积、形心主轴与形心主惯性矩

在工程中,还有一个截面的几何性质 I_{yz} 有时要用到,它的定义为 $I_{yz} = \int_A zy\,dA$,称为**惯性积**。根据惯性积的定义,它可正、可负、可为零。若一坐标轴为 y_0 和 z_0,使截面对这一对坐标轴的惯性积等于零,则这对坐标轴为**主惯性轴**,简称**主轴**。截面对主惯性轴的惯性矩称为**主惯性矩**,简称**主矩**。当主惯性轴通过截面形心时,这根主轴就称为**形心主惯性轴**,简称**形心主轴**。截面对形心主轴的惯性矩则称为**形心主惯性矩**。

当截面具有对称轴时,因为截面对包含对称轴在内的一对正交坐标轴的惯性积为零,所以对称轴及与之垂直的坐标轴一定是主轴。但主轴不一定是对称轴。因为对称轴必通过形心,所以对称轴和过形心并与它垂直的另一根轴一定是形心主轴。

如果截面有两根对称轴,则这两根对称轴就是形心主轴。

在判断受弯构件是否为平面弯曲及进行弯曲应力和弯曲变形计算时,通常会用到形心主轴及形心主惯性矩的概念。

10.3 梁的正应力强度计算

10.3.1 梁正应力的强度条件

为了保证梁能安全工作,必须使梁横截面上产生的最大正应力 $\sigma_{\max}$ 不超过材料在弯曲时的许用正应力 $[\sigma]$。因此,梁的正应力强度条件为

$$\sigma_{\max} = \frac{M_{\max}}{W} \leqslant [\sigma] \quad (10\text{-}13)$$

式中,$[\sigma]$为材料弯曲时的许用正应力,常用材料的$[\sigma]$可从有关规范中查得。利用强度条件可解决梁强度校核、截面选择和承载力计算三类强度计算问题。

(1) 强度校核。在已知梁的横截面形状和尺寸、材料及所受荷载的情况下,可校核梁是否满足正应力强度条件。即校核是否满足式(10-13)。

(2) 设计截面。当已知梁的荷载和所用的材料时,可根据强度条件,先计算出所需的最小抗弯截面系数,即

$$W_z \geqslant \frac{M_{\max}}{[\sigma]} \quad (10\text{-}14)$$

然后根据梁的截面形状,再由W_z值确定截面的具体尺寸或型钢钢号。

(3) 确定许用荷载。已知梁的材料、横截面形状和尺寸,根据强度条件可算出梁所能承受的最大弯矩,即

$$M_{\max} \leqslant W_z [\sigma] \quad (10\text{-}15)$$

然后由$M_{\max}$与荷载的关系,算出梁所能承受的最大荷载。

例 10.10 如图 10.18 所示,一悬臂梁跨度 $l=1.5\text{m}$,自由端受集中力 $F=32\text{kN}$ 作用,梁由 No.22a 工字钢制成,自重按 $q=0.33\text{kN/m}$ 计算,$[\sigma]=160\text{MPa}$。试校核该梁的正应力强度。

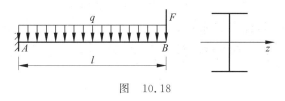

图 10.18

解 解题思路:先求出最大弯矩 $M_{\max}$,再查出 No.22a 工字钢的抗弯截面系数 W_z,代入式(10-13)。

解题过程:

(1) 求最大弯矩的绝对值:

$$M_{\max} = Fl + \frac{ql^2}{2} = \left(32 \times 1.5 + \frac{1}{2} \times 0.33 \times 1.5^2\right) \text{kN}\cdot\text{m} \approx 48.4 \text{kN}\cdot\text{m}$$

(2) 查型钢表,得 No.22a 工字钢的抗弯截面系数为

$$W_z = 309 \text{cm}^2$$

(3) 校核正应力强度:

$$\sigma_{\max} = \frac{M_{\max}}{W_z} = \frac{48.4 \times 10^6}{309 \times 10^3} \text{MPa} \approx 157 \text{MPa} < [\sigma] = 160 \text{MPa}$$

满足正应力强度条件。

例 10.11 如图 10.19(a)所示为 T 形截面铸铁梁,已知材料的许用拉应力$[\sigma_t]=32\text{MPa}$,许用压应力$[\sigma_c]=70\text{MPa}$。试按正应力强度条件校核梁的强度。

解 解题思路:先作 M 图确定 $M_{\max}$,再用式(10-9)和式(10-11)计算。

解题过程:

(1) 作梁的 M 图,如图 10.19(b)所示。

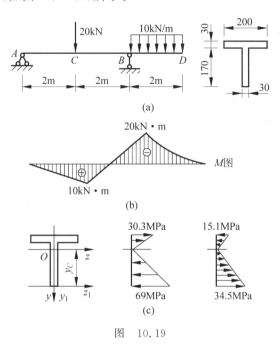

图 10.19

由 M 图知,B 截面上有最大负弯矩,C 截面上有最大正弯矩。该梁为铸铁做成,中性轴不是对称轴,故危险截面可能在 B 截面也可能在 C 截面。

(2) 确定截面形心位置,计算截面对中性轴的惯性矩 I_z。

截面形心坐标为

$$y_C = \frac{\sum\limits_{i=1}^{n} A_i y_{iC}}{\sum\limits_{i=1}^{n} A_i} = \frac{30 \times 170 \times 85 + 200 \times 30 \times 185}{30 \times 170 + 200 \times 30} \text{mm} \approx 139 \text{mm}$$

截面对中性轴的惯性矩

$$I_z = \sum_{i=1}^{n}(I_{Ci} + a_i^2 A_i)$$

$$= \left[\frac{30 \times 170^3}{12} + (139-85)^2 \times 30 \times 170 + \frac{200 \times 30^3}{12} + (185-139)^2 \times 200 \times 30\right] \text{mm}^4$$

$$\approx 40.3 \times 10^6 \text{mm}^4$$

(3) 校核强度。

B 截面上为负弯矩,最大拉应力在截面上边缘点处,最大压应力在截面下边缘处,其值为

$$\sigma_{t\,\text{max}} = \frac{M_B y_{t\,\text{max}}}{I_z} = \frac{20 \times 10^6 \times (200-139)}{40.3 \times 10^6} \text{MPa} \approx 30.3 \text{MPa} < [\sigma_t]$$

$$\sigma_{c\,\text{max}} = \frac{M_B y_{c\,\text{max}}}{I_z} = \frac{20 \times 10^6 \times 139}{40.3 \times 10^6} \text{MPa} \approx 67 \text{MPa} < [\sigma_c]$$

C 截面上缘点处有最大压应力,下缘点处有最大拉应力,其值为

$$\sigma_{\text{t max}} = \frac{M_C y_{\text{t max}}}{I_z} = \frac{10 \times 10^6 \times 139}{40.3 \times 10^6} \text{MPa} \approx 34.5 \text{MPa} < [\sigma_\text{t}]$$

$$\sigma_{\text{c max}} = \frac{M_C y_{\text{c max}}}{I_z} = \frac{10 \times 10^6 \times (200-139)}{40.3 \times 10^6} \text{MPa} \approx 15.1 \text{MPa} < [\sigma_\text{c}]$$

正应力分布图如图 10.19(c)所示。

$$\frac{\sigma_{\text{t max}} - [\sigma_\text{t}]}{[\sigma_\text{t}]} \times 100\% = \frac{34.5-32}{32} \times 100\% \approx 7.8\% > 5\%$$

计算结果表明,C 截面的最大拉应力大于许用拉应力,此梁强度不足。

由此例可以看出,对中性轴不是对称轴的截面而言,最大正应力并非一定在 $|M_{\max}|$ 截面上,因此,对于此类梁的校核,应同时校核 $\sigma_{\text{c max}}$ 和 $\sigma_{\text{t max}}$ 所在截面的强度。

例 10.12 某简支梁的计算简图如图 10.20(a)所示。已知该梁跨中所承受的最大集中荷载为 $F=40$kN,梁的跨度 $l=15$m,该梁要求用 Q235 钢做成,其许用应力 $[\sigma]=160$MPa。若该梁用工字形截面、矩形(设 $h/b=2$)截面和圆形截面做成,试分别设计这 3 个截面的截面尺寸,并确定其横截面面积,并比较其质量。

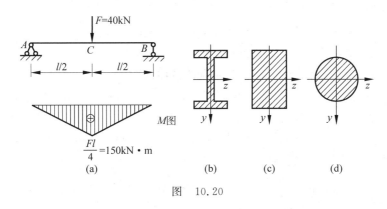

图 10.20

解 解题思路:先求 $M_{\max}$,再求或查 W_z 代入式(10-14)求解。

解题过程:

(1) 绘出梁的弯矩图,求出最大弯矩。

$$M_{\max} = \frac{Fl}{4} = \frac{40 \times 15}{4} \text{kN} \cdot \text{m} = 15 \text{kN} \cdot \text{m}$$

(2) 计算梁的抗弯截面系数 W_z。

由式(10-14),得

$$W_z \geqslant \frac{M_{\max}}{[\sigma]} = \frac{150 \times 10^6}{160} \text{mm}^3 \approx 938 \times 10^3 \text{mm}^3$$

(3) 分别计算三种横截面的截面尺寸。

① 工字形截面尺寸。

查型钢表得 No.36c 工字钢的 $W_z = 964 \times 10^3 \text{mm}^3$,大于计算所得的 $W_z = 938 \times$

10^3mm^3,故可选用 No.36c 工字钢,其截面尺寸可确定。

② 计算矩形截面的尺寸。

矩形截面的抗弯截面系数

$$W_z = \frac{1}{6}bh^2 = \frac{1}{6} \times b \times (2b)^2 = \frac{2}{3}b^3$$

所以

$$b = \sqrt[3]{\frac{3W_z}{2}} = \sqrt[3]{\frac{3 \times 938 \times 10^3}{2}}\text{mm} \approx 112\text{mm}$$

故

$$h = 2b = 2 \times 112\text{mm} = 224\text{mm}$$

③ 计算圆形截面的尺寸。

圆形截面的抗弯截面系数

$$W_z = \frac{\pi d^3}{32}$$

得

$$d = \sqrt[3]{\frac{32W_z}{\pi}} = \sqrt[3]{\frac{32 \times 938 \times 10^3}{3.14}}\text{mm} \approx 212\text{mm}$$

三种横截面形状及布置情况如图 10.20(b)、(c)、(d)所示。

(4) 计算三种横截面的截面面积。

工字形截面:查型钢表得 No.36c 工字钢的截面面积为

$$A_I = 9084\text{mm}^2$$

矩形截面:

$$A_{矩} = b \times h = 112 \times 224\text{mm}^2 = 25\,088\text{mm}^2$$

圆形截面:

$$A_{圆} = \frac{\pi d^2}{4} = \frac{3.14 \times 212^2}{4}\text{mm}^2 \approx 35\,281\text{mm}^2$$

(5) 比较三种截面梁的质量。

在梁的材料、长度相同时,三种截面梁的质量之比应等于它们的横截面面积之比,即

$$A_I : A_{矩} : A_{圆} = 9\,084 : 25\,088 : 35\,281 \approx 1 : 2.76 : 3.88$$

即矩形截面梁的质量是工字形截面梁的 2.76 倍,而圆形截面梁的质量是工字形截面梁的 3.88 倍。显然,在这三种横截面方案中,工字形截面最合理,圆形截面最不合理。

例 10.13 图 10.21(a)所示悬臂梁,长 $l=1.5\text{m}$,由 I14 工字钢制成,$[\sigma]=160\text{MPa}$,$q=10\text{kN/m}$,试校核梁的正应力强度。若改用相同材料的两根等边角钢,确定角钢型号。

解 解题思路:先作 M 图确定最大弯矩,再代入式(10-14)计算。

解题过程:

(1) 作出弯矩图如图 10-21(b)所示,有

$$M_{\max} = \frac{ql^2}{2} = \frac{10 \times 1.5^2}{2}\text{kN}\cdot\text{m} = 11.25\text{kN}\cdot\text{m}$$

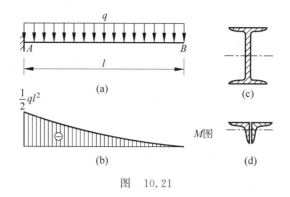

图 10.21

(2) 查型钢表得 No.I14 工字钢的抗弯截面系数 $W_z=102\times 10^3\text{mm}^3$，则

$$\sigma_{\max}=\frac{M_{\max}}{W_z}=\frac{11.25\times 16^6}{102\times 10^3}\text{MPa}\approx 110.3\text{MPa}<[\sigma]$$

满足强度条件。

(3) 确定等边角钢型号。

$$\sigma_{\max}=\frac{M_{\max}}{W_z}\leqslant [\sigma]$$

$$W_z\geqslant \frac{M_{\max}}{[\sigma]}=\frac{11.25\times 10^6}{160}\text{mm}^3\approx 70.3\times 10^3\text{mm}^3$$

若采用两根角钢组成(图 10.21(d))，每根角钢的抗弯截面系数必须满足

$$W_z\geqslant \frac{70.3\times 10^3}{2}\text{mm}^3=35.15\times 10^3\text{mm}^3$$

查型钢表，选用∟10(∟100×16)，$W_z=37.82\times 10^3\text{mm}^3$，合适。

例 10.14 如图 10.22 所示悬臂梁由两根不等边角钢 2∟125×80×10 组成，已知材料的许用应力$[\sigma]=160\text{MPa}$，试确定梁的许用荷载$[F]$。

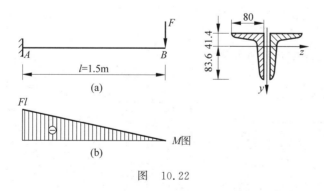

图 10.22

解 解题思路：先求出 $M_{\max}$，再利用 $M_{\max}$ 与荷载的关系求出最大荷载。

解题过程：

(1) 由 M 图知 $M_{\max}=Fl$；由型钢表查得∟125×80×10 的 $W_z=37.33\text{cm}^3$。

(2) 根据正应力强度条件，确定$[F]$。

$$\sigma_{\max} = \frac{M_{\max}}{W_z} = \frac{Fl}{2W_z} \leqslant [\sigma]$$

$$F \leqslant \frac{2W_z[\sigma]}{l} = \frac{2 \times 37.33 \times 10^3 \times 160}{1.5 \times 10^3}\text{N} \approx 7\ 964\text{N} \approx 7.96\text{kN}$$

取$[F] = 7.96$kN。

10.3.2 梁的合理截面形状与合理结构形式

本节主要根据梁的正应力强度条件来研究梁的截面形状和结构形式,以便提高梁的强度,节约材料,减轻梁的自重。

由梁的强度条件

$$\sigma_{\max} = \frac{M_{\max}}{W_z} \leqslant [\sigma]$$

可以看出,提高梁的强度应从降低弯矩的最大值$M_{\max}$、增加抗弯截面系数W_z值以及充分发挥材料的力学性能入手。而W_z与截面的形状、尺寸有关,$M_{\max}$与荷载及结构的形式有关。

微课 29

1. 合理截面形状

所谓合理截面形状是指用较少材料获得最大的W_z值。

由$W_z = I_z / y_{\max}$知,一般情况下,W_z与截面高度的平方成正比,所以要增加W_z,就应尽可能地增加截面的高度。此外,从正应力分布情况来看,梁横截面上距中性轴最远各点处分别有$\sigma_{t\max}$和$\sigma_{c\max}$。为了充分发挥材料的力学性能,应使它们同时达到相应的许用应力值。合理截面形状就是根据上述分析确定的,于是可以得出以下结论。

(1)当截面面积和形状相同时,采用合理的放置方式。如图 10.23 所示矩形截面梁,竖放时W_{z1}与横放时W_{z2}之比为

$$\frac{W_{z1}}{W_{z2}} = \frac{\dfrac{bh^2}{6}}{\dfrac{hb^2}{6}} = \frac{h}{b} > 1$$

由此可见,矩形截面梁竖放比平放合理。

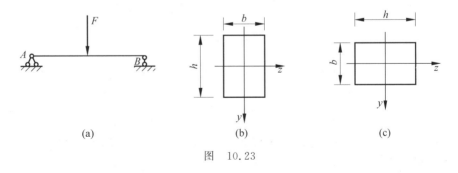

图 10.23

(2)对截面高度相同而形状不同的截面,可用W_z/A的比值来衡量截面形状的合理性。W_z/A的比值越大,说明在消耗材料相同的情况下,截面抵抗弯曲破坏的能力越大,截面形

状就越合理。如,高为 h、宽为 b 的矩形截面:

$$\frac{W_z}{A} = \frac{\frac{bh^2}{6}}{bh} = \frac{h}{6} \approx 0.167h$$

直径为 h 的圆形截面:

$$\frac{W_z}{A} = \frac{\frac{\pi h^3}{32}}{\frac{\pi h^2}{4}} = \frac{h}{8} = 0.125h$$

高为 h 的槽形及工字钢截面:

$$\frac{W_z}{A} = (0.27 \sim 0.31)h$$

三者相比,工字形和槽形截面最合理,矩形截面次之,圆形截面最差。这一结论也可从正应力的分布规律中得到解释:当距中性轴最远点处应力达到相应许用应力时,中性轴上或附近的应力分别为零或较小,这部分材料没有充分发挥作用,故应把这部分材料移至远离中性轴的位置。工字形截面符合这一要求,而圆形截面的材料比较集中在中性轴附近,所以圆形截面的合理性较工字形截面差些。

一般情况下,在截面面积相同的情况下,截面高度较大,靠近中性轴附近的截面宽度较小,截面就较合理。

2. 截面形状应与材料的力学性能相适应

对于用抗拉和抗压强度相同的塑性材料制成的梁,宜选用对称于中性轴的截面,如工字形、矩形、圆形和圆环形截面。

对于由脆性材料制成的梁,由于抗拉强度小于抗压强度,宜采用中性轴不是对称轴的截面,且应使中性轴靠近材料强度较低的一侧,如铸铁等脆性材料制成的梁常采用 T 形、非对称的工字形和箱形截面,如图 10.24 所示,并应使 y_2 和 y_1 之比等于或接近于 $[\sigma_t]$ 与 $[\sigma_c]$ 之比,即

$$\frac{\sigma_{t\,max}}{\sigma_{c\,max}} = \frac{\frac{My_2}{I_z}}{\frac{My_1}{I_z}} = \frac{y_2}{y_1} = \frac{[\sigma_t]}{[\sigma_c]}$$

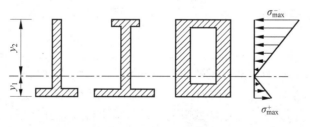

图 10.24

木梁材料的拉、压强度不同,但根据制造工艺的要求仍采用矩形截面。

总之,在选择梁的截面形状时应综合考虑横截面的应力分布情况、材料的力学性能及梁的使用条件及制造工艺等,不能强调某一方面而忽略另一方面。

3. 合理结构形式

所谓合理结构形式是指在保障承载能力的前提下,尽量降低梁的最大弯矩 $M_{\max}$ 的值。

(1) 合理布置荷载作用位置及方式。

在结构条件允许的情况下,适当考虑把荷载安排得靠近支座,或把集中荷载分散成多个较小的荷载,均可达到减小截面上最大弯矩值 $M_{\max}$ 的目的。

如图 10.25(a) 所示简支梁的 $M_{\max} = Fl/4 = 0.25Fl$,若将荷载移至支座附近,如图 10.25(b) 所示,则 $M_{\max} = Fl/64 = 0.109Fl$,弯矩减少了 56.25%;若采用图 10.25(c) 所示形式,则 $M_{\max} = Fl/8 = 0.125Fl$,仅为原来的 1/2;若将荷载均匀分布在梁上,如图 10.25(d) 所示,$M_{\max}$ 也明显减小。

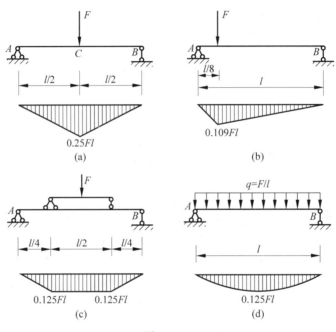

图 10.25

(2) 合理安排支座位置或增加支座数目。

为了减小梁的弯矩,还可采用增加支座和减小跨度的方法。如图 10.26(a) 所示简支梁的 $M_{\max} = ql^2/8$,若把它变成图 10.26(b)、(c)、(d) 所示的形式,则最大弯矩将分别比原来减小 80%、75%、90%。

(3) 采用等强度梁。

一般情况下,梁各截面上的弯矩随截面的位置不同而变化,即 $M = M(x)$。按正应力强度设计梁的截面时,是以 $M_{\max}$ 为依据的。对等截面梁而言,除 $M_{\max}$ 所在截面的危险点的 $\sigma_{\max}$ 达到或接近 $[\sigma]$ 外,其余弯矩小的截面上的材料均未得到充分利用。为了节约材料,减轻梁的自重,可使弯矩大的截面用较大的截面尺寸,弯矩较小的截面用较小的截面尺寸。这种梁称为**变截面梁**。当梁的各截面上的最大应力 $\sigma_{\max}$ 都等于材料的许用应力时,称为等强度梁,即

$$\sigma_{\max} = \frac{M(x)}{W(x)} = [\sigma] \text{ 或 } W(x) = \frac{M(x)}{[\sigma]}$$

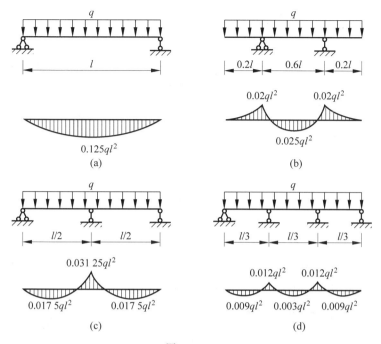

图 10.26

图 10.27(a)所示简支梁,当梁的宽度不变时,按等强度梁设计出的截面高度 $h(x)$ 绘出的构造形式如图 10.27(b)所示。为了施工方便,常将它做成接近等强度梁的变截面梁。如土建工程中的鱼腹式梁(图 10.27(c)),机械中的阶梯形轴(图 10.27(d))等。

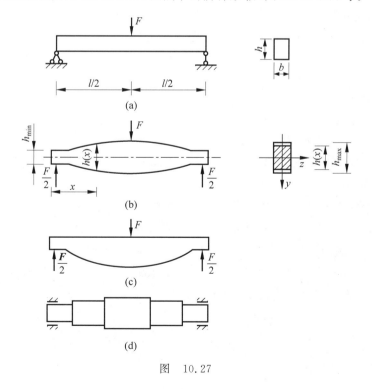

图 10.27

10.4 梁横截面上的切应力与切应力强度条件

梁横截面上的切应力分布比较复杂,此处不作详细推导,只简单说明如下。

10.4.1 横截面上的切应力

1. 切应力分布规律假设

高度 h 大于宽度 b 的矩形截面梁,其横截面上的剪力 F_S 沿 y 轴方向变化,如图 10.28 所示,现假设切应力的分布规律如下:

(1) 横截面上各点处的切应力 τ 都与剪力 F_S 方向一致;

(2) 横截面上距中性轴等距离各点处切应力大小相等,即沿截面宽度均匀分布。

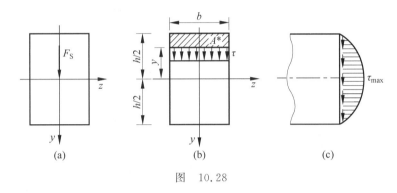

图 10.28

2. 矩形截面梁的切应力计算公式

根据以上假设,可以推导出矩形截面梁横截面上任意一点处剪应力的计算公式为

$$\tau = \frac{F_S S_z^*}{I_z b} \tag{10-16}$$

式中,F_S——横截面上的剪力;

I_z——整个截面对中性轴的惯性矩;

b——求切应力处的横截面宽度;

S_z^*——横截面上所求切应力点处的水平线以上(或以下)部分的面积 A^* 对中性轴的静矩。

用上式计算时,F_S 与 S_z^* 均用绝对值代入即可。

切应力沿截面高度的分布规律,可由式(10-16)得出。对于同一截面而言,F_S、I_z 及 b 都为常量。因此,截面上的切应力 τ 是随静矩 S_z^* 变化而变化的。

现求图 10.28(b)所示矩形截面上任意一点的切应力,该点至中性轴的距离为 y,该点水平线以上横截面面积 A^* 对中性轴的静矩为

$$S_z^* = A^* y_0 = b\left(\frac{h}{2} - y\right)\left[y + \frac{1}{2}\left(\frac{h}{2} - y\right)\right] = \frac{bh^2}{8}\left(1 - \frac{4y^2}{h^2}\right)$$

又 $I_z = \dfrac{bh^2}{12}$,代入式(10-16)得

$$\tau = \frac{3F_S}{2bh}\left(1 - \frac{4y^2}{h^2}\right)$$

上式表明切应力沿截面高度按二次抛物线规律分布(图 10.28(c))。在上、下边缘处 $\left(y = \pm\frac{h}{2}\right)$,切应力为零;在中性轴上($y = 0$),切应力最大,其值为

$$\tau_{\max} = \frac{3F_S}{2bh} = 1.5\frac{F_S}{A} \qquad (10\text{-}17)$$

式中,$\dfrac{F_S}{A}$——截面上的平均切应力。

由此可见,矩形截面上的最大切应力是平均切应力的 1.5 倍,发生在中性轴上。

3. 工字形截面梁的切应力

工字形截面梁由腹板和翼缘组成(图 10.29(a))。腹板是一个狭长的矩形,所以它的切应力可按矩形截面的切应力公式计算,即

$$\tau = \frac{F_S S_z^*}{I_z d}$$

式中,d——腹板的宽度;

S_z^*——横截面上所求切应力处的水平线以下(或以上)至边缘部分面积 A^* 对中性轴的静矩。

由上式可求得切应力 τ 沿腹板高度按抛物线规律变化,如图 10.29(b)所示。最大切应力发生在中性轴上,其值为

$$\tau_{\max} = \frac{F_S S_{z\,\max}^*}{I_z d} = \frac{F_S}{(I_z/S_{z\,\max}^*)d} \qquad (10\text{-}18)$$

式中,$S_{z\,\max}^*$——工字形截面中性轴以下(或以上)面积对中性轴的静矩。对于工字钢,$I_z/S_{z\,\max}^*$ 可由型钢表中查得。

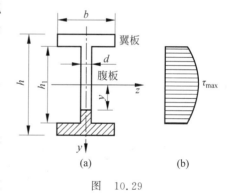

图 10.29

在一般情况下,由于腹板的厚度 d 与翼缘的宽度 b 比较起来是很小的,将 $\tau_{\max}$ 和 $\tau_{\min}$ 的计算式进行比较可以看出,腹板上的切应力 $\tau_{\max}$ 和 $\tau_{\min}$ 的大小没有显著的差别,并且 τ 近似于均匀分布。所以,腹板上的最大切应力也可以近似地用下面的公式计算:

$$\tau_{\max} = \frac{F_S}{h_1 d} \qquad (10\text{-}19)$$

此式就是工字形截面最大切应力的实用计算公式,在工程设计中属于比较安全的。

4. 圆形和圆环形截面梁的最大切应力

圆形和圆环形截面梁的切应力情况比较复杂,但可以证明,其竖向切应力 τ 也是沿梁高按二次抛物线规律分布的,并且在中性轴上,切应力都达到最大值(图 10.30(a)、(b))。

圆形截面的最大切应力为

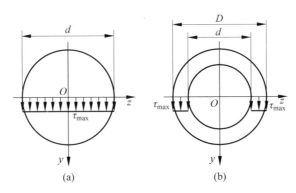

图 10.30

$$\tau_{\max} = \frac{4F_S}{3A} = \frac{4}{3}\bar{\tau} \tag{10-20}$$

式中，A——圆形截面的截面面积，且 $A = \frac{\pi d^2}{4}$；

F_S——横截面上的剪力。

可见圆形截面梁横截面上的最大切应力为其平均切应力的 $\frac{4}{3}$ 倍。

圆环形截面的最大切应力为

$$\tau_{\max} = 2\frac{F_S}{A} = 2\bar{\tau} \tag{10-21}$$

式中，A——圆环形截面的截面面积。

故薄壁圆环形梁横截面上的最大切应力为其平均切应力的 2 倍。

10.4.2 梁的切应力强度条件

与梁的正应力强度计算一样，为了保证梁能安全工作，梁在荷载作用下产生的最大切应力也不能超过材料的容许切应力。由前面的讨论已知，横截面上的最大切应力发生在中性轴上，对整个梁来说，最大切应力发生在剪力最大的截面上，此最大切应力应不超过材料的容许应力$[\tau]$，即

$$\tau_{\max} = \frac{F_{S\,\max} S_{z\,\max}^*}{I_z b} \leqslant [\tau] \tag{10-22}$$

式(10-22)即为梁的切应力强度条件。式中 $F_{S\,\max}$ 为梁中的最大剪力，b 为梁截面中性轴处的宽度。

在进行梁的强度计算时，必须同时满足正应力强度条件式(10-13)和切应力强度条件式(10-22)。一般情况下，梁的强度计算由正应力强度条件控制。因此，在设计梁的截面时，一般都是先按正应力强度条件设计截面，在确定好截面尺寸后，再按切应力强度条件进行校核。工程中，按正应力强度条件设计的梁，切应力强度条件大多可以满足，因而不一定需要对切应力进行强度校核。但是在遇到下列几种特殊情况的梁时，梁的切应力强度条件就可能起控制作用，因此必须校核梁内的切应力。

(1) 梁的跨度较短，或在支座附近作用有较大的集中荷载时，梁的最大弯矩较小而剪力

却很大。

(2) 在铆接或焊接的组合型截面(例如工字形)钢梁中,如果其横截面的腹板厚度与高度相比,较一般型钢截面的相应比值较小。

(3) 由于木材在顺纹方向的抗剪强度比较差,同一品种木材在顺纹方向的容许切应力$[\tau]$常比其容许正应力$[\sigma]$低得多,所以木材在横力弯曲时可能因为中性层上的切应力过大而使梁沿其中性层发生剪切破坏。

例 10.15 一矩形截面简支梁如图 10.31 所示。已知:$l=3\mathrm{m}$,$h=160\mathrm{mm}$,$b=100\mathrm{mm}$,$h_1=40\mathrm{mm}$,$F=3\mathrm{kN}$,求 $m—m$ 截面上 K 点的切应力。

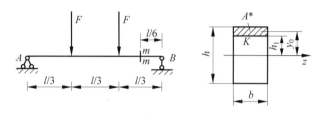

图 10.31

解 解题思路:先求 F_{SK} 再计算 I_z,然后代入式(10-16)。

解题过程:

(1) 求支座反力及 $m—m$ 截面上的剪力:
$$F_{Ay}=F_B=F=3\mathrm{kN}(\uparrow)$$
$$F_S=-F_B=-3\mathrm{kN}$$

(2) 计算截面的惯性矩及部分面积 A^* 对中性轴的静矩,分别为
$$I_z=\frac{bh^3}{12}=\frac{100\times160^3}{12}\mathrm{mm}^4\approx34.1\times10^6\mathrm{mm}^4$$
$$S_z=A^*y_0=100\times40\times60\mathrm{mm}^3=24\times10^4\mathrm{mm}^3$$

(3) 计算 $m—m$ 截面上 K 点的切应力:
$$\tau_K=\frac{F_S S_z^*}{I_z b}=\frac{3\times10^3\times24\times10^4}{34.1\times10^4\times100}\mathrm{MPa}\approx0.21\mathrm{MPa}$$

例 10.16 如图 10.32(a)所示一简支木梁承受均布荷载 $q=3\mathrm{kN/m}$,梁的跨度 $l=4\mathrm{m}$,横截面尺寸为 $b\times h=120\mathrm{mm}\times180\mathrm{mm}$,材料的许用正应力$[\sigma]=10\mathrm{MPa}$,许用切应力$[\tau]=1.1\mathrm{MPa}$。试校核此梁的强度。

解 解题思路:先求梁的 $F_{S\max}$,$M_{\max}$,再求 W_z,利用式(10-13)求 $\sigma_{\max}$,利用式(10-17)求 $\tau_{\max}$,再用式(10-13)、式(10-22)是否满足条件。

解题过程:

(1) 作梁的剪力图、弯矩图。

AB 梁的剪力图、弯矩图分别如图 10.32(b)、(c)所示。梁的最大剪力发生在靠近支座的截面上,有
$$F_{S\max}=\frac{ql}{2}=\frac{3\times4}{2}\mathrm{kN}=6\mathrm{kN}$$

梁的最大弯矩发生在跨中截面上,有

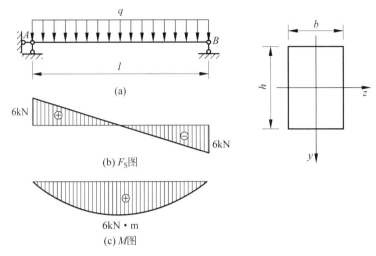

图 10.32

$$M_{max} = \frac{1}{8}ql^2 = \frac{1}{8} \times 3 \times 4^2 \text{kN} \cdot \text{m} = 6\text{kN} \cdot \text{m}$$

(2) 梁的正应力强度校核。

弯曲截面系数

$$W_z = \frac{bh^2}{6} = \frac{120 \times 180^2}{6}\text{mm}^3 = 64.8 \times 10^4 \text{mm}^3$$

由式(10-13)得

$$\sigma_{max} = \frac{M_{max}}{W_z} = \frac{6 \times 10^3}{64.8 \times 10^4 \times 10^{-9}} \approx 9.26 \times 10^6 \text{Pa} = 9.26\text{MPa} < [\sigma] = 10\text{MPa}$$

(3) 梁的切应力强度校核。

横截面面积

$$A = b \times h = 120 \times 180 \text{mm}^2 \approx 21.6 \times 10^3 \text{mm}^2$$

则

$$\tau_{max} = 1.5\frac{F_{S\,max}}{A} = \frac{1.5 \times 6 \times 10^3}{21.6 \times 10^3 \times 10^{-6}} \approx 0.42 \times 10^6 \text{Pa} = 0.42\text{MPa} < [\tau] = 1.1\text{MPa}$$

因此梁的正应力、切应力强度条件均能满足。

例 10.17 一外伸工字形钢梁,工字钢的型号为 No.22a,梁上荷载如图 10.33(a)所示。已知 $l=6\text{m}$,$F=30\text{kN}$,$q=3\text{kN/m}$,$[\sigma]=170\text{MPa}$,$[\tau]=100\text{MPa}$,校核此梁是否安全。

解 解题思路:作 F_S 图、M 图,确定 M_{max}、$F_{S\,max}$,查型钢表确定 $\frac{I_z}{S^*_{max}}$、W_z,再由式(10-13)、式(10-21)验算是否满足条件。

解题过程:

(1) 绘制剪力图、弯矩图如图 10.33(b)、(c)所示,有

$$M_{max} = 39\text{kN} \cdot \text{m}$$
$$F_{S\,max} = 17\text{kN}$$

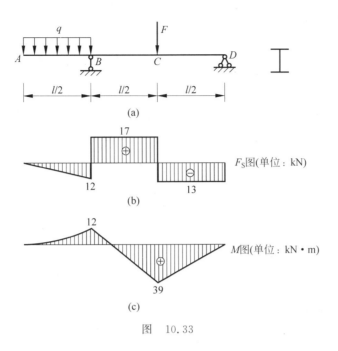

图 10.33

(2) 由型钢表查得有关数据:

$$b = 0.75 \text{cm}$$

$$\frac{I_z}{S_{max}^*} = 18.9 \text{cm}$$

$$W_z = 309 \text{cm}^3$$

(3) 校核正应力强度及切应力强度:

$$\sigma_{max} = \frac{M_{max}}{W_z} = \frac{39 \times 10^6}{309 \times 10^3} \text{MPa} \approx 126 \text{MPa} < [\sigma] = 170 \text{MPa}$$

$$\tau_{max} = \frac{F_{S\,max} S_{max}^*}{I_z b} = \frac{17 \times 10^3}{18.9 \times 10 \times 7.5} \text{MPa} \approx 12 \text{MPa} < [\tau] = 100 \text{MPa}$$

梁是安全的。

例 10.18 矩形截面松木梁两端搁在墙上,承受由楼板传下来的荷载作用,如图 10.34(a) 所示。已知梁的间距 $a = 1.2$m,两墙间距 $l = 5$m,楼板承受均布荷载,其面集度 $p = 3$kN/m^2,松木的弯曲许用应力 $[\sigma] = 10$MPa,$[\tau] = 1$MPa。试选择梁的截面尺寸(设 $h/b = 1.5$)。

解 解题思路:先确定计算简图,再计算 M_{max}、$F_{S\,max}$,然后用式(10-14)求截面尺寸,再用式(10-22)验算。

解题过程:

(1) 木梁计算简图如图 10.34(b)所示。荷载的线集度为

$$q = \frac{pal}{l} = pa = 3 \times 1.2 \text{kN/m} = 3.6 \text{kN/m}$$

最大弯矩在跨中截面,其值为

$$M_{max} = \frac{1}{8}ql^2 = \frac{1}{8} \times 3.6 \times 5^2 \text{kN} \cdot \text{m} = 11.25 \text{kN} \cdot \text{m}$$

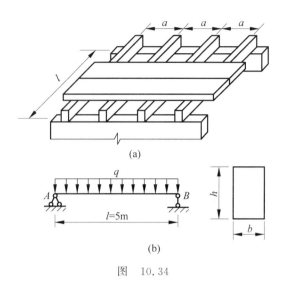

图 10.34

(2) 按正应力强度条件选择截面尺寸。

$$h = 1.5b, \quad W_z = \frac{bh^2}{6} = \frac{b(1.5b)^2}{6} = 0.375b^3$$

$$\sigma_{max} = \frac{M_{max}}{W_z} = \frac{M_{max}}{0.375b^3} \leqslant [\sigma]$$

$$b \geqslant \sqrt[3]{\frac{M_{max}}{0.375[\sigma]}} = \sqrt[3]{\frac{11.25 \times 10^6}{0.375 \times 10}} \text{mm} \approx 144\text{mm}$$

取 $b = 150$mm。则 $h = 1.5, b = 225$mm。

(3) 该梁为木梁,需校核切应力强度。在邻近支座的截面上 F_S 为

$$F_{S\,max} = \frac{1}{2}ql = \frac{1}{2} \times 3.6 \times 5\text{kN} = 9\text{kN}$$

矩形截面梁:

$$\tau_{max} = \frac{3}{2} \frac{F_{S\,max}}{A} = \frac{3 \times 9 \times 10^3}{2 \times 150 \times 225}\text{MPa} = 0.4\text{MPa} < [\tau]$$

剪切强度足够。故选定 $b = 150$mm, $h = 225$mm。

例 10.19 如图 10.35 所示简支梁由普通热轧工字钢制成,梁上作用有集中荷载 $F_1 = 100$kN, $F_2 = 80$kN,钢材的许用正应力 $[\sigma] = 160$MPa,许用切应力 $[\tau] = 100$MPa。试选择工字钢型号。

解 解题思路:先作 F_S 图、M 图,确定 $F_{S\,max}$、M_{max},用式(10-14)计算截面尺寸,再验算式(10-22)是否满足。

解题过程:

(1) 作梁的剪力图、弯矩图。

AB 梁的剪力图、弯矩图分别如图 10.35(b)、(c)所示。梁内最大剪力、最大弯矩分别为

$$F_{S\,max} = 90.6\text{kN}$$

$$M_{max} = 36.2\text{kN} \cdot \text{m}$$

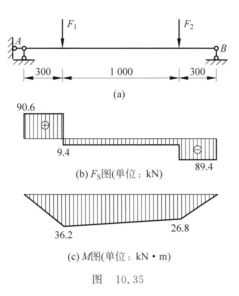

图 10.35

(2) 按正应力条件选择截面。

由式(10-14)得梁所需的弯曲截面系数为

$$W_z \geqslant \frac{M_{\max}}{[\sigma]} = \frac{36.2 \times 10^3}{160 \times 10^6} \text{m}^3 \approx 226 \times 10^{-6} \text{m}^3 = 226 \text{cm}^3$$

查型钢表,选 No.20a 工字钢,其弯曲截面系数 $W_z = 237 \text{cm}^3$,比计算所需 $W_z = 226 \text{m}^3$ 略大,故可选用 No.20a 工字钢。

(3) 按切应力强度条件校核。

查型钢表得 No.20a 工字钢的截面几何性质如下:

$$\frac{I_z}{S_{z\max}^*} = 17.2 \text{cm}, \quad 腹板厚度 \ d = 7 \text{mm}$$

由式(10-22)得

$$\tau_{\max} = \frac{F_{S\max} S_{z\max}^*}{I_z b} = \frac{F_{S\max}}{\dfrac{I_z}{S_{z\max}^*} b} = 75.2 \text{MPa} < [\tau] = 100 \text{MPa}$$

也满足切应力强度条件,该梁可选用 No.20a 工字钢。

例 10.20 一外伸梁如图 10.36(a)所示,梁上受集中力 F 的作用。已知 $a = 25 \text{cm}$, $l = 100 \text{cm}$,梁由 No.12.6 工字钢制成,材料的弯曲许用正应力 $[\sigma] = 170 \text{MPa}$,许用切应力 $[\tau] = 100 \text{MPa}$,试求此梁的许可荷载 $[F]$。

解 解题思路:先作 F_S 图、M 图,确定 $F_{S\max}$、$M_{\max}$,用式(10-15)求 $[F]$,再用式(10-22)验算是否满足条件。

解题过程:

(1) 作出梁的剪力图和弯矩图,如图 10.36(b)、(c)所示,由图可知:

$$M_{\max} = Fa \ (发生在 B 截面)$$

$$F_{S\max} = F \ (发生在 AB 段各截面)$$

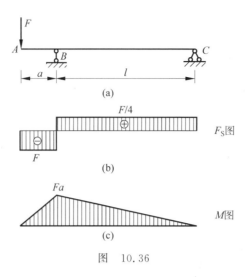

图 10.36

(2) 查 No.12.6 工字钢的几何参数。

由书末的附录 A,查得 No.12.6 工字钢的有关几何量为

$$d=0.5\text{cm}, \quad W_z=77.4\text{cm}^3, \quad \frac{I_z}{S_{z\max}}=10.99\text{cm}$$

(3) 按正应力强度条件确定 $[F]$。

梁的许可弯矩为

$$[M]=[\sigma]W_z=170\times 77.4\times 10^3\text{N}\cdot\text{mm}=13.158\times 10^6\text{N}\cdot\text{mm}=13.158\text{kN}\cdot\text{m}$$

梁应满足式(10-15)所示的强度条件,即

$$M_{\max}\leqslant [M]$$

将 $M_{\max}=Fa$ 代入上式得

$$F\leqslant \frac{[M]}{a}=\frac{13.158}{0.25}\text{kN}\approx 52.63\text{kN}$$

(4) 校核切应力强度。

将 $F_{S\max}=F=52.63\text{kN}$ 代入式(10-22)得

$$\tau_{\max}=\frac{F_{S\max}S_{z\max}^*}{I_z b}=\frac{F_{S\max}}{\dfrac{I_z}{S_{z\max}^*}b}=\frac{52.63\times 10^3}{10.8\times 10\times 0.5\times 10}\text{MPa}\approx 97.46\text{MPa}<[\tau]=100\text{MPa}$$

满足切应力强度条件。

因此,此梁的许可载荷 $[F]=52.63\text{kN}$。

10.5 梁的应力状态与应力分析

前面讨论了梁截面上的应力情况,找出危险截面上的最大应力,建立了横截面上正应力和切应力的强度条件

$$\sigma_{\max}\leqslant [\sigma], \quad \tau_{\max}\leqslant [\tau]$$

但是,工程中的梁(例如图 10.37 所示的钢筋混凝土梁)在荷载作用下,除了跨中产生竖向裂

缝外,支座附近还可能产生斜向裂缝。这说明,最大应力未必都发生在横截面上,在某些斜截面上也存在导致梁破坏的应力。为了确定梁受力后究竟哪个位置、哪个截面上应力最大,以便进一步判断梁的强度,就必须研究梁内任意点在各个斜截面上的应力变化情况,即一点的应力状态。

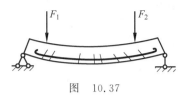

图 10.37

10.5.1 应力状态与分类

1. 应力状态的概念

在分析轴向拉压杆内任一点的应力时,我们知道,不同方位截面的应力是不同的。一般地讲,在受力构件内,在通过同一点的不同方位的截面上,应力的大小和方向是随截面的方位不同而按一定的规律变化的。因此,为了深入了解受力构件内的应力情况,正确分析构件的强度,必须研究一点处的应力情况,即**通过构件内某一点所有不同截面上的应力情况集合,称为一点处的应力状态**。

研究一点处的应力状态时,往往围绕该点取一个微小的正六面体,称为**单元体**。作用在单元体上的应力可认为是均匀分布的。

2. 应力状态分类

根据一点处的应力状态中各应力在空间的位置,可以将应力状态分为空间应力状态、平面应力状态和单向应力状态。单元体上三对平面都存在应力的状态称为空间应力状态;只有两对平面存在应力的状态称为平面应力状态;只有一对平面存在应力的状态称为单向应力状态。图 10.38 所示为空间应力状态,图 10.38(b)、(c)所示为平面应力状态和单向应力状态。若平面应力状态的单元体中正应力都等于零,仅有切应力作用,则称为纯剪切应力状态,如图 10.38(d)所示。

本节只研究平面应力状态。

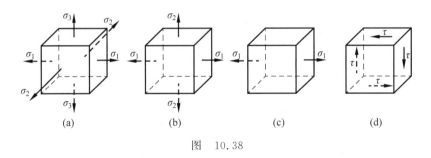

图 10.38

10.5.2 平面应力分析

分析平面应力状态的方法有解析法和图解法两种。

1. 平面应力状态分析的解析法

设从受力构件中某一点取一单元体置于 xy 平面内,如图 10.39 所示,已知 x 面上的应力 σ_x 及 τ_x,y 面上的应力 σ_y 及 τ_y。根据剪应力互等定理,$\tau_x = \tau_y$。现在求任一斜截面 BC 上的应力。用斜截面 BC 将单元体切开(图 10.39(a)),斜截面的外法线 n 与 x 轴的夹角用 α 表示(以后 BC 截面称为 α 截面),在 α 截面上的应力用 σ_α 及 τ_α 表示。规定 α 角由 x 轴到

n 轴逆时针转向为正；正应力 σ_α 以拉应力为正，压应力为负；切应力 τ_α 以对单元体顺时针转向为正，反之为负。

取 BC 左部分为研究对象(图 10.39(c))，设斜截面上的面积为 dA，则 BA 面和 AC 面的面积分别为 $dA\cos\alpha$ 和 $dA\sin\alpha$，建立坐标如图 10.39(d)所示，取 $\boldsymbol{n}$ 和 $\boldsymbol{t}$ 为两参考坐标轴，列出平衡方程分别为

$$\sum F_n = 0$$

$$\sigma_\alpha dA - \sigma_x dA\cos\alpha\cos\alpha + \tau_x dA\cos\alpha\sin\alpha + \sigma_y dA\sin\alpha\sin\alpha + \tau_y dA\sin\alpha\cos\alpha = 0$$

$$\sum F_t = 0$$

$$\sigma_\alpha dA - \sigma_x dA\cos\alpha\sin\alpha + \tau_x dA\cos\alpha\cos\alpha + \sigma_y dA\sin\alpha\cos\alpha + \tau_y dA\sin\alpha\sin\alpha = 0$$

由于 $\tau_x = \tau_y$，再利用三角公式

$$\cos^2\alpha = \frac{1+\cos\alpha}{2}$$

$$\sin^2\alpha = \frac{1-\cos\alpha}{2}$$

$$2\sin\alpha\cos\alpha = \sin2\alpha$$

进行整理，得到

$$\sigma_\alpha = \frac{\sigma_x + \sigma_y}{2} + \frac{\sigma_x - \sigma_y}{2}\cos2\alpha - \tau_x\sin2\alpha \tag{10-23}$$

$$\tau_\alpha = \frac{\sigma_x - \sigma_y}{2}\sin2\alpha + \tau_x\cos2\alpha \tag{10-24}$$

式(10-23)和式(10-24)是计算平面应力状态下任一斜截面上应力的一般公式。

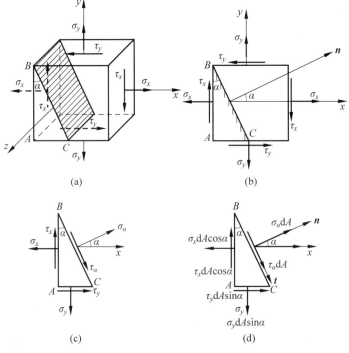

图 10.39

例 10.21 单元体各面应力如图 10.40 所示,试求斜截面上的应力 σ_α、τ_α。

解 解题思路:先写出式(10-23)、式(10-24),再分别将 σ_x、σ_y、$\cos2\alpha$、$\sin2\alpha$ 代入进行计算即可。

解题过程:将 $\sigma_x=30\text{MPa}$,$\sigma_y=50\text{MPa}$,$\tau_x=20\text{MPa}$ 分别代入式(10-23)、式(10-24)中,得

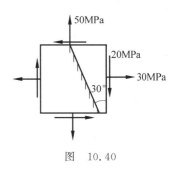

图 10.40

$$\sigma_\alpha = \frac{\sigma_x+\sigma_y}{2} + \frac{\sigma_x-\sigma_y}{2}\cos2\alpha - \tau_x\sin2\alpha$$
$$= \left(\frac{30+50}{2} + \frac{30-50}{2}\times\frac{1}{2} - 20\times\frac{\sqrt{3}}{2}\right)\text{MPa}$$
$$= (40-5-10\sqrt{3})\text{MPa} \approx 17.68\text{MPa}$$

$$\tau_\alpha = \frac{\sigma_x+\sigma_y}{2}\sin2\alpha + \tau_x\sin2\alpha$$
$$= \left(\frac{30-50}{2}\times\frac{\sqrt{3}}{2} + 20\times\frac{1}{2}\right)\text{MPa}$$
$$\approx (-8.66+10)\text{MPa}$$
$$= 1.34\text{MPa}$$

例 10.22 重力水坝坝段中某点的应力状态如图 10.41 所示(这里假设各坝段独立工作,长度方向无应力),试求 $\alpha=30°$ 的斜截面上的应力。

解 解题思路:先写出式(10-23)、式(10-24),再分别将 σ_x、σ_y、$\cos2\alpha$、$\sin2\alpha$ 代入进行计算即可。

解题过程:根据应力符号规定,有 $\sigma_x=-1\text{MPa}$,$\tau_x=-0.2\text{MPa}$,$\sigma_y=-0.4\text{MPa}$,$\tau_y=0.2\text{MPa}$,分别代入式(10-23)、式(10-24)中,得

$$\sigma_{\alpha=30°} = \{[-1+(-0.4)/2] + [-1-(-0.4)]\cdot\cos(2\times30°)/2 - (-0.2)\sin(2\times30°)\}\text{MPa}$$
$$\approx -0.677\text{MPa}$$

$$\tau_{\alpha=30°} = \{[-1-(-0.4)]\cdot\sin60°/2 + (-0.2)\cos60°\}\text{MPa} \approx -0.36\text{MPa}$$

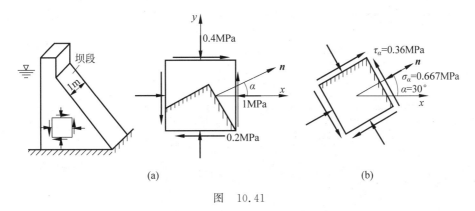

图 10.41

2. 平面应力状态分析的应力圆法

前文用解析法导出了在平面应力状态下,单元体的任意斜截面上正应力和切应力的计

算公式(10-23)和式(10-24),下面再介绍一种确定 σ_α 和 τ_α 的图解法,又称为**应力圆法**。

根据解析法,得出斜截面上的应力计算公式为式(10-23)式(10-24),即有

$$\sigma_\alpha = \frac{\sigma_x + \sigma_y}{2} + \frac{\sigma_x - \sigma_y}{2}\cos2\alpha - \tau_x\sin2\alpha$$

$$\tau_\alpha = \frac{\sigma_x - \sigma_y}{2}\sin2\alpha + \tau_x\cos2\alpha$$

可以看出,这是两个以 2α 为参变量的方程,现在设法消去 2α。为此,将上面两式加以改写,并两边各自取平方,得

$$\left(\sigma_\alpha - \frac{\sigma_x + \sigma_y}{2}\right)^2 = \left(\frac{\sigma_x - \sigma_y}{2}\cos2\alpha - \tau_x\sin2\alpha\right)^2$$

$$\tau_\alpha^2 = \left(\frac{\sigma_x - \sigma_y}{2}\sin2\alpha + \tau_x\cos2\alpha\right)^2$$

将上两式相加,经整理后得

$$\left(\sigma_\alpha - \frac{\sigma_x + \sigma_y}{2}\right)^2 + \tau_\alpha^2 = \left(\frac{\sigma_x - \sigma_y}{2}\right)^2 + \tau_x^2 \tag{10-25}$$

式(10-25)是 σ_α 和 τ_α 之间的函数关系表达式。这是一个以正应力 σ 为横坐标,切应力 τ 为纵坐标的圆的方程,圆心的坐标为 $\left(\frac{\sigma_x + \sigma_y}{2}, 0\right)$,圆的半径为 $\sqrt{\left(\frac{\sigma_x - \sigma_y}{2}\right)^2 + \tau_x^2}$。这样的圆称为**应力圆**。应力圆是由德国学者莫尔于 1882 年首先提出的,因此也称为莫尔圆。

下面介绍根据已知单元体上的 σ_x、σ_y、τ_x、τ_y 作出应力圆和用应力圆求出单元体上任意斜截面上的应力 σ_α 及 τ_α 的方法。

设有一平面应力状态如图 10.42(a)所示,现要求 α 斜截面上的正应力 σ_α 和切应力 τ_α。为此,作一直角坐标系 $\sigma O\tau$(图 10.42(b)),以横坐标表示 σ,向右为正,以纵坐标表示 τ,向上为正。根据图 10.42(a)所示的应力情况,按选定的应力比例尺,在坐标轴上量取 $OA_1 = \sigma_x$,$A_1D_1 = \tau_x$,得到点 $D_1(\sigma_x, \tau_x)$,量取 $OB_1 = \sigma_y$,$B_1D_2 = \tau_y$,得到点 $D_2(\sigma_y, \tau_y)$。作直线连接点 D_1、D_2 并且与 σ 轴交于点 C,现以点 C 为圆心、D_1D_2 为直径作一圆,该圆就是表示图 10.42(a)所示单元体的平面应力状态的应力圆。注意,该圆上的 D_1 点的两个坐标值即

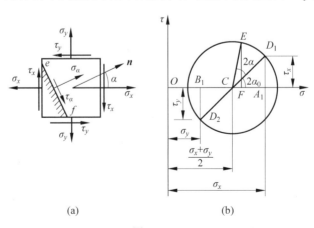

图 10.42

代表了单元体上外法线为 x 轴的平面上的正应力 σ_x 和切应力 τ_x；同理，D_2 点的两个坐标值即代表了单元体上外法线为 y 轴的平面上的正应力 σ_y 和切应力 τ_y。CD_1 线的位置即代表单元体上的 x 轴，2α 角的量取必须以 CD_1 为基准线，并且逆时针量取为正，顺时针量取为负。

注意：表示一点状态的单元体和应力圆有着相互的对应关系，如下所述。

（1）点面对应　即单元体上任一截面上的应力值与应力圆上一点的坐标值相对应。

（2）α 角与 2α 对应　即单元体上的 α 截面角应与应力圆上圆心 2α 相对应。

（3）转向对应　即单元体上 α 角的转向应与应力圆上的圆心角 2α 的转向一致。

例 10.23　试用应力圆法计算图 10.43(a)所示单元体在 $e-f$ 截面上的应力，已知 $e-f$ 面和 $a-b$ 面的外法线之间的夹角为 $\alpha = -30°$。

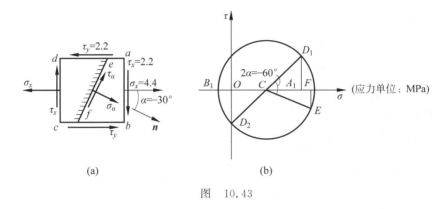

图　10.43

解　解题思路：先用式(10-23)、式(10-24)计算 σ_α、τ_α，然后选坐标画应力圆，再按选定的比例尺量得。

解题过程：

（1）作直角坐标系 $\sigma O \tau$（图 10.43(b)），自选定一个应力比例尺。

（2）在横坐标轴上按比例量取 $OA_1 = \sigma_x = 4.4 \text{MPa}$，再沿纵坐标轴方向量 $A_1 D_1 = \tau_x = 2.2 \text{MPa}$ 得到点 D_1；同样根据 $\sigma_y = 0$，$\tau_y = -2.2 \text{MPa}$ 在 τ 轴上沿负方向量取 $OD_2 = \tau_y = -2.2 \text{MPa}$ 得到点 D_2。

（3）作连接 D_1 与 D_2 的直线，它交 σ 轴于点 C。则以点 C 为圆心，以直线 $D_1 D_2$ 为直径作圆，就是表示图 10.43(a)所示单元体的平面应力状态的应力圆。

（4）从应力圆圆周上的点 D_1 开始，沿着与 α 转向相同的方向量一弧长 $\widehat{D_1 E}$，$\widehat{D_1 E}$ 所对的圆心角为 $2\alpha = -60°$（负号表示顺时针转），得到圆周上的一点 E，则点 E 的横坐标和纵坐标就代表着 σ_α 和 τ_α，按选定的比例尺量得

$$\sigma_\alpha = \sigma_{-30°} = 5.2 \text{MPa}$$
$$\tau_\alpha = \tau_{-30°} = -0.8 \text{MPa}$$

例 10.24　试分别用解析法和应力圆法求图 10.44(a)所示的单元体在 $\alpha = 30°$ 的斜面上的应力。

解　解题思路：先用式(10-23)、式(10-24)计算 σ_α、τ_α，然后选坐标画应力圆，再按事先所选尺寸量得。

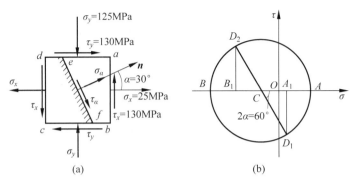

图 10.44

解题过程：

(1) 解析法。

用式(10-23)和式(10-24)求 α 截面上的应力：

$$\sigma_\alpha = \frac{\sigma_x + \sigma_y}{2} + \frac{\sigma_x - \sigma_y}{2}\cos 2\alpha - \tau_x \sin 2\alpha$$

$$= \left[\frac{25 + (-125)}{2} + \frac{25 - (-125)}{2}\cos 60° - (-130)\sin 60°\right] \text{MPa}$$

$$= \left[-50 + \frac{150}{4} - (-130)\frac{\sqrt{3}}{2}\right] \text{MPa} \approx 100 \text{MPa}$$

$$\tau_\alpha = \frac{\sigma_x - \sigma_y}{2}\sin 2\alpha + \tau_x \cos 2\alpha$$

$$= \left[\frac{25 - (-125)}{2}\sin 60° + (-130)\cos 60°\right] \text{MPa}$$

$$= \left(75\frac{\sqrt{3}}{2} - 65\right) \text{MPa} \approx 0 \text{MPa}$$

(2) 应力圆法。

选定一个适当应力比例尺，由 $\sigma_x = 25\text{MPa}$，$\tau_x = -130\text{MPa}$ 定出点 D_1；由 $\sigma_y = -125\text{MPa}$，$\tau_y = 130\text{MPa}$ 定出点 D_2。作连接 D_1 和 D_2 的直线交 σ 轴于点 C。以点 C 为圆心、以 D_1D_2 为直径作出应力圆，如图 10.44(b)所示。

从点 D_1 开始沿与 α 角相同的转向（逆时针转向为正）量取一弧长 $\widehat{D_1A}$，并使它所对应的圆心角为 $2\alpha = 60°$，得到点 A 刚好落在 σ 轴上，A 点的横坐标即为 σ_α，纵坐标即为 τ_α。由选定的应力比例尺量得

$$\sigma_\alpha \approx 100 \text{MPa}$$
$$\tau_\alpha = 0$$

由此可知，应力圆法的结果与所选比例尺及作图精度有关。当比例尺选择得当，作图严谨规范时，应力圆法仍可给出工程应用上较为精确的结果，因此应力圆法也为一种简易可行的方法。

10.5.3 梁的主应力与最大切应力

1. 主应力及其作用平面

由式(10-23)知，σ_α 是 α 的函数。随着 α 的连续变化，σ_α 必有最大值和最小值。应用微分学中求极值的方法可得

$$\frac{d\sigma_\alpha}{d\alpha} = -2\left(\frac{\sigma_x - \sigma_y}{2}\sin 2\alpha + \tau_x \cos 2\alpha\right) = 0$$

即

$$\tan 2\alpha = -\frac{2\tau_x}{\sigma_x - \sigma_y} \tag{10-26}$$

满足式(10-26)的解有 $\alpha = \alpha_0$ 及 $\alpha_0 + 90°$，这里，α_0 代表正应力取得极值的截面与横截面的交角。再应用三角函数关系，由式(10-26)可求得

$$\sin 2\alpha_0 = \frac{-2\tau}{\sqrt{\sigma^2 + 4\tau^2}}, \quad \cos 2\alpha_0 = \frac{\sigma}{\sqrt{\sigma^2 + 4\tau^2}} \tag{a}$$

$$\sin 2(\alpha_0 + 90°) = \frac{2\tau}{\sqrt{\sigma^2 + 4\tau^2}}, \quad \cos 2(\alpha_0 + 90°) = \frac{-\sigma}{\sqrt{\sigma^2 + 4\tau^2}} \tag{b}$$

将式(a)、式(b)代入式(10-23)，经整理得

$$\left.\begin{array}{c}\sigma_{\max} \\ \sigma_{\min}\end{array}\right\} = \frac{\sigma}{2} \pm \sqrt{\left(\frac{\sigma}{2}\right)^2 + \tau^2} \tag{c}$$

及

$$\tau_{\alpha_0} = 0, \quad \tau_{\alpha_0 + 90°} = 0 \tag{d}$$

这表明，正应力取得极值的两个截面互相垂直。这两个截面上的正应力，一个为正值，是最大正应力；一个为负值，是最小正应力。最大正应力和最小正应力作用的平面为主平面，主平面上的正应力称为主应力。在主平面上，切应力一定等于零。

应力单元体有互相垂直的三对平行平面，所以有三个主应力。梁内任一点的单元体前后两个平面上切应力为零，所以为主平面。又因为这两个平面上正应力为零，所以主应力等于零。三个主应力规定按代数值排列，即 $\sigma_1 > \sigma_2 > \sigma_3$，所以有

$$\sigma_1 = \sigma_{\max}, \quad \sigma_2 = 0, \quad \sigma_3 = \sigma_{\min}$$

于是式(c)可写为

$$\left.\begin{array}{c}\sigma_{\max} \\ \sigma_{\min}\end{array}\right\} = \frac{\sigma_x + \sigma_y}{2} \pm \sqrt{\left(\frac{\sigma_x - \sigma_y}{2}\right)^2 + \tau_x^2} \tag{10-27}$$

由式(10-27)可知，无论 σ、τ 的正负如何，梁内一点的最大主应力 σ_1 总是正值，称为主拉应力；最小主应力 σ_3 总是负值，称为主压应力。由式(10-26)和式(10-27)可以求得主平面位置和主应力的值。至于 σ_1（或 σ_3）与 x 轴的夹角，可由下面的简便方法判断：不论 σ 是正值还是负值，在图 10.45 所示坐标系中，σ_1 总是和 τ 与 τ' 的箭头汇交点在同一象限内。

2. 最大切应力

用求主应力的类似方法，可以得出最大切应力作用面与主平面的夹角为 $45°$，其最大值为

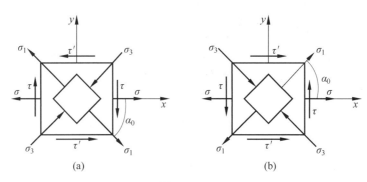

图 10.45

$$\tau_{max} = \sqrt{\left(\frac{\sigma_x - \sigma_y}{2}\right)^2 + \tau_x^2} \tag{10-28}$$

比较式(10-27)和式(10-28),有

$$\tau_{max} = \frac{\sigma_{max} - \sigma_{min}}{2} \tag{10-29}$$

式(10-29)说明最大切应力等于最大主应力与最小主应力之差的一半。

例 10.25 试求如图 10.46(a)所示单元体的主应力、最大切应力及它们所在位置。

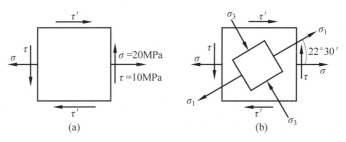

图 10.46

解 解题思路:先按式(10-27)计算 σ_1、σ_3,再按式(10-26)确定主平面位置,按式(10-29)计算最大切应力。

解题过程:根据式(10-27)得

$$\sigma_1 = \frac{\sigma_x + \sigma_y}{2} + \sqrt{\left(\frac{\sigma_x - \sigma_y}{2}\right)^2 + \tau_x^2} = \left[\frac{20}{2} + \sqrt{\left(\frac{20}{2}\right)^2 + (-10)^2}\right] \text{MPa} \approx 24.2 \text{MPa}$$

$$\sigma_3 = \frac{\sigma_x + \sigma_y}{2} - \sqrt{\left(\frac{\sigma_x - \sigma_y}{2}\right)^2 + \tau_x^2} = \left[\frac{20}{2} - \sqrt{\left(\frac{20}{2}\right)^2 + (-10)^2}\right] \text{MPa} \approx -4.2 \text{MPa}$$

根据式(10-26)计算主平面位置,即

$$\tan 2\alpha_0 = -\frac{2\tau}{\sigma} = -\frac{2(-10)}{20} = 1$$

$$\alpha_0 = 22°30', \quad \alpha_0 + 90°30' = 112°30'$$

σ、τ 和 σ_1、σ_3 之间的相互关系如图 10.46(b)所示,其中 σ_1 在 τ 与 τ' 的箭头汇交点所在的一、三象限。

根据式(10-29)得

$$\tau_{\max} = \frac{\sigma_1 - \sigma_3}{2} = \left[\frac{24.2 - (-4.2)}{2}\right] \text{MPa} = 14.2 \text{MPa}$$

最大切应力作用面与主平面的夹角为 45°。

10.5.4 主应力迹线的概念

从前面的分析知道,在某点的许多斜截面上的应力值中,总有一个最大值和最小值,这个最大值称为主拉应力,最小值称为主压应力。若在梁内计算出多个点的主拉(压)应力值并确定其方向,再将它们连接起来的一条光滑曲线,称为主应力迹线。主应力迹线可按如下步骤绘制:在梁的任一横截面上任取一点,根据前述方法定出该点的主拉应力 σ_1 的方向。将这一方向线延长,使之与相邻的横截面交于一点,然后再作出此点的主拉应力 σ_1 的方向,如此继续作下去,将这些点用光滑的曲线连接起来,就是主拉应力曲线。显然,所取的相邻横截面越靠近,所得的迹线越真实。按同样的作法,可绘出梁的主压应力迹线。

图 10.47(a)所示为对于均布荷载作用下的简支梁,在纵向平面内绘出的两组主应力迹线。一组实线表示主拉应力迹线,另一组虚线表示主压应力迹线。由图中可以看出,两组主应力迹线交点处的切线均相互垂直。

主应力的存在,常导致钢筋混凝土梁在支座附近产生斜裂缝,因此梁内的钢筋应大致与主应力迹线相符(图 10.47(b))。这样,可以使钢筋负担起各点的最大拉应力。

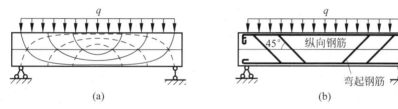

图 10.47

10.6 强度理论

根据上述分析可知,梁内任一点在 α_0 斜截面上都存在主应力。当横截面上的正应力 σ 和切应力 τ 变化时,则 α_0 斜截面的位置也在变化。那么,怎样建立任意点的强度条件呢?

由于 σ 与 τ 的组合有各种可能,要采用试验的方法建立强度条件是难以达到的,因此,要解决这样一个难题,只能是借助于可能进行的材料试验结果,经过推理,提出一些假说。这些假说认为,无论是简单的应力状态或是复杂的应力状态,它们的破坏是由同一种特定因素引起的,于是可以利用简单应力状态下试验的结果(如拉压试验)来建立复杂应力状态下的强度条件。这些假说称为**强度理论**。

到目前为止,已经建立了多种强度理论,不少国家还在继续研究这一问题。通过工程设计和工程实践,其中四种强度理论最为常用,且也能满足工程需要。

10.6.1 常用强度理论

1. 最大拉应力理论（第一强度理论）

这一理论认为无论材料处于什么应力状态，只要其最大拉应力 σ_1 达到材料单向拉伸时的极限值，材料就发生断裂破坏。因此强度条件为

$$\sigma_1 \leqslant [\sigma]$$

其中 $[\sigma]$ 是轴向拉伸时的许用应力。实践证明此理论对脆性材料的断裂破坏较为符合，对塑性材料以及三向压缩等具有拉伸的应力状态不适用。

2. 最大拉应变理论（第二强度理论）

这一理论认为无论材料处在何种应力状态，只要危险点处的最大拉应变达到某一极限值，材料就会发生脆性断裂。按此理论建立的强度条件是

$$\sigma_1 - \nu(\sigma_2 + \sigma_3) \leqslant [\sigma]$$

这一理论与脆性材料受拉、压的二向应力状态下的断裂破坏较符合。

3. 最大切应力理论（第三强度理论）

这一理论认为无论材料处于什么应力状态，只要其最大切应力 $\tau_{\max}$ 达到材料在单向拉伸下发生塑性流动破坏时所对应的最大切应力，材料就会发生屈服破坏。按这一理论建立的强度条件是

$$\sigma_1 - \sigma_3 \leqslant [\sigma]$$

此理论比较适合塑性材料。

4. 形状改变比能理论（第四强度理论）

这一理论认为不论材料处于何种应力状态，构件中的一种变形比能（称形状改变比能）是引起材料发生屈服破坏的主要因素。按此理论建立的强度条件为

$$\sqrt{\frac{1}{2}[(\sigma_1-\sigma_2)^2 + (\sigma_2-\sigma_3)^2 + (\sigma_3-\sigma_1)^2]} \leqslant [\sigma]$$

实验证明，第四强度理论比第三强度理论更符合塑性材料的破坏。但第三强度理论使用简便，因此对塑性材料制成的梁，在设计时主要应用第三、四强度理论。

10.6.2 梁的主应力强度条件

梁平面弯曲时，$\sigma_2 = 0$，此时第三、四强度理论的强度条件分别表达为

第三强度理论：

$$\sqrt{\sigma^2 + 4\tau^2} \leqslant [\sigma] \tag{10-30}$$

第四强度理论：

$$\sqrt{\sigma^2 + 3\tau^2} \leqslant [\sigma] \tag{10-31}$$

式中，σ、τ 分别为同一危险截面上危险点的正应力和切应力；$[\sigma]$ 为材料轴向拉伸时的许用应力。

一般情况下，梁的正应力强度条件起主导作用，因此按 10.2 节所述进行强度校核即可。必要时，对最大切应力所在截面的中性轴可作切应力强度校核。只有当梁截面为工字形或槽形这一类形状，且在弯矩和切应力同时比较大的截面上，其正应力 σ 和切应力 τ 也同时比较大的点，例如工字形梁腹板和翼缘的交界处，才作主应力强度校核。至于矩形、圆形这一

类截面的梁,则无须作主应力强度校核。

例 10.26 一铸铁制成的构件,其危险点处的单元体如图 10.48 所示。已知 $\sigma_x=20\mathrm{MPa}$,$\tau_x=20\mathrm{MPa}$,材料的许用拉应力 $[\sigma_1]=35\mathrm{MPa}$,许用压应力 $[\sigma_y]=120\mathrm{MPa}$。试校核此构件的强度。

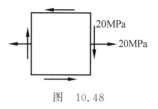

图 10.48

解 解题思路:先由式(10-27)计算 σ_1,再用第一强度理论进行校核。

解题过程:因为材料为铸铁,因此采用第一强度理论进行校核,有

$$\sigma_1 = \frac{\sigma_x + \sigma_y}{2} + \sqrt{\left(\frac{\sigma_x - \sigma_y}{2}\right)^2 + \tau^2} = \left[\frac{20}{2} + \sqrt{\left(\frac{20}{2}\right)^2 + 20^2}\right]\mathrm{MPa} \approx (10+22.4)\mathrm{MPa}$$
$$= 32.4\mathrm{MPa}$$

所以
$$\sigma_1 = 32.4\mathrm{MPa} < [\sigma_1]$$

说明铸铁构件满足强度条件。

例 10.27 图 10.49(a)所示简支梁由 No.25b 工字钢制成。已知荷载 $F=180\mathrm{kN}$,$q=25\mathrm{kN/m}$,材料的 $[\sigma]=170\mathrm{MPa}$,$[\tau]=100\mathrm{MPa}$。试对梁作正应力、切应力和主应力强度校核(采用第三强度和第四强度理论)。

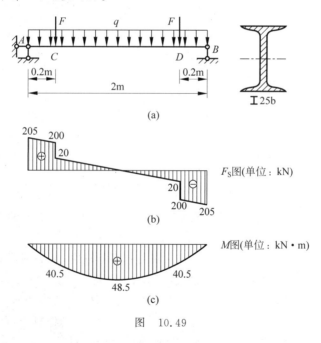

图 10.49

解 解题思路:先作内力图,确定 F_S、M 皆为最大值或接近最大值的截面,再分别用式(10-30)和式(10-31)计算。

解题过程:

(1) 作出 F_S、M 图如图 10.49(b)、(c)所示。

由 F_S、M 图可以看出,支座处切应力最大,需校核切应力强度;跨中弯矩最大,需作正

应力强度校核;在 $C_左$ 或 $D_右$ 两个截面上,弯矩和剪力都很接近最大值,需作主应力强度校核。

由型钢表查得 No.25b 工字钢的参数为

$$I_z = 5283.96 \times 10^4 \text{mm}^4, \quad W_z = 422.72 \times 10^3 \text{mm}^3, \quad \frac{I_z}{S_z^*} = 21.27 \times 10\text{mm}, \quad d = 10\text{mm}$$

(2) 正应力强度校核(跨中截面的上下边缘上)。

$$\sigma_{max} = \frac{W_{max}}{W_z} = \frac{48.5 \times 10^6}{422.72 \times 10^3} \text{MPa} \approx 114.7\text{MPa} < [\sigma]$$

(3) 切应力强度校核(截面 $A_右$ 的中性轴上)

$$\tau_{max} = \frac{F_{S\,max}}{\dfrac{I_z}{S_z^*}d} = \frac{205 \times 10^3}{21.27 \times 10 \times 10} \text{MPa} \approx 96.4\text{MPa} < [\tau]$$

(4) 主应力强度校核($C_左$ 或 $D_右$ 截面中腹板和翼缘的交界处)。

在 $C_左$ 或 $D_右$ 截面上,腹板与翼缘交界点正应力和切应力都相当大,有

$$\sigma = \frac{My}{I_z} = \frac{40.5 \times 10^6 \times 112}{5283.96 \times 10^4} \text{MPa} \approx 85.8\text{MPa}$$

$$\tau = \frac{F_S S_z^*}{I_z d} = \frac{200 \times 10^3 \times (118 \times 13 \times 118.5)}{5283.96 \times 10^4 \times 10} \text{MPa} \approx 68.8\text{MPa}$$

采用第四强度理论校核,由式(10-31)有

$$\sqrt{\sigma^2 + 3\tau^2} = \sqrt{85.8^2 + 3 \times 68.8^2} \text{MPa} \approx 146.8\text{MPa} < [\sigma]$$

采用第三强度理论校核,由式(10-30)有

$$\sqrt{\sigma^2 + 4\tau^2} = \sqrt{85.8^2 + 4 \times 68.8^2} \text{MPa} \approx 162.2\text{MPa} < [\sigma]$$

各强度条件均满足。

复习思考题

1. 图 10.50 所示 z 轴为形心轴。阴影部分与非阴影部分对 z 轴的面积矩在数量上有什么关系?

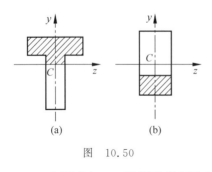

图 10.50

2. 在所有平行轴中,平面图形对过形心的坐标轴的惯性矩最小,试说明理由。

3. 惯性矩、惯性积、惯性半径是怎样定义的?它们的单位是什么?它们的值哪个可正、可负、可为零?

4. 何谓中性轴?对受弯等直梁,其中性轴如何确定?与形心轴有何关系?

5. 梁横截面上正应力沿截面的高度和宽度是怎样分布的?

6. 应用式(10-2)计算横截面上的正应力时,如何确定正、负号?

7. 从正应力考虑,应采取哪些措施提高梁的抗弯强度?

8. 如果矩形截面梁其他条件不变，只是截面高度 h 或宽度 b 分别增加一倍，梁的承载能力各增加多少？

9. 梁横截面上的切应力沿高度如何分布？最大切应力计算公式(10-18)中各符号的含义是什么？

10. 对中性轴不是截面对称轴，材料的抗拉、抗压强度也不相同的梁，强度条件如何表示？

11. 单元体上最大正应力作用面上有没有切应力？最大切应力作用面上有没有正应力？

12. 何谓主应力？何谓主应力迹线？主应力迹线有何用途？

13. 目前工程设计应用较广的强度理论是什么？

练习题

1. 长为 l 的矩形截面悬臂梁，在自由端处作用一集中力 F，如图 10.51 所示。已知 $F=3$kN, $h=180$mm, $b=120$mm, $y=60$mm, $l=3$m, $a=2$m，求 C 截面上 K 点的正应力。

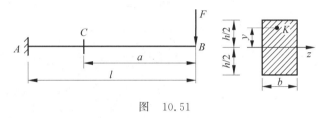

图 10.51

2. 矩形截面悬臂梁，受荷载如图 10.52 所示。试求 I—I 截面上 A、B、C、D 四点处的正应力。

3. 简支梁受力如图 10.53 所示。梁的横截面为圆形，直径 $d=40$mm。求截面 I—I 上 A、B 两点处的正应力。

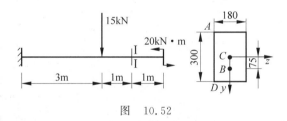

图 10.52

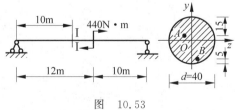

图 10.53

4. 试计算图 10.54 所示各截面图形对 z 轴的静矩。

5. 试求图 10.55 所示组合图形对形心轴 z_C 的惯性矩。

6. 计算图 10.56 所示截面图形对形心轴 y、z 的惯性矩 I_y 和 I_z。

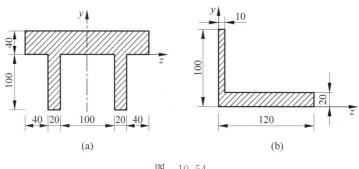

图 10.54

7. 如图 10.57 所示为一 T 形截面。
(1) 确定形心位置并计算图形对形心轴 z 的静矩;
(2) 求图形对 z 轴的惯性矩。

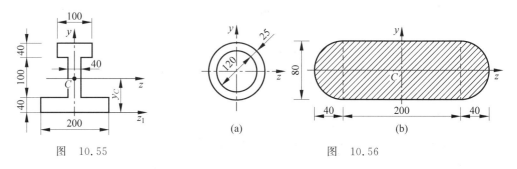

图 10.55　　　　　　　　　图 10.56

8. 求图 10.58 所示截面对形心轴的惯性矩。

9. 图 10.59 所示截面由两根 No.20 槽钢组成。若使截面对两形心轴的惯性矩相等,a 为多少?

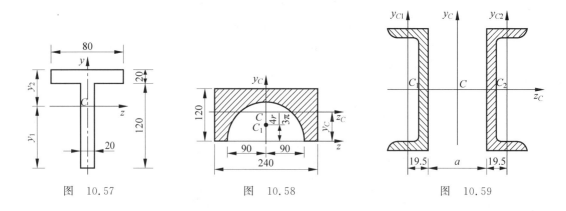

图 10.57　　　　　　　图 10.58　　　　　　　图 10.59

10. 如图 10.60 所示一简支梁由 No.32a 工字钢制成,梁上作用有均布荷载 $q=22$kN/m,材料的许用应力 $[\sigma]=150$MPa,跨长 $l=6$m。试校核该梁的强度。

11. 一热轧普通工字钢截面简支梁如图 10.61 所示,已知 $l=6$m,$F_1=15$kN,$F_2=21$kN,钢材的许用应力 $[\sigma]=170$MPa。试校核该梁强度。

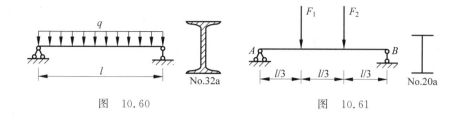

图 10.60　　　　　　　　图 10.61

12. T形截面铸铁梁如图10.62所示。已知 $F_1=1\mathrm{kN},F_2=2.5\mathrm{kN}$，材料的许用拉应力 $[\sigma_t]=30\mathrm{MPa}$，许用压应力 $[\sigma_c]=60\mathrm{MPa}$，试校核该梁的强度。

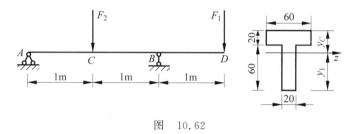

图 10.62

13. 矩形截面简支梁跨度 $l=2\mathrm{m},a=0.4\mathrm{m}$，受力 $F=100\mathrm{kN}$ 作用。梁由木材制成，截面尺寸如图10.63所示，材料许用应力为 $[\sigma]=80\mathrm{MPa},[\tau]=10\mathrm{MPa}$。试作梁的强度计算。

14. 一简支梁受两个集中力作用，如图10.64所示。已知 $F_1=20\mathrm{kN},F_2=60\mathrm{kN}$。梁由两根工字钢组成，其材料的许用应力 $[\sigma]=170\mathrm{MPa}$，试选择普通热轧工字钢的型号。

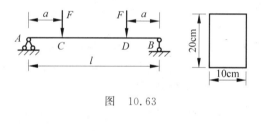

图 10.63

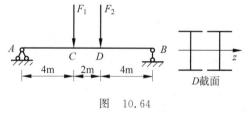

图 10.64

15. 由两根槽钢组成的外伸梁，受力如图10.65所示。已知 $F=20\mathrm{kN}$，材料的许用应力 $[\sigma]=170\mathrm{MPa}$。试选择槽钢的型号。

16. 一圆形截面木梁受力如图10.66所示。已知 $[\sigma]=10\mathrm{MPa}$，试选择截面直径 d。

17. 外伸梁由 No.28a 工字钢制成。梁的跨长 $l=6\mathrm{m}$，全梁上作用均布荷载，如图10.67所示。当支座 A、B 及跨中截面 C 的最大正应力均为 $\sigma=170\mathrm{MPa}$ 时，问外伸段长度 a 及荷载 q 各等于多少？

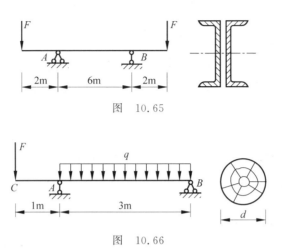

图 10.65

图 10.66

18. 矩形截面简支梁由松木制成,如图 10.68 所示,已知 $q=1.6$kN/m,$F=1$kN,木材的许用正应力$[\sigma]=10$MPa,许用切应力$[\tau]=20$MPa。试校核梁的正应力强度和切应力强度。

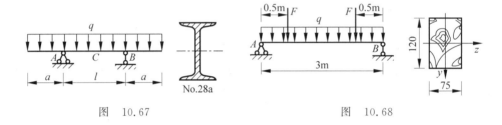

图 10.67

图 10.68

19. 试为如图 10.69 所示的施工用钢轨枕木选择矩形截面尺寸。已知矩形截面尺寸的比例为 $b:h=3:4$,枕木弯曲时其许用正应力$[\sigma]=15.6$MPa,许用切应力$[\tau]=1.7$MPa,钢轨传给枕木的压力 $F=49$kN,其余尺寸见图示。

20. No.20a 工字钢梁的支承受力如图 10.70 所示。若材料的许用应力$[\sigma]=160$MPa,试求许用荷载$[F]$。

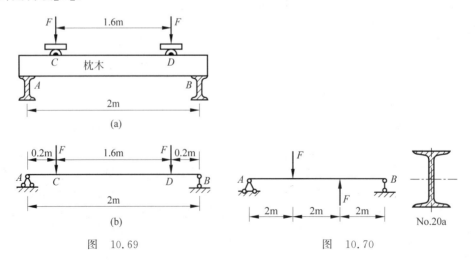

图 10.69

图 10.70

21. 如果 10.71 所示为一平面应力情况,试求与 x 轴成 30°的斜截面上的正应力与切应力。

22. 在图 10.72 所示应力状态中,试求指定斜截面上的应力(应力单位:MPa)。

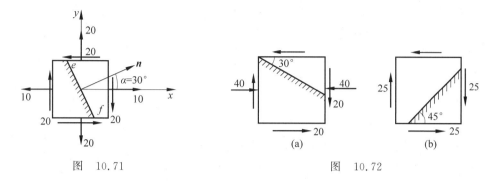

图 10.71 　　　　　　　　　图 10.72

23. 已知应力状态如图 10.73 所示,图中应力单位为 MPa。
(1) 试求主应力大小,主平面位置;
(2) 在单元体上绘出主平面位置及主应力方向;
(3) 试求最大切应力的值。

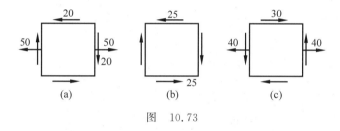

图 10.73

24. 试按正应力、切应力和主应力强度校核图 10.74 所示组合截面钢梁。已知$[\sigma]=$120MPa,$[\tau]=80$MPa,$a=0.6$m,$l=2$m,$F=100$kN。

25. 图 10.75 所示为一简支的工字钢梁。材料为 Q235,其许用应力$[\sigma]=170$MPa,$[\tau]=100$MPa,采用截面型号为 No.28b 工字钢。试对梁进行全面的强度校核。

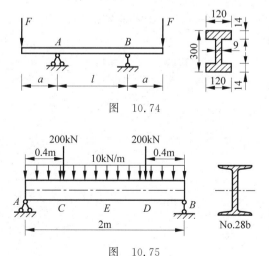

图 10.74

图 10.75

练习题参考答案

1. $\sigma_K = 6.17\text{MPa}$。

2. $\sigma_A = -\sigma_D = -7.41\text{MPa}$，$\sigma_C = 0$，$\sigma_B = 4.94\text{MPa}$。

3. $\sigma_A = 7.96\text{MPa}$，$\sigma_B = -23.87\text{MPa}$。

4. (a) $S_z = -24 \times 10^4 \text{mm}^3$； (b) $S_z = 72 \times 10^3 \text{mm}^3$。

5. $I_{zC} = 5\,150.2 \times 10^4 \text{mm}^3$。

6. (a) $I_y = I_z = 6\,163.9 \times 10^4 \text{mm}^4$；
   (b) $I_y = 12\,210 \times 10^4 \text{mm}^4$，$I_z = 1\,054 \times 10^4 \text{mm}^4$。

7. (1) $y_1 = 88\text{mm}$，$S_z = 77.44 \times 10^3 \text{mm}^3$；(2) $I_z = 7.63 \times 10^6 \text{mm}^4$。

8. $I_{yC} = 112.48 \times 10^6 \text{mm}^4$，$I_{zC} = 16.53 \times 10^6 \text{mm}^4$。

9. $a = 107.86\text{mm}$。

10. $\sigma_{\max} = 143\text{MPa}$。

11. $\sigma_{\max} = 160.3\text{MPa}$。

12. $\sigma_{\max}^c = 37\text{MPa}$，$\sigma_{\max}^t = 28\text{MPa}$。

13. $\sigma_{\max} = 60\text{MPa}$，$\tau_{\max} = 7.5\text{MPa}$。

14. No.28a 工字钢。

15. 槽钢 16。

16. $d \geqslant 145\text{mm}$。

17. $a = 2.12\text{m}$，$q = 38.38\text{kN/m}$。

18. $\sigma = 12.8\text{MPa}$，$\tau = 0.57\text{MPa}$,不安全。

19. $h = 240\text{mm}$，$b = 180\text{mm}$。

20. $[F] = 56.8\text{kN}$。

21. $\sigma_{30°} = -4.82\text{MPa}$，$\tau_{30°} = 5.67\text{MPa}$。

22. (a) $\sigma_\alpha = \tau_\alpha = -27.3\text{MPa}$；(b) $\sigma_\alpha = 25\text{MPa}$，$\tau_\alpha = 0$。

23. (a) $\sigma_1 = 57\text{MPa}$，$\alpha_0 = -19°20'$，$\sigma_3 = -7\text{MPa}$，$\tau_{\max} = 30\text{MPa}$；
    (b) $\sigma_1 = 25\text{MPa}$，$\alpha_0 = -45°$，$\sigma_3 = -25\text{MPa}$，$\tau_{\max} = 25\text{MPa}$；
    (c) $\sigma_1 = 56\text{MPa}$，$\alpha_0 = 28°$，$\sigma_3 = -16\text{MPa}$，$\tau_{\max} = 36\text{MPa}$。

24. $\sigma_{\max} = 107\text{MPa}$，$\tau_{\max} = 42\text{MPa}$，$\sigma_1 = 1\,065\text{MPa}$，$\sigma_3 = -9.5\text{MPa}$。

25. $\sigma_{E,\max} = 159.1\text{MPa}$，$\tau_{A,\max} = 82.6\text{MPa}$。

第11章

组合变形的强度计算

本章学习目标
- 了解组合变形和截面核心的概念。
- 熟练掌握组合变形的计算步骤。
- 掌握斜弯曲变形杆、弯曲与拉(压)组合杆、偏心拉(压)杆的强度条件。
- 会绘制简单截面的截面核心。

本章主要研究斜弯曲、弯曲与拉(压)、偏心拉(压)等组合变形构件的强度计算问题。其分析思路是,先建立组合变形的概念,然后弄清组合变形的计算步骤,进而分别讨论斜弯曲、弯曲与拉(压)组合杆及偏心拉(压)杆的强度计算,最后讨论截面核心问题。

11.1 组合变形的工程实例

前文讨论了杆件在拉(压)、剪切、扭转和弯曲等单一基本变形情况下的强度及刚度计算,但在实际中,这种单一变形情况是很少的,多数是由两种或两种以上基本变形组合而成的,力学中将两种或两种以上的变形称为**组合变形**。例如,图 11.1(a)所示屋架上的檩条在

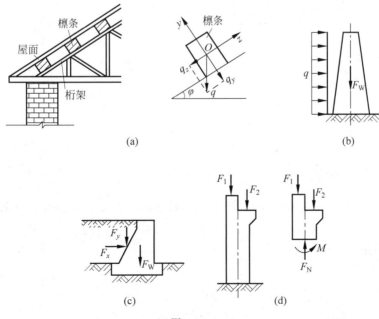

图 11.1

受到铅垂方向荷载作用下会在 y 和 z 两个方向产生弯曲变形;图 11.1(b)所示烟囱在自重和水平风力作用下会产生压缩和弯曲变形;图 11.1(c)所示挡土墙在自重和土压力的作用下也会产生压缩和弯曲变形;而图 11.1(d)所示厂房支柱在荷载 F_1 和 F_2 作用下,会产生偏心压缩和弯曲变形。

在杆件材料服从胡克定律的情况下,组合变形的计算通常采用先分解后叠加原则,即先将组合变形分解为几种基本变形分别计算,然后进行叠加。故对组合变形问题进行强度计算的步骤如下:

(1) 将作用于组合变形杆件上的荷载分解或简化为只引起一种基本变形的荷载分量;
(2) 分别计算各个荷载分量所引起的应力;
(3) 根据叠加原理,将各基本变形在同一点处的应力进行叠加,即得到原来荷载共同作用下杆件所产生的应力;
(4) 判断危险点的位置,进行强度计算。

由此可知,组合变形杆件的强度计算就是各基本变形的综合运用。

11.2 斜弯曲变形杆的强度计算

如图 11.2(a)所示悬臂梁,外力 F 作用在梁横截面的对称轴上,梁弯曲后的挠曲线与外力在同一平面内,此类弯曲称为**平面弯曲**。而斜弯曲与平面弯曲不同,如图 11.2(b)所示悬臂梁,外力 F 的作用线通过横截面的形心并与横截面的对称轴有一夹角,此时,梁弯曲后的挠曲线与外力不在同一平面内,此类弯曲称为**斜弯曲**。这里将讨论斜弯曲变形杆的强度计算。

微课 33

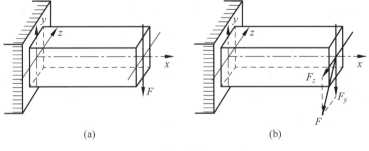

图 11.2

11.2.1 正应力计算

现以图 11.3(a)所示矩形截面悬臂梁为例,讨论斜弯曲变形杆的应力计算。设在悬臂梁自由端作用一个集中荷载 F,F 通过截面形心且与截面对称轴 y 成 φ 角。

1. 外力分解

由图 11.3(a)知

$$F_y = F\cos\varphi$$
$$F_z = F\sin\varphi$$

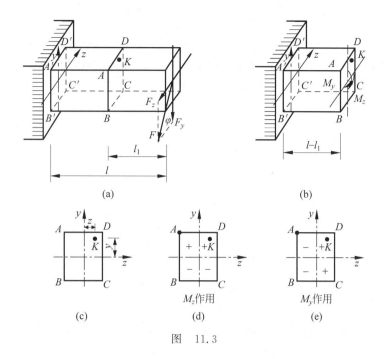

图 11.3

2. 内力计算

由图 11.3(b)知,F_y、F_z 分别引起的弯曲为平面弯曲,其弯矩分别为

$$M_z = F_y l_1 = F l_1 \cos\varphi$$
$$M_y = F_z l_1 = F l_1 \sin\varphi$$

3. 应力计算

K 点的位置如图 11.3(c)所示,由 M_z、M_y 在该截面引起的 K 点正应力分别为

$$\sigma' = \frac{M_z y}{I_z}$$

$$\sigma'' = \frac{M_y z}{I_y}$$

根据叠加原理,梁的横截面上任意点 K 的正应力为

$$\sigma = \sigma' + \sigma'' = \frac{M_z y}{I_z} + \frac{M_y z}{I_y} \tag{11-1}$$

式(11-1)中 I_z、I_y 分别为截面对 z 轴、y 轴的惯性矩;y、z 为 K 点到 z 轴、y 轴的距离。式(11-1)就是梁斜弯曲时横截面任一点的正应力计算公式。其中 M_z、M_y、y、z 以绝对值代入,而 σ' 和 σ'' 的正负直接由弯矩的正负号和 K 点的位置来判定。如图 11.3(d)、(e)所示,在 M_z 作用下 A 点在受拉区,σ'_A 为正值;在 M_y 作用下 A 点在受压区,σ''_A 为负值。

斜弯曲时梁横截面上的剪应力数值一般很小,常常忽略不计。

11.2.2 正应力的强度条件

斜弯曲变形杆的正应力强度条件和平面弯曲一样,危险截面上危险点的最大正应力不能超过材料的许用应力$[\sigma]$,即

$$\sigma_{\max} \leqslant [\sigma]$$

如图 11.3(a)所示固定端截面 $A'B'C'D'$ 的弯矩最大,该截面为危险截面。危险截面上的 M_z 引起的最大拉应力位于 $A'D'$ 线上的各点,而由 M_y 引起的最大拉应力位于 $C'D'$ 线上的各点。根据叠加原理,则 D' 点的拉应力为最大正应力,其值可由式(11-1)求得:

$$\sigma_{\max} = \frac{M_{z\max} y_{\max}}{I_z} + \frac{M_{y\max} z_{\max}}{I_y}$$

令

$$W_z = \frac{I_z}{y_{\max}}, \quad W_y = \frac{I_y}{z_{\max}}$$

即

$$\sigma_{\max} = \frac{M_{z\max}}{W_z} + \frac{M_{y\max}}{W_y} \tag{11-2}$$

则斜弯曲变形杆的强度条件为

$$\sigma_{\max} = \frac{M_{z\max}}{W_z} + \frac{M_{y\max}}{W_y} \leqslant [\sigma] \tag{11-3}$$

根据这一强度条件,同样可以解决强度校核、设计截面和确定容许荷载的问题。但设计截面时常遇到两个未知量 W_z 和 W_y,则需设定一个 $\frac{W_z}{W_y}$ 的比值,然后根据式(11-3)计算出所需的 W_z 值,从而确定截面的具体尺寸,再按式(11-3)对所选截面进行强度校核。一般矩形截面取 $\frac{W_z}{W_y}=1.2\sim 2$;工字形截面取 $\frac{W_z}{W_y}=8\sim 10$;槽形截面取 $\frac{W_z}{W_y}=6\sim 8$。

例 11.1 如图 11.4(a)所示简支于屋架上的檩条承受均布荷载的作用,采用矩形截面 $b\times h=120\text{mm}\times 180\text{mm}$,如图 11.4(b)所示,$\varphi=30°$,檩条的许用应力 $[\sigma]=10\text{MPa}$,试校核檩条的强度。

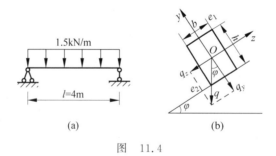

图 11.4

解 解题思路:先将外力进行分解,分别计算内力和应力,再进行强度校核。

解题过程:

(1) 外力分解。

$$q_y = q\cos 30° = 1.5\times 0.866\text{kN/m} = 1.299\text{kN/m}$$
$$q_z = q\sin 30° = 1.5\times 0.5\text{kN/m} = 0.75\text{kN/m}$$

(2) 内力计算。

在 q_y、q_z 分别作用下,其最大弯矩均发生在跨中截面,即跨中截面为危险截面,有

$$M_{z\max} = \frac{1}{8}q_y l^2 = \frac{1}{8} \times 1.299 \times 4^2 \text{kN} \cdot \text{m} = 2.598 \text{kN} \cdot \text{m}$$

$$M_{y\max} = \frac{1}{8}q_z l^2 = \frac{1}{8} \times 0.75 \times 4^2 \text{kN} \cdot \text{m} = 1.5 \text{kN} \cdot \text{m}$$

(3) 应力计算。

在 $M_{z\max}$ 和 $M_{y\max}$ 作用下，e_1 点为最大拉应力所在位置，e_2 点为最大压应力所在位置，但它们的值相等。有

$$\sigma_{\max} = \sigma_{e_1} = \frac{M_{z\max}}{W_z} + \frac{M_{y\max}}{W_y} = \frac{6M_{z\max}}{bh^2} + \frac{6M_{y\max}}{hb^2}$$

$$= \left(\frac{6 \times 2.598 \times 10^6}{120 \times 180^2} + \frac{6 \times 1.5 \times 10^6}{180 \times 120^2}\right) \text{MPa} \approx 7.47 \text{MPa}$$

(4) 强度校核。

$$\sigma_{\max} = 7.47 \text{MPa} < [\sigma] = 10 \text{MPa}$$

因此，屋架上的檩条满足强度的要求。

例 11.2 图 11.5(a)所示为一工字钢截面的简支梁，跨中作用集中力 $F = 10\text{kN}$，与其横截面铅垂对称轴的夹角 $\varphi = 15°$，如图 11.5(b)所示。若材料的容许应力 $[\sigma] = 160\text{MPa}$，试选择工字钢的型号。

解 解题思路：先将外力进行分解，分别计算内力和应力，然后进行截面设计，再验算截面的强度是否符合要求。

解题过程：

(1) 外力分解。

$F_y = F\cos\varphi = 10 \times \cos 15° \text{kN} = 9.659 \text{kN}$

$F_z = F\sin\varphi = 10 \times \sin 15° \text{kN} = 2.588 \text{kN}$

(2) 内力计算。

由 F_y、F_z 引起的 $M_{z\max}$、$M_{y\max}$ 在跨中截面，该截面为危险截面，如图 11.5(a)所示。有

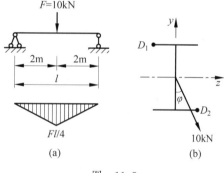

图 11.5

$$M_{z\max} = \frac{1}{4}F_y l = \frac{1}{4} \times 9.659 \times 4 \text{kN} \cdot \text{m} = 9.659 \text{kN} \cdot \text{m}$$

$$M_{y\max} = \frac{1}{4}F_z l = \frac{1}{4} \times 2.588 \times 4 \text{kN} \cdot \text{m} = 2.588 \text{kN} \cdot \text{m}$$

(3) 应力计算。

危险点为 D_1、D_2 点，D_1 点为最大拉应力所在位置，D_2 点为最大压应力所在位置，如图 11.5(b)所示，其值相等。设 $\dfrac{W_z}{W_y} = 10$，根据强度条件

$$\sigma_{\max} = \sigma_{D_1\max} = \frac{M_{y\max}}{W_y} + \frac{M_{z\max}}{W_z} \leqslant [\sigma]$$

即

$$\frac{10M_{y\max}}{W_z} + \frac{M_{z\max}}{W_z} \leqslant [\sigma]$$

得

$$W_z \geqslant \frac{10M_{y\max} + M_{z\max}}{[\sigma]} = \frac{(10 \times 2.588 + 9.659) \times 10^6}{160} \text{mm}^3$$

$$\approx 222.12 \times 10^3 \text{mm}^3 = 222.12 \text{cm}^3$$

试选 No.20a 工字钢,查得 $W_z = 237 \text{cm}^3$, $W_y = 31.5 \text{cm}^3$。

(4) 校核强度。

$$\sigma_{\max} = \frac{M_{z\max}}{W_z} + \frac{M_{y\max}}{W_y} = \left(\frac{9.659 \times 10^6}{237 \times 10^3} + \frac{2.588 \times 10^6}{31.5 \times 10^3}\right) \text{MPa} \approx 122.9 \text{MPa} < [\sigma]$$

由上式可知,No.20a 工字钢满足强度要求。因此,该梁选 No.20a 工字钢。

11.3 弯曲与拉(压)组合杆的强度计算

11.3.1 受力分析

若作用在杆件上的外力除了横向力外,还有轴向拉(压)力,则杆件将发生弯曲与拉(压)的组合变形。如图 11.6(a)所示横向力 F 使杆件发生弯曲,轴向力 F_N 使杆件发生拉伸(或压缩)。

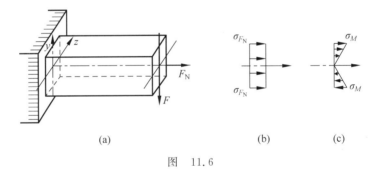

图 11.6

当单独轴向力 F_N 作用时,横截面上的正压力分布如图 11.6(b)所示;当单独横向力 F 作用时,横截面上的正应力分布如图 11.6(c)所示。

11.3.2 强度计算

1. 应力计算

由图 11.6 知

$$\sigma_{F_N} = \frac{F_N}{A}$$

$$\sigma_M = \frac{M_z y}{I_z}$$

当 F_N 和 F 共同作用时,横截面上任一点的正应力为

$$\sigma = \sigma_{F_N} + \sigma_M = \frac{F_N}{A} + \frac{M_z y}{I_z} \tag{11-4}$$

式(11-4)就是杆件在弯曲与拉(压)组合变形时横截面上任一点的正应力计算公式。式中第一项 σ_{F_N} 拉为正,压为负;第二项 σ_M 的正负仍然由弯矩的正负号和点的位置来判定。

2. 强度条件

图 11.6(a)所示的弯曲与拉(压)组合变形杆,最大正应力发生在弯矩最大截面的上下边缘处,其值为

$$\sigma_{\max} = \frac{F_N}{A} + \frac{M_{z\max}}{W_z}$$

式中 $W_z = \dfrac{I_z}{y}$。因此正应力强度条件为

$$\sigma_{\max} = \frac{F_N}{A} + \frac{M_{z\max}}{W_z} \leqslant [\sigma] \tag{11-5}$$

此强度条件仍可解决强度校核、设计截面和确定容许荷载这三类问题。

例 11.3 图 11.7(a)所示结构,横梁 AB 受到一集中力 $F=20\text{kN}$ 作用,横梁采用 No.22a 工字钢,其容许应力 $[\sigma]=160\text{MPa}$。试对横梁进行强度校核。

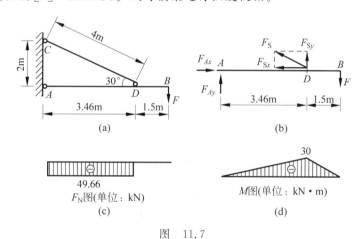

图 11.7

解 解题思路:先将外力进行分解,分别计算内力和应力,再进行强度校核。

解题过程:

(1) 外力的分解。

横梁 AB 的受力图如图 11.7(b)所示,由静力平衡条件可求得

$$F_{Ax} = 49.66\text{kN}, \quad F_{Ay} = -8.67\text{kN}$$
$$F_{Sx} = 49.66\text{kN}, \quad F_{Sy} = 28.67\text{kN}$$

(2) 内力的计算。

作横梁的轴力图和弯矩图如图 11.7(c)、(d)所示,由图可知 $D_{左}$ 截面是危险截面,该截面的内力为

$$F_{ND左} = -49.66\text{kN}$$
$$M_{D左} = 30\text{kN} \cdot \text{m}(\text{上侧受拉})$$

(3) 应力的计算。

查型钢表得 No.22a 工字钢截面的 $A=42\text{cm}^2$,$W_z=309\text{cm}^3$。由轴力 $F_{ND左}$ 引起的最

大正应力为

$$\sigma_{F_N} = \frac{F_{ND左}}{A} = \frac{-49.66 \times 10^3}{42 \times 10^2} \text{MPa} \approx -11.8 \text{MPa}$$

由弯矩 M 引起的最大拉应力和压应力分别发生在该截面的上下边缘处，其值相等，为

$$\sigma_M = \frac{M_{D左}}{W_z} = \frac{30 \times 10^6}{309 \times 10^3} \text{MPa} \approx 97.1 \text{MPa}$$

（4）强度校核。

根据叠加原理，$D_{左}$ 截面的下边缘发生最大压应力，其值为

$$\sigma_{\max} = \sigma_{F_N} - \sigma_M = (-11.8 - 97.1) \text{MPa}$$
$$= -108.9 \text{MPa} < [\sigma]$$

因此，横梁 AB 满足强度要求。

11.4 偏心拉（压）杆的强度计算

当外力的作用线与杆轴线重合时，就是前面讨论过的轴向拉（压）杆；当外力的作用线与杆轴线平行而不重合时，就是本节要讨论的偏心拉（压）杆。偏心拉（压）杆的变形是由轴向拉（压）和弯曲两种基本变形组成的，而偏心拉（压）又可分为单向偏心拉（压）和双向偏心拉（压），下面分别讨论它们的强度计算。

11.4.1 单向偏心拉（压）的强度计算

1. 外力分解

图 11.8(a)所示矩形截面的单向偏心受压杆，F 作用点到截面形心的距离 e 称为**偏心距**，这类偏心压缩称为**单向偏心压缩**。若外力 F 为拉力时，则称为**单向偏心拉伸**。

根据力的平移定理知，图 11.8(a)所示的外力实际上可分解为如图 11.8(b)、(c)所示的两种情况。其中 $M_z = Fe$，且绕 z 轴发生平面弯曲，弯矩为常量。

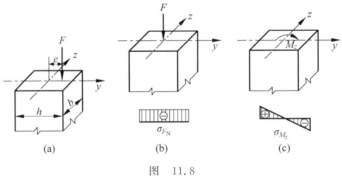

图 11.8

2. 应力计算

杆件在 F、M_z 作用下引起的正应力为 σ_{F_N} 和 σ_{M_z}，如图 11.8(b)、(c)所示，即单向偏心压缩横截面上任一点的正应力为

$$\sigma = \sigma_{F_N} + \sigma_{M_z} = -\frac{F_N}{A} + \frac{M_z y}{I_z} \tag{11-6}$$

单向偏心拉伸时,将上式的第一项取正值即可。

3. 强度计算

单向偏心压缩时,最大正应力的位置很容易判断。由如图 11.8(b)、(c)所示的应力图可知,最大的正应力显然发生在截面的左右边缘处,其值为

$$\left.\begin{array}{r}\sigma_{\max}\\ \sigma_{\min}\end{array}\right\} = -\frac{F_N}{A} \pm \frac{M_z}{W_z} \text{(单向偏心压缩)}$$

则正应力强度条件为

$$\left.\begin{array}{r}\sigma_{\max}\\ \sigma_{\min}\end{array}\right\} = \frac{-F_N}{A} \pm \frac{M_z}{W_z} \leqslant [\sigma] \tag{11-7}$$

当材料的$[\sigma_t] \neq [\sigma_c]$时,应分别校核 $\sigma_{\max}$ 和 $\sigma_{\min}$。

11.4.2 双向偏心拉(压)的强度计算

1. 外力分解

图 11.9(a)所示矩形截面的双向偏心受压杆,F 作用点到 z 轴的偏心距为 e_y,到 y 轴的偏心距为 e_z。这类偏心压缩称为**双向偏心压缩**。若 F 为拉力时,则称为**双向偏心拉伸**。

根据力的平移定理,图 11.9(a)所示作用的外力实际上可分解为图 11.9(b)、(c)、(d)所示的三种情况。其中 $M_z = Fe_y$,$M_y = Fe_z$,它们分别绕 z 轴、y 轴发生平面弯曲,且数值是一个常量。

2. 应力计算

杆件在 F、M_z 和 M_y 共同作用下的正应力为

$$\sigma = \sigma_{F_N} + \sigma_{M_z} + \sigma_{M_y} = -\frac{F_N}{A} \pm \frac{M_z y}{I_z} \pm \frac{M_y z}{I_y} \tag{11-8}$$

式(11-8)也适用于双向偏心拉伸情况,只需将式中第一项改为正值。式中的第二项与第三项的正负仍然根据点的位置和弯矩的正负值直接判定,如图 11.9(b)、(c)、(d)所示。

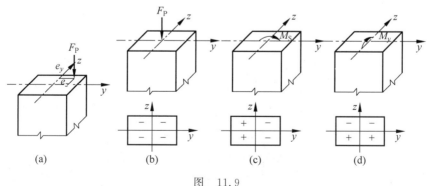

图 11.9

3. 强度计算

矩形、工字形等具有两个对称轴的横截面,其最大拉应力或最大压应力都发生在横截面

的角点处。其值为

$$\left.\begin{array}{l}\sigma_{\max}\\ \sigma_{\min}\end{array}\right\} = \frac{F_N}{A} \pm \frac{M_z}{W_z} \pm \frac{M_y}{W_y} \quad \text{(双向偏心拉伸)} \tag{11-9}$$

$$\left.\begin{array}{l}\sigma_{\max}\\ \sigma_{\min}\end{array}\right\} = -\frac{F_N}{A} \pm \frac{M_z}{W_z} \pm \frac{M_y}{W_y} \quad \text{(双向偏心压缩)} \tag{11-10}$$

则正应力强度条件为

$$\left.\begin{array}{l}\sigma_{\max}\\ \sigma_{\min}\end{array}\right\} = \pm \frac{F_N}{A} \pm \frac{M_z}{W_z} \pm \frac{M_y}{W_y} \leqslant [\sigma] \tag{11-11}$$

式(11-11)与式(11-7)比较,只是多了一项平面弯曲部分。当材料的$[\sigma]^+ \neq [\sigma]^-$时,应分别校核$\sigma_{\max}$和$\sigma_{\min}$。

例 11.4 图 11.10(a)所示砖柱的横截面为矩形,面积$bh = 0.2\text{m}^2$,柱顶离形心$\frac{b}{6}$的A点处作用一荷载F,砖柱自重$F_W = 40\text{kN}$。砖的容许压应力$[\sigma] = 1.08\text{MPa}$。试按压应力强度条件确定柱顶的许用荷载。

解 解题思路:先将外力进行分解,然后计算应力,再根据强度条件确定许用荷载。

解题过程:

(1) 外力分解。

砖柱为单向偏心压缩,F 和自重引起轴向压缩,$M_z = \dfrac{Fb}{6}$ 引起平面弯曲。

(2) 应力计算。

由 F 和自重引起的 F_N 图如图 11.10(b)所示,最大压应力发生在柱底,其值为

$$\sigma_{F_{N\max}} = -\frac{F+40}{A} = -\frac{F+40}{bh}$$

由 M_z 引起的 M 图如图 11.10(c)所示,最大压应力发生在右侧边缘各点处,其值为

$$\sigma_{M\max} = -\frac{M_z}{W_z} = -\frac{Fb/6}{b^2 h/6} = -\frac{F}{bh}$$

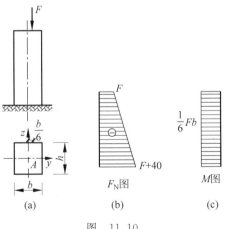

图 11.10

(3) 强度计算。

根据叠加原理,可知最大压应力发生在柱底的右侧边缘各点,其值为

$$\sigma_{\max}=\mid \sigma_{F_{N\max}}+\sigma_{M\max}\mid=\frac{2F+40}{bh}$$

由压应力强度条件得

$$\sigma_{\max}\leqslant[\sigma]$$

即

$$\frac{2F_P+40}{bh}\leqslant[\sigma]$$

则

$$[F]\leqslant\frac{bh\cdot[\sigma]-40}{2}=\frac{0.2\times1.08\times10^3-40}{2}\text{kN}=88\text{kN}$$

例 11.5 图 11.11 所示矩形截面柱,柱高 $H=0.3\text{m}$,$F_1=50\text{kN}$,$F_2=10\text{kN}$,$e=0.03\text{m}$,$bh=120\text{mm}\times180\text{mm}$,柱的自重不计。试计算 A、B、C、D 四点的正应力。

解 解题思路:先将外力进行分解,然后计算内力,再进行应力计算。

解题过程:

(1) 外力的分解。

F_1 作用引起单向偏心压缩,F_2 作用引起平面弯曲,因此该柱变形为弯曲与双向偏心压缩的组合变形。

(2) 柱底截面的内力计算。

$$F_N=F_1=50\text{kN}\cdot\text{m}$$
$$M_z=F_1e=50\times0.03\text{kN}\cdot\text{m}=1.5\text{kN}\cdot\text{m}$$

$$M_y=F_2H=10\times0.3\text{kN}\cdot\text{m}=3\text{kN}\cdot\text{m}$$

(3) 应力计算。

当 F_N 单独作用时,

$$\sigma_{F_N}=-\frac{F_N}{A}=-\frac{50\times10^3}{120\times180}\text{MPa}\approx-2.31\text{MPa}$$

当 M_z 单独作用时,

$$\sigma_{M_z}=\frac{M_z}{W_z}=\frac{6\times1.5\times10^6}{180\times120^2}\text{MPa}\approx3.47\text{MPa}$$

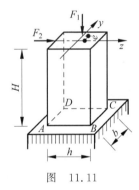

图 11.11

当 M_y 单独作用时,

$$\sigma_{M_y}=\frac{M_y}{W_y}=\frac{6\times3\times10^6}{120\times180^2}\text{MPa}\approx4.63\text{MPa}$$

各点的应力都是由上述应力叠加而成的,根据各点的位置判断应力的正负号,有

$$\sigma_A=(-2.31+3.47+4.63)\text{MPa}=5.79\text{MPa}$$
$$\sigma_B=(-2.31+3.47-4.63)\text{MPa}=-3.47\text{MPa}$$
$$\sigma_C=(-2.31-3.47-4.63)\text{MPa}=-10.41\text{MPa}$$
$$\sigma_D=(-2.31-3.47+4.63)\text{MPa}=-1.15\text{MPa}$$

11.5 截面核心

在土建工程中大量使用的砖、石和混凝土等脆性建筑材料,其抗压能力较强,抗拉能力差。为了充分发挥材料的力学特性,应避免这类材料制成的杆件在偏心压力作用下出现拉应力,而偏心受压杆件截面中是否出现拉应力又与偏心距的大小有关,因此,要求偏心距不可太大。当偏心距控制在截面形心附近的一定范围内时,杆件整个横截面上只产生压应力而不出现拉应力,该范围称为**截面核心**。下面以矩形截面为例来确定其截面核心。

截面上不出现拉应力的条件是式(11-10)中拉应力小于或等于零,即

$$-\frac{F_N}{A} + \frac{M_z}{W_z} + \frac{M_y}{W_y} \leqslant 0$$

将 $F_N = F$, $M_z = Fe_y$, $M_y = Fe_z$, $W_z = \dfrac{bh^2}{6}$, $W_y = \dfrac{b^2h}{6}$, $A = bh$ 代入上式简化后得

$$-1 + \frac{6e_y}{h} + \frac{6e_z}{b} \leqslant 0$$

上式为表示截面不出现拉应力时荷载作用点坐标 e_y、e_z 的直线方程。分别令 e_y 和 e_z 等于零,可得出此直线在 z 轴上和 y 轴上的截距 e_z、e_y。即

$$e_z \leqslant \frac{b}{6}, \quad e_y \leqslant \frac{h}{6}$$

这表明当荷载 F_P 作用点的偏心距位于 y 轴和 z 轴上六分之一的矩形尺寸之内时,可使截面上的拉应力等于零。由于截面的对称性,可得另一对偏心距,这样可在坐标轴上定出四点(1、2、3、4),称为核心点。因为直线方程 $-1 + \dfrac{6}{h}e_y + \dfrac{6}{b}e_z \leqslant 0$ 中 e_z、e_y 是线性关系,可用直线连接这四点,得到一个区域,这个区域即为矩形截面的截面核心。若压力 F 作用在这个区域之内,则截面上的任何部分都不会出现拉应力。

将常见截面的截面核心图形及尺寸列在表 11.1 中。

表 11.1 常见截面的截面核心图形及尺寸

编号	图 形	尺 寸
1		$e_1 = \pm \dfrac{h}{6}$ $e_2 = \pm \dfrac{b}{6}$
2		$e = \dfrac{d}{8}$

续表

编号	图 形	尺 寸
3	(工字形截面图)	$e_1 = \pm \dfrac{2i_z^2}{h}$ $e_2 = \pm \dfrac{2i_y^2}{b}$
4	(槽形截面图)	$e_1 = \pm \dfrac{i_y^2}{d_1}$ $e_2 = \pm \dfrac{i_y^2}{d_2}$ $e_3 = \pm \dfrac{2i_z^2}{h}$

表中 i_z、i_y 分别为对 z 轴和 y 轴的惯性半径,其中 $i_z = \sqrt{\dfrac{I_z}{A}}$,$i_y = \sqrt{\dfrac{I_y}{A}}$。

复习思考题

1. 什么是组合变形？组合变形杆件的应力计算是依据什么原理进行的？

2. 斜弯曲与平面弯曲有何区别？

3. 图 11.12 所示各杆的组合变形是由哪些基本变形组合而成的？判定在各基本变形情况下 A、B、C、D 各点处正应力的正负号。

4. 什么是偏心拉(压)？它与轴向拉(压)有什么不同？它和弯曲与拉(压)组合变形是否一样？

5. 什么是截面核心？它在工程设计中有何实际意义？

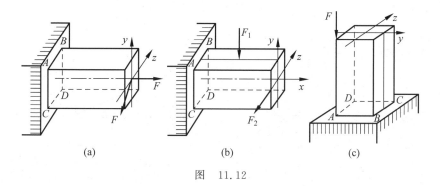

图 11.12

练习题

1. 如图 11.13 所示为矩形截面的悬臂梁,已知 $F_1=0.5\text{kN}$,$F_2=0.8\text{kN}$,材料的容许应力 $[\sigma]=10\text{MPa}$。设 $\dfrac{h}{b}=2$,试选择矩形截面的尺寸。

2. 如图 11.14 所示为 No.16 工字钢制成的简支梁,F 的作用线过截面形心且与 y 轴成 15°角,已知 $F=10\text{kN}$。试求梁的最大正应力。

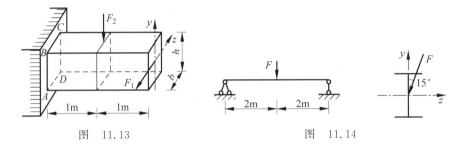

图 11.13　　　　图 11.14

3. 如图 11.15 所示简支于屋架上的檩条承受均布荷载 $q=14\text{kN/m}$ 作用,檩条跨度 $l=4\text{m}$,采用工字钢制造,其容许应力 $[\sigma]=160\text{MPa}$。试选择工字钢型号。

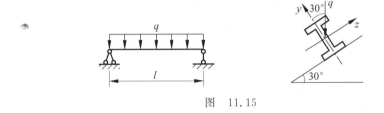

图 11.15

4. 如图 11.16 所示水塔盛满水时连同基础总重 $F_W=6\,000\text{kN}$,在离地面 $H=15\text{m}$ 处,受一水平风力的合力 $F=60\text{kN}$ 的作用,圆形基础直径 $d=6\text{m}$,基础埋深 $h=3\text{m}$。若地基土壤的容许承载应力 $[\sigma_R]=300\text{kPa}$,试校核地基土壤强度。

5. 如图 11.17 所示结构,杆 AB 由 No.18 工字钢制成,其长度 $l=2.8\text{m}$。荷载 $F=30\text{kN}$ 作用在 AB 杆的中点 D 处,试求该杆内的最大压应力。

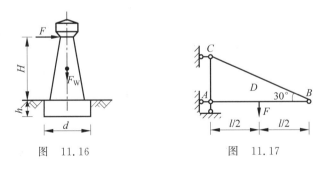

图 11.16　　　　图 11.17

6. 如图 11.18 所示为矩形截面偏心受压柱,已知 $b=300\text{mm}$, $h=400\text{mm}$, $F=150\text{kN}$, F 正好作用在矩形角上。试求该柱的最大拉应力与最大压应力。

7. 如图 11.19 所示为矩形截面厂房立柱,所受压力 $F_1=120\text{kN}$, $F_2=50\text{kN}$, F_2 与柱轴线的偏心距 $e=200\text{mm}$,矩形截面宽 $b=180\text{mm}$。若柱截面不出现拉应力,则矩形截面的高 h 应为多少?此时最大压应力为多少?

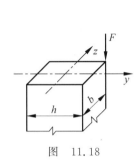

图 11.18

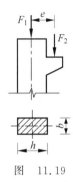

图 11.19

练习题参考答案

1. $b=75\text{mm}$, $h=150\text{mm}$。
2. $\sigma_{\max}=190.58\text{MPa}$。
3. 选 No.40c 工字钢。
4. 强度安全。
5. $\sigma_{\max}=121.99\text{MPa}(压)$。
6. $\sigma_{拉}=6.25\text{MPa}$, $\sigma_{压}=-8.75\text{MPa}$。
7. $h=353\text{mm}$, $\sigma=-5.35\text{MPa}$。

轴向压杆的稳定性计算

本章学习目标
- 了解压杆稳定与失稳的概念。
- 理解压杆的临界力和临界应力的概念。
- 能采用合适的公式计算各类压杆的临界力和临界应力。
- 熟悉压杆的稳定条件及其应用。
- 了解提高压杆稳定性的措施。

本章主要介绍轴向压杆的稳定性计算问题。杆件不但在强度不够时会引起破坏,而且在杆件稳定性丧失时也会产生破坏。因此,在设计受压杆件时,不但要进行强度计算,还必须进行稳定性计算。

12.1 压杆稳定的基本概念

在介绍轴向拉压杆的强度计算时,认为压杆只要满足轴向压缩的强度条件就能正常工作。这种结论对于始终保持其原有直线形状的粗短杆来说是正确的,但对于细长杆则不然。例如,一根矩形截面为 5mm×30mm 的压杆,对其施加轴向压力,如图 12.1 所示。设材料的许用抗压强度 $[\sigma]=40\mathrm{MPa}$,当杆很短时,如图 12.1(a)所示,将杆压坏所需的压力为 $F=[\sigma]A=6\,000\mathrm{N}$,但杆长为 1m 时,如图 12.1(b)所示,杆在 $F=30\mathrm{N}$ 时突然产生弯曲变形而失去工作能力。可见,细长压杆丧失工作能力是由于其压杆不能维持原有直杆的平衡状态所致,这种现象称为**压杆丧失稳定性**,简称**失稳**。上例表明,材料及横截面均相同的压杆,由于长度不同,其抵抗外力的能力将发生根本改变:粗短压杆的破坏取决于强度;细长压杆的破坏是由于失稳。因此,对细长压杆还需研究其稳定性。

为了便于进一步讨论压杆稳定性概念,将实际的压杆抽象为轴线是直线,材料是均匀的,并且压力 F 的作用线与杆件的轴线重合的等截面中心受压杆,如图 12.2(a)所示。当等截面中心受压杆所受的压力 F 不大时,给杆施加一微小横向干扰力使其产生微弯,然后撤去干扰力。当 F 值不超过某一值 F_{cr} 时,撤去干扰后,杆能恢复到原来直线平衡状态,如图 12.2(b)所示,此时杆的平衡是稳定的,称为**稳定平衡状态**;当 F 值超过某一值 F_{cr} 时杆不能恢复到原来的直线平衡状态,只能在一定弯曲变形下平衡,甚至造成弯曲破坏,此时杆变为不稳定的平衡状态,称为**不稳定平衡状态**,即**失稳**。

由上述可知,压杆的直线平衡状态是否稳定,与压力 F 的大小有关。当压力 F 逐渐增大至某一特定值 F_{cr} 时,压杆将从稳定平衡过渡到不稳定平衡,此时称为**临界平衡状态**。而

压力 F_{cr} 称为**压杆的临界力**。

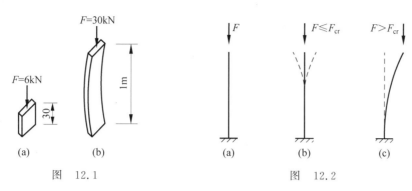

动画 10

图 12.1　　　　　　　　　　图 12.2

由于压杆失稳而导致的工程事故在历史上曾发生过多次。如 1907 年加拿大魁北克省圣劳伦斯河上的 548m 钢桥在施工中,由于桁架中一根受压弦杆的突然失稳,造成了整个大桥的倒塌。1925 年苏联的莫兹尔桥和 1940 年美国的塔科马桥的毁坏,都是由于压杆失稳造成的。因此,在设计压杆时,必须进行稳定性计算。

12.2　压杆的临界力和临界应力

如前所述,判断压杆是否失稳,主要是看压杆受到的压力是否达到了临界力。因此,计算压杆的临界力是研究压杆稳定问题的关键。

12.2.1　压杆的临界力

1. 两端铰支细长压杆的临界力

临界力 F_{cr} 是压杆处于微弯平衡状态所需的最小压力,因此,求出此时所需的最小压力,即为压杆的临界力。

现在以两端铰支并受轴向压力 F 作用的等截面直杆为例,说明确定临界力的方法。当轴向力 F 达到临界力 F_{cr} 时,压杆处于微弯平衡状态,如图 12.3(a)所示。此时,在任一横截面上都存在弯矩 $M(x)$,如图 12.3(b)所示,其值为

$$M(x) = F_{cr} y \quad (a)$$

则压杆弯曲后挠曲线近似微分方程式为

$$\frac{d^2 y}{dx^2} = -\frac{M(x)}{EI} \quad (b)$$

将式(a)代入式(b)得

$$\frac{d^2 y}{dx^2} = -\frac{F_{cr}}{EI} y \quad (c)$$

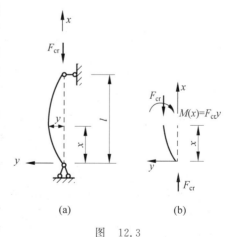

图 12.3

令

$$k = \sqrt{\frac{F_{cr}}{EI}} \quad \text{(d)}$$

将式(d)代入式(c)整理得

$$\frac{d^2 y}{dx^2} + k^2 y = 0 \quad \text{(e)}$$

杆件的边界条件是 $x=0$ 和 $x=l$ 时,$y=0$,解此微分方程,可得到两端铰支细长压杆的临界力为

$$F_{cr} = \frac{\pi^2 EI}{l^2} \quad (12\text{-}1)$$

式(12-1)为**两端铰支细长压杆临界力的欧拉公式**。当压杆各个方向的支承情况相同时,压杆将在 EI 值最小的纵向平面内失稳,因此式(12-1)中的 I 应取截面的最小形心主惯性矩 $I_{\min}$。

2. 其他杆端约束情况下细长压杆的临界力

上面讨论的是两端铰支的细长压杆临界力计算。在其他杆端约束情况下,由于杆端支承形式改变,其挠曲线形状亦会变化,临界力值亦必然不同。而不同杆端支承情况下压杆临界力欧拉公式的推导与两端铰支的压杆推导过程相同,这里不一一推导,而是直接给出临界力公式,见表 12.1。

从表 12.1 所列的临界力公式中看出,各式只是分母中 l 前面的系数不同。因此,细长压杆在不同支承情况下的临界力计算公式写成统一形式为

$$F_{cr} = \frac{\pi^2 EI}{(\mu l)^2} = \frac{\pi^2 EI}{l_0^2} \quad (12\text{-}2)$$

式中,l_0 为压杆计算长度;μ 为长度系数。

表 12.1 常见支承情况下等截面细长压杆临界力的欧拉公式

项 目	支承情况			
	两端铰支	一端固定一端自由	一端固定一端铰支	两端固定
挠曲线形状	l	l	l, $0.7l$	l, $0.5l$
临界力公式	$F_{cr} = \dfrac{\pi^2 EI}{l^2}$	$F_{cr} = \dfrac{\pi^2 EI}{(2l)^2}$	$F_{cr} \approx \dfrac{\pi^2 EI}{(0.7l)^2}$	$F_{cr} = \dfrac{\pi^2 EI}{(0.5l)^2}$
计算长度 l_0	l	$2l$	$0.7l$	$0.5l$
长度系数 μ	1	2	0.7	0.5

例 12.1 一根两端铰支的 No.22a 工字钢压杆,长 $l=5\text{m}$,钢的弹性模量 $E=200\text{GPa}$。

试确定此压杆的临界力。

解 解题思路：根据不同的支承情况，套用不同的临界力公式。

解题过程：

查型钢表得 No.22a 工字钢的惯性矩为

$$I_z = 3\,400\,\text{cm}^4, \quad I_y = 225\,\text{cm}^4$$

取

$$I_{\min} = 225\,\text{cm}^4$$

由表 12.1 知

$$F_{cr} = \frac{\pi^2 EI}{l^2} = \frac{\pi^2 \times 200 \times 10^9 \times 225 \times 10^{-8}}{5^2}\text{N} \approx 177.47 \times 10^3 \text{N} = 177.47\,\text{kN}$$

由此可知，若轴向压力超过 177.47kN 时，此压杆会失稳。

例 12.2 一长 $l=5\text{m}$，直径 $d=100\text{mm}$ 的细长钢压杆，支承情况如图 12.4 所示，在 xy 平面内为两端铰支，在 xz 平面内为一端铰支一端固定。已知钢的弹性模量 $E=200\text{GPa}$，求此钢压杆的临界力。

解 解题思路：首先判断失稳会发生在哪个平面，然后根据此平面内的支承情况选择临界力公式计算其临界力。

解题过程：

由于钢压杆在各个纵向平面内的抗弯刚度 EI 相同，故失稳将发生在杆端约束最弱的纵向平面内，而 Oxy 平面内的杆端约束最弱，故失稳将发生在 Oxy 平面内。Oxy 平面内的杆端约束为两端铰支，因此临界力为

$$F_{cr} = \frac{\pi^2 EI}{l^2} = \frac{\pi^2 \times 200 \times 10^9 \times \dfrac{\pi \times (100 \times 10^{-3})^4}{64}}{5^2}\text{N} \approx 387\,\text{kN}$$

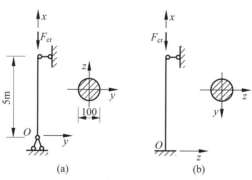

图 12.4

12.2.2 压杆的临界应力

1. 临界应力与柔度

当压杆在临界力 F_{cr} 作用下处于平衡时，用压杆的横截面面积 A 除 F_{cr}，得到与临界力对应的压应力，此压应力称为**临界应力**，用 σ_{cr} 表示，即

$$\sigma_{cr} = \frac{F_{cr}}{A} = \frac{\pi^2 E}{(\mu l)^2} \cdot \frac{I}{A}$$

利用惯性半径 $i=\sqrt{\dfrac{I}{A}}$，将上式改写为

$$\sigma_{cr}=\dfrac{\pi^2 E}{(\mu l)^2}\cdot i^2=\dfrac{\pi^2 E}{\left(\dfrac{\mu l}{i}\right)^2}$$

令 $\lambda=\dfrac{\mu l}{i}$，则临界应力的计算公式可简化为

$$\sigma_{cr}=\dfrac{\pi^2 E}{\lambda^2} \tag{12-3}$$

式(12-3)称为**欧拉临界应力公式**，是欧拉公式的另一种表达形式。$\lambda=\dfrac{\mu l}{i}$ 称为柔度或长细比。柔度 λ 与 i、μ、l 有关，i 取决于压杆的横截面形状和尺寸，μ 取决于压杆的支承情况。因此，柔度 λ 综合反映了压杆的长度、截面形状和尺寸以及压杆支承情况对临界应力的影响。由相同材料制成的压杆，其临界应力仅取决于 λ，λ 值越大，则 σ_{cr} 越小，压杆就易失稳。

2. 欧拉公式的适用范围

欧拉公式是在弹性条件下推导出来的，因此临界应力 σ_{cr} 不应超过材料的比例极限 σ_p，即

$$\sigma_{cr}\leqslant\sigma_p \tag{f}$$

将式(12-3)代入式(f)得到使临界应力公式成立的柔度条件为

$$\lambda\geqslant\pi\sqrt{\dfrac{E}{\sigma_p}}$$

若用 λ_p 表示对应于 $\sigma_{cr}=\sigma_p$ 时的柔度值，则有

$$\lambda_p=\pi\sqrt{\dfrac{E}{\sigma_p}} \tag{12-4}$$

显然，当 $\lambda\geqslant\lambda_p$ 时，欧拉公式才适用。通常将 $\lambda\geqslant\lambda_p$ 的杆件称为**大柔度杆**或**细长压杆**。即只有细长压杆才能用欧拉公式(12-2)、公式(12-3)来计算杆件的临界力和临界应力。常用材料的 λ_p 值可根据式(12-4)求得。

当 $\lambda<\lambda_p$ 时，欧拉公式不再适用，工程中对这类压杆的临界应力的计算，一般采用建立在实验基础上的经验公式，主要有直线公式和抛物线公式两种。这里仅介绍直线公式，其形式为

$$\sigma_{cr}=a-b\lambda \tag{12-5}$$

式(12-5)中，a 和 b 是与材料有关的常数，为了便于查阅，现将一些材料的 a、b 常数列于表 12.2。

表 12.2　几种材料直线公式的常数 a 和 b　　　　　　　　　单位：MPa

材　　料	a	b
Q235 钢	304	1.12
优质碳钢	461	2.568
硅钢	578	3.744

续表

材　　料	a	b
铸铁	332.2	1.454
强铝	373	2.15
松木	28.7	0.19

柔度很小的粗短杆，其破坏主要是应力达到材料的屈服极限 σ_s 或强度极限 σ_b 所致，其本质是强度问题。因此，对于塑性材料制成的压杆，按经验公式求出的临界应力最高值只能等于 σ_s，设相应的柔度为 λ_s，则

$$\lambda_s = \frac{a - \sigma_s}{b} \tag{12-6}$$

λ_s 是应用直线公式的最小柔度值。$\lambda_s \leqslant \lambda < \lambda_p$ 的压杆称为**中柔度杆**或**中长杆**，$\lambda < \lambda_s$ 的压杆称为**小柔度杆**或**粗短杆**。

综上所述，当 $\lambda \geqslant \lambda_p$ 时，采用欧拉公式计算 σ_{cr}；当 $\lambda_s \leqslant \lambda < \lambda_p$ 时，采用经验公式计算 σ_{cr}；当 $\lambda < \lambda_s$ 时，采用强度条件计算 σ_{cr}。图 12.5 表示临界应力 σ_{cr} 随压杆柔度 λ 变化的图像，称为**临界应力总图**。

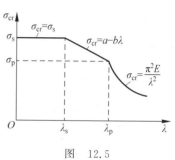

图 12.5

微课 38

例 12.3 三根圆截面压杆直径均为 160mm，材料均为 Q235 钢，$E = 200\text{GPa}$，$\sigma_p = 200\text{MPa}$，$\sigma_s = 240\text{MPa}$，两端均为铰支。长度分别为 $l_1 = 5\text{m}$，$l_2 = 2.5\text{m}$，$l_3 = 1.25\text{m}$。试计算各杆的临界力。

解 解题思路：根据柔度值来判别压杆是大柔度杆、中柔度杆还是小柔度杆，大柔度杆用欧拉公式计算，中柔度杆用经验公式计算，小柔度杆用强度条件计算。

解题过程：

(1) 计算相关数据。

$$A = \frac{\pi}{4}d^2 = \frac{\pi}{4} \times 0.16^2 \text{m}^2 \approx 2 \times 10^{-2} \text{m}^2$$

$$I = \frac{\pi}{64}d^4 = \frac{\pi}{64} \times 0.16^4 \text{m}^4 \approx 3.22 \times 10^{-5} \text{m}^4$$

$$i = \frac{d}{4} = 4 \times 10^{-2} \text{m}$$

$$\mu = 1$$

$$\lambda_p = \pi\sqrt{\frac{E}{\sigma_p}} = \pi\sqrt{\frac{200 \times 10^9}{200 \times 10^6}} \approx 100$$

$$\lambda_s = \frac{a - \sigma_s}{b} = \frac{304 - 240}{1.12} \approx 57$$

式中 Q235 钢的 a 值可由表 12.2 查得。

(2) 计算各杆的临界力。

第一根杆：$l_1 = 5\text{m}$，则

$$\lambda_1 = \frac{\mu l_1}{i} = \frac{1 \times 5}{4 \times 10^{-2}} = 125$$

因为 $\lambda_1 > \lambda_p$,所以此杆属于大柔度杆,应用欧拉公式计算临界力,有

$$F_{cr} = \frac{\pi^2 EI}{(\mu l_1)^2} = \frac{\pi^2 \times 200 \times 10^9 \times 3.22 \times 10^{-5}}{(1 \times 5)^2} \text{N} \approx 2\,540 \times 10^3 \text{N} = 2\,540 \text{kN}$$

第二根杆:$l_2 = 2.5\text{m}$,则

$$\lambda_2 = \frac{\mu l_2}{i} = \frac{1 \times 2.5}{4 \times 10^{-2}} = 62.5$$

因为 $\lambda_s < \lambda_2 < \lambda_p$,所以第二根杆属于中柔度杆,应用直线型经验公式计算临界应力,有

$$\sigma_{cr} = a - b\lambda_2 = (304 - 1.12 \times 62.5)\text{MPa} = 234\text{MPa}$$

则临界力为

$$F_{cr} = \sigma_{cr} A = 234 \times 10^6 \times 2 \times 10^{-2} \text{N} = 4\,680 \times 10^3 \text{N} = 4\,680 \text{kN}$$

第三根杆:$l_3 = 1.25\text{m}$,则

$$\lambda_3 = \frac{\mu l_3}{i} = \frac{1 \times 1.25}{4 \times 10^{-2}} = 31.25$$

因为 $\lambda_3 < \lambda_s$,所以第三根杆属于小柔度杆,应按强度计算,有

$$F_{cr} = \sigma_s A = 240 \times 10^6 \times 2 \times 10^{-2} \text{N} = 4\,800 \times 10^3 \text{N} = 4\,800 \text{kN}$$

12.3 压杆的稳定条件及其应用

12.3.1 压杆的稳定条件

1. 稳定安全系数法

为了保证压杆的稳定性,不仅应使作用在压杆上的轴向压力 F 小于压杆的临界力 F_{cr},而且还要考虑到压杆应具有一定的安全储备,所以压杆的稳定条件为

$$F \leqslant \frac{F_{cr}}{n_{st}} = [F_{cr}] \tag{12-7}$$

式中,F 为实际作用在压杆上的压力;F_{cr} 为压杆的临界力;n_{st} 为稳定安全系数,随 λ 而变化。λ 越大,所取安全系数 n_{st} 也越大。一般稳定安全系数比强度安全系数大,因为失稳具有更大的危险性,且实际压杆总存在初曲率和荷载偏心等影响。

利用式(12-7)的稳定条件进行压杆的稳定性计算的方法称为**稳定安全系数法**,这种方法在土建工程计算中应用较少。

2. 折减系数法

工程中为了简便起见,对压杆的稳定计算常常采用折减系数法,就是将材料的许用应力 $[\sigma]$ 乘上一个折减系数 φ 作为压杆的许用临界应力 $[\sigma_{cr}]$,即

$$[\sigma_{cr}] = \varphi[\sigma] \tag{g}$$

而压杆中的应力达到临界应力时,压杆将要失稳。因此正常工作的压杆,其横截面上的应力应不大于许用临界应力。即

$$\sigma \leqslant [\sigma_{cr}] \tag{h}$$

将式(g)代入式(h)得

$$\sigma \leqslant \varphi[\sigma] \tag{12-8}$$

式(12-8)就是**按折减系数法进行压杆稳定计算的稳定条件**。式中 φ 是随 λ 值变化而变化的,即给定一个 λ 值,就对应一个 φ 值。工程上为了应用方便,在有关结构设计规范中都列出了常用建筑材料随 λ 变化而变化的 φ 值,现摘录一部分制成表 12.3 以便查阅。

表 12.3 几种常见材料的折减系数 φ

λ	折减系数 φ		
	Q235A 钢(低碳钢)	16 锰钢	木材
20	0.981	0.973	0.932
40	0.927	0.895	0.822
60	0.842	0.776	0.658
70	0.789	0.705	0.575
80	0.731	0.627	0.460
90	0.669	0.546	0.371
100	0.604	0.462	0.300
110	0.536	0.384	0.248
120	0.466	0.325	0.209
130	0.401	0.279	0.178
140	0.349	0.242	0.153
150	0.306	0.213	0.134
160	0.272	0.188	0.117
170	0.243	0.168	0.102
180	0.218	0.151	0.093
190	0.197	0.136	0.083
200	0.180	0.124	0.075

12.3.2 压杆的稳定条件应用

下面只讨论折减系数法的稳定条件应用。将式(12-8)改写成

$$\frac{F}{\varphi A} \leqslant [\sigma] \tag{12-9}$$

式中,F 为实际作用在压杆上的轴向压力;φ 为压杆的折减系数;A 为压杆的横截面面积。

应用稳定条件,可对压杆进行 3 个方面的计算。

1. 稳定性校核

若已知压杆的材料、杆长、截面尺寸、杆端的约束条件和作用力,就可根据式(12-9)校核杆件是否满足稳定条件。

2. 设计截面

若已知压杆的材料、杆长和杆端的约束条件,在设计压杆的截面时,由于稳定条件中截面尺寸、型号未知,所以柔度 λ 和折减系数 φ 也未知。因此,计算时一般先假定 $\varphi=0.5$,试选截面尺寸、型号,算得 λ 后再查 φ'。若 φ' 与假设的 φ 值相差较大,则再选二者的中间值重新试算,直至二者相差不大,最后再进行稳定性校核。

3. 确定许用荷载

若已知压杆的材料、杆长、杆端的约束条件、截面的形状与尺寸,求压杆所能承受的许用荷载,可根据式(12-10)计算许用荷载:

$$[F] \leq \varphi A [\sigma] \tag{12-10}$$

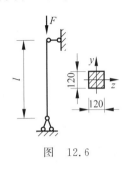

图 12.6

例 12.4 如图 12.6 所示两端铰支的正方形截面边长 $a=120\text{mm}$ 的木杆,所受轴向压力 $F=30\text{kN}$,杆长 $l=4\text{m}$,许用应力 $[\sigma]=10\text{MPa}$。试校核该压杆的稳定性。

解 解题思路:根据已知条件,求正方形截面的惯性半径,再求出柔度 λ,然后查表得 φ,再根据稳定公式(12-9)校核,即满足该式时安全,不满足时不安全。

解题过程:

正方形截面的惯性半径为

$$i = \sqrt{\frac{I_z}{A}} = \sqrt{\frac{\frac{a^4}{12}}{a^2}} = \frac{a}{\sqrt{12}} = \frac{120}{\sqrt{12}}\text{mm} \approx 34.64\text{mm}$$

$$\lambda = \frac{\mu l}{i} = \frac{1 \times 4}{34.64 \times 10^{-3}} \approx 115$$

查表 12.3 得

$$\varphi = \frac{0.248 + 0.209}{2} = 0.2285$$

$$\frac{F}{\varphi A} = \frac{30 \times 10^3}{0.2285 \times 120 \times 120}\text{MPa} \approx 9.12\text{MPa} < [\sigma]$$

所以该压杆满足稳定条件,安全。

例 12.5 如图 12.7 所示一端固定一端铰支的压杆为工字型钢制成,材料为 Q235 钢。已知杆长 $l=5\text{m}$,$F=300\text{kN}$,材料的许用应力 $[\sigma]=160\text{MPa}$,试选择工字钢的型号。

解 解题思路:先假定 $\varphi=0.5$,试选截面尺寸、型号,算出 λ 后再查中 φ'。若 φ' 与假定的 φ 值相差较大,则再选二者的中间值重新试算,直至二者相差不大,最后再进行稳定性校核。

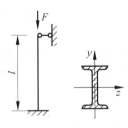

图 12.7

解题过程:

(1) 第一次试算。

设 $\varphi_1 = 0.5$,则

$$A_1 = \frac{F}{\varphi_1 [\sigma]} = \frac{300 \times 10^3}{0.5 \times 160}\text{mm}^2 = 3750\text{mm}^2 = 37.5\text{cm}^2$$

查型钢表,初选 No.20b 工字钢。查表得该工字钢的横截面面积 $A_1' = 39.5\text{cm}^2$,最小惯性半径 $i_{\min} = 2.06\text{cm}$,压杆柔度为

$$\lambda_1 = \frac{0.7 \times 5}{2.06 \times 10^{-2}} \approx 170$$

查表 12.3 得折减系数 $\varphi_1' = 0.243$,此值与 $\varphi_1 = 0.5$ 相差较大,故需进一步试算。

(2) 第二次试算。

设 $\varphi_2 = \dfrac{\varphi_1 + \varphi_1'}{2} = \dfrac{0.5 + 0.243}{2} \approx 0.372$,则

$$A_2 = \dfrac{F}{\varphi_2[\sigma]} = \dfrac{300 \times 10^3}{0.372 \times 160}\text{mm}^2 \approx 5\,040\text{mm}^2 = 50.4\text{cm}^2$$

查型钢表,选 No.25a 工字钢,其横截面面积 $A_2' = 48.5\text{cm}^2$,$i_{\min} = 2.4\text{cm}$,压杆的柔度为

$$\lambda_2 = \dfrac{0.7 \times 5}{2.4 \times 10^{-2}} \approx 146$$

查表 12.3 得 $\varphi_2' = 0.323$,此值与 $\varphi_2 = 0.372$ 相差仍较大,故再进一步试算。

(3) 第三次试算。

设 $\varphi_3 = \dfrac{\varphi_2 + \varphi_2'}{2} = \dfrac{0.372 + 0.323}{2} \approx 0.348$,则

$$A_3 = \dfrac{F}{\varphi_3[\sigma]} = \dfrac{300 \times 10^3}{0.348 \times 160}\text{mm}^2 \approx 5\,388\text{mm}^2 = 53.88\text{cm}^2$$

查型钢表,选 No.28a 工字钢,其横截面面积 $A_3' = 55.45\text{cm}^2$,$i_{\min} = 2.495\text{cm}$,压杆的柔度为

$$\lambda_3 = \dfrac{0.7 \times 5}{2.495 \times 10^{-2}} \approx 140$$

查表 12.3 得 $\varphi_3' = 0.349$,与 $\varphi_3 = 0.348$ 比较接近,故选用 No.28a 工字钢。

(4) 稳定性校核。

$$\dfrac{F}{\varphi_3' A_3'} = \dfrac{300 \times 10^3}{0.349 \times 55.45 \times 10^2}\text{MPa} \approx 155\text{MPa} < [\sigma]$$

因此,选用 No.28a 工字钢满足稳定性要求。

例 12.6 如图 12.8 所示三铰支架,已知 AB 杆和 BC 杆都为圆形截面,直径 $d = 50\text{mm}$。材料为 Q235 钢,材料的许用应力 $[\sigma] = 160\text{MPa}$。在结点 B 处作用一竖向荷载 F,AB 杆的长度 $l = 1.5\text{m}$,按稳定条件计算该三铰支架的许用荷载 $[F]$。

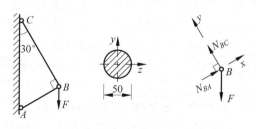

图 12.8

解 解题思路:先确定压杆及其所受压力,然后计算有关数据,最后根据式(12-10)计算许用荷载 $[F]$。

解题过程:

(1) 取 B 点作为隔离体,求各杆的内力,如图 12.8 所示。有

$$\sum F_x = 0, \quad N_{BA} - F\sin 30° = 0$$

$$N_{BA} = \frac{1}{2}F \text{（压杆）}$$

$$\sum F_y = 0, \quad N_{BC} - F\cos 30° = 0$$

$$N_{BC} = \frac{\sqrt{3}}{2}F \text{（拉杆）}$$

所以 AB 杆是压杆，受到的压力为 $\frac{1}{2}F$。

(2) 计算有关数据。

$$A = \frac{\pi}{4}d^2 = \frac{\pi}{4} \times 50^2 \text{mm}^2 = 1\,962.5\text{mm}^2$$

$$i = \frac{d}{4} = \frac{50}{4}\text{mm} = 12.5\text{mm}$$

$$\lambda = \frac{\mu l}{i} = \frac{1 \times 1.5}{12.5 \times 10^{-3}} = 120$$

查表 12.3 得

$$\varphi = 0.466$$

(3) 计算许用荷载 $[F]$。

将 AB 杆的压力 $\frac{1}{2}F$ 代入式(12-10)得

$$[F] \leqslant 2\varphi A[\sigma] = 2 \times 0.466 \times 1\,962.5 \times 160\text{N} \approx 292.6 \times 10^3 \text{N} = 292.6\text{kN}$$

12.4 提高压杆稳定性的措施

微课 40

提高压杆稳定性的措施应从影响压杆临界力或临界应力的各种因素去考虑。

1. 合理选用材料

在其他条件相同的情况下，选用弹性模量 E 较大的材料可以提高大柔度压杆的承载能力，例如，钢制压杆的临界力大于铜、铸铁压杆的临界力。由于各种钢材的弹性模量 E 值差不多，因此，对大柔度杆来说，选用优质钢材对提高临界力或临界应力意义不大，反而会造成材料的浪费。但对于中柔度杆，其临界应力与材料强度有关，强度越高的材料，临界应力越大。所以，对中柔度杆而言，选择优质钢材将有助于提高压杆的稳定性。

2. 减小压杆的长度

在其他条件相同的情况下，杆长 l 越短，则 λ 越小，临界应力就越大。因此，减小杆长显然提高了压杆的稳定性。可以通过改变结构或增加支点来减小杆长。如图 12.9 两端铰支的细长压杆，若在中点处增加一支承，则其计算长度为原来的一半，柔度即为原来的一半，而它的临界应力却是原来的 4 倍。

3. 改善支承情况

从表 12.1 中可以看出，压杆两端固定得越牢，μ 值就越小，柔度 λ 也就越小，临界应力就越大。因此，在结构条件允许的情况下，应尽可能采用 μ 值小的支承形式，以便压杆的稳定性得到相应的提高。

4. 合理选择截面形状

在横截面面积相等的情况下,可以通过增大惯性矩 I 来增大惯性半径 i,减小柔度 λ,从而提高压杆的稳定性。例如,图 12.10(b)所示的空心环形截面比图 12.10(a)所示的实心圆截面合理。

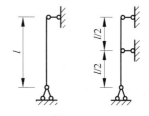

图 12.9

当压杆在各个弯曲平面内的支承条件相同时,即 μ 值相同,则压杆的失稳发生在最小刚度平面内。因此,在压杆的横截面面积相同的条件下,应尽量使截面的 $I_z = I_y$,这样可使压杆在各个弯曲平面内具有相同的稳定性。例如图 12.11(b)的组合截面比图 12.11(a)的组合截面要好。

图 12.10　　　　　　　　图 12.11

当压杆在两个弯曲平面内的支承条件不同时,则可采用 $I_z \neq I_y$ 的截面来与相应的支承条件配合,使得压杆在两个弯曲平面内的柔度值相等,即 $\lambda_z = \lambda_y$,从而达到在两个方向上抵抗失稳的能力相等。

复习思考题

1. 什么叫稳定平衡状态和不稳定平衡状态? 压杆失稳指的是压杆处于什么状态?
2. 什么叫临界力和临界应力?
3. 图 12.12 所示 4 根压杆,它们的材料和截面均相同,试判断哪根杆的临界力最小。

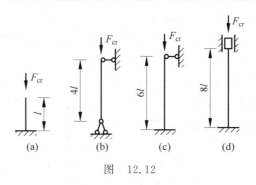

图 12.12

4. 下面两种说法是否正确? 两种说法是否一致?
(1) 临界力是使压杆丧失稳定的最小荷载。
(2) 临界力是压杆维持原有直线平衡状态的最大荷载。

5. 根据柔度大小,可将压杆分为哪几类? 这些压杆的临界应力 σ_{cr} 计算式分别是什么? 其破坏形式各属于什么破坏?

6. 对于两端铰支,由 Q235 钢制成的圆截面压杆,杆长 l 应比直径 d 大多少倍时,才能应用欧拉公式?

7. 何为折减系数 φ? 它随哪些因素而变化? 用折减系数法对压杆进行稳定性计算时,是否要区别大柔度杆、中柔度杆和小柔度杆?

8. 用稳定安全系数法和折减系数法设计压杆的截面时,是用压杆的临界力还是压杆的实际受到的压力来计算? 为什么?

练习题

1. 如图 12.13 所示两端铰支的细长压杆,已知矩形截面的 $h=50\text{mm}, b=30\text{mm}$,杆长 $l=1.0\text{m}$,材料的弹性模量 $E=200\text{GPa}$,试计算此压杆的临界力 F_{cr}。

2. 如图 12.14 所示两端固定的细长钢压杆,已知圆形截面的 $d=30\text{mm}$,杆长 $l=1\,500\text{mm}$,材料的弹性模量 $E=205\text{GPa}$,试计算细长钢压杆的临界力。

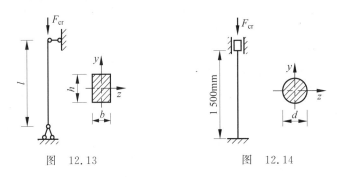

图 12.13　　　　　　　图 12.14

3. 3 根两端铰支的圆截面压杆,直径均为 160mm,长度分别为 $l_1=6\text{m}, l_2=3\text{m}, l_3=1.5\text{m}$,材料为 Q235 钢,弹性模量 $E=200\text{GPa}, \lambda_p=100, \sigma_s=235\text{MPa}$,求 3 根压杆的临界力。

4. 长度为 2m 两端铰支的空心圆截面钢压杆,其外径 $D=105\text{mm}$,内径 $d=88\text{mm}$,承受的轴向压力 $F=250\text{kN}$,许用应力 $[\sigma]=160\text{MPa}$,试校核其稳定性。

5. 如图 12.15 所示为由 Q235 钢制成的一端固定一端自由的压杆。已知该压杆受到轴向压力 $F=250\text{kN}$,材料的许用应力 $[\sigma]=160\text{MPa}$。试用稳定条件选择合适的工字钢型号。

6. 如图 12.16 所示立柱 CD 的高 $h=4\text{m}$,材料为 Q235 钢,其许用应力 $[\sigma]=160\text{MPa}$,弹性模量 $E=200\text{GPa}$,若立柱截面为外径 $D=100\text{mm}$,内径 $d=80\text{mm}$ 的空心钢管,试求梁上 AB 的许用荷载 $[F]$。

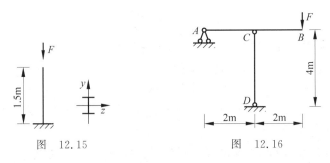

图 12.15　　　　　　　图 12.16

练习题参考答案

1. $F_{cr} = 222 \text{kN}$。
2. $F_{cr} = 143 \text{kN}$。
3. $F_{cr1} = 1\,763.9 \text{kN}$，$F_{cr2} = 4\,423.4 \text{kN}$，$F_{cr3} = 4\,724.9 \text{kN}$。
4. 压杆是稳定的。
5. 选用 No.22a 工字钢。
6. $[F] = 98 \text{kN}$。

附录 A 型钢规格表

表 A-1 工字钢截面尺寸、截面面积、理论重量及载面特性（GB/T 706—2016）

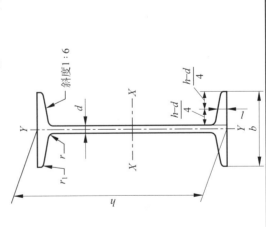

符号意义：
h—高度；
b—腿宽度；
d—腰中间厚度；
t—腿中间厚度；
r—内圆弧半径；
r_1—腿端圆弧半径；
I—惯性矩；
W—截面系数；
i—惯性半径。

型号	截面尺寸/mm						截面面积/cm²	理论重量/(kg/m)	外表面积/(m²/m)	惯性矩/cm⁴		惯性半径/cm		截面模数/cm³		$\dfrac{I_x}{S_x}$/cm
	h	b	d	t	r	r_1				I_x	I_y	i_x	i_y	W_x	W_y	
10	100	68	4.5	7.6	6.5	3.3	14.33	11.3	0.432	245	33.0	4.14	1.52	49.0	9.72	8.59
12	120	74	5.0	8.4	7.0	3.5	17.80	14.0	0.493	436	46.9	4.95	1.62	72.7	12.7	—
12.6	126	74	5.0	8.4	7.0	3.5	18.10	14.2	0.505	488	46.9	5.20	1.61	77.5	12.7	10.8
14	140	80	5.5	9.1	7.5	3.8	21.50	16.9	0.553	712	64.4	5.76	1.73	102	16.1	12.0

续表

型号	截面尺寸/mm						截面面积/cm²	理论重量/(kg/m)	外表面积/(m²/m)	惯性矩/cm⁴		惯性半径/cm		截面模数/cm³		$\frac{I_x}{S_x}$/cm
	h	b	d	t	r	r_1				I_x	I_y	i_x	i_y	W_x	W_y	
16	160	88	6.0	9.9	8.0	4.0	26.11	20.5	0.621	1 130	93.1	6.58	1.89	141	21.2	13.8
18	180	94	6.5	10.7	8.5	4.3	30.74	24.1	0.681	1 660	122	7.36	2.00	185	26.0	15.4
20a	200	100	7.0	11.4	9.0	4.5	35.55	27.9	0.742	2 370	158	8.15	2.12	237	31.5	17.2
20b		102	9.0				39.55	31.1	0.746	2 500	169	7.96	2.06	250	33.1	16.9
22a	220	110	7.5	12.3	9.5	4.8	42.10	33.1	0.817	3 400	225	8.99	2.31	309	40.9	18.9
22b		112	9.5				46.50	36.5	0.821	3 570	239	8.78	2.27	325	42.7	18.7
24a	240	116	8.0	13.0	10.0	5.0	47.71	37.5	0.878	4 570	280	9.77	2.42	381	48.4	—
24b		118	10.0				52.51	41.2	0.882	4 800	297	9.57	2.38	400	50.4	—
25a	250	116	8.0	13.0	10.0	5.0	48.51	38.1	0.898	5 020	280	10.2	2.40	402	48.3	21.6
25b		118	10.0				53.51	42.0	0.902	5 280	309	9.94	2.40	423	52.4	21.3
27a	270	122	8.5	13.7	10.5	5.3	54.52	42.8	0.958	6 550	345	10.9	2.51	485	56.6	—
27b		124	10.5				59.92	47.0	0.962	6 870	366	10.7	2.47	509	58.9	—
28a	280	122	8.5	13.7	10.5	5.3	55.37	43.5	0.978	7 110	345	11.3	2.50	508	56.6	24.6
28b		124	10.5				60.97	47.9	0.982	7 480	379	11.1	2.49	534	61.2	24.2
30a	300	126	9.0	14.4	11.0	5.5	61.22	48.1	1.031	8 950	400	12.1	2.55	597	63.5	—
30b		128	11.0				67.22	52.8	1.035	9 400	422	11.8	2.50	627	65.9	—
30c		130	13.0				73.22	57.5	1.039	9 850	445	11.6	2.46	657	68.5	—
32a	320	130	9.5	15.0	11.5	5.8	67.12	52.7	1.084	11 100	460	12.8	2.62	692	70.8	27.5
32b		132	11.5				73.52	57.7	1.088	11 600	502	12.6	2.61	726	76.0	27.1
32c		134	13.5				79.92	62.7	1.092	12 200	544	12.3	2.61	760	81.2	26.8
36a	360	136	10.0	15.8	12.2	6.0	76.44	60.0	1.185	15 800	552	14.4	2.69	875	81.2	30.7
36b		138	12.2				83.64	65.7	1.189	16 500	582	14.1	2.64	919	84.3	30.3
36c		140	14.0				90.84	71.3	1.193	17 300	612	13.8	2.60	962	87.4	29.9

续表

型号	截面尺寸/mm						截面面积/cm²	理论重量/(kg/m)	外表面积/(m²/m)	惯性矩/cm⁴		惯性半径/cm		截面模数/cm³		I_x/S_x/cm
	h	b	d	t	r	r_1				I_x	I_y	i_x	i_y	W_x	W_y	
40a	400	142	10.5	16.5	12.5	6.3	86.07	67.6	1.285	21 700	660	15.9	2.77	1 090	93.2	31.4
40b	400	144	12.5	16.5	12.5	6.3	94.07	73.8	1.289	22 800	692	15.6	2.71	1 140	96.2	33.6
40c	400	146	14.5	16.5	12.5	6.3	102.1	80.1	1.293	23 900	727	15.2	2.65	1 190	99.6	33.2
45a	450	150	11.5	18.0	13.5	6.8	102.4	80.4	1.411	32 200	855	17.7	2.89	1 430	114	38.6
45b	450	152	13.5	18.0	13.5	6.8	111.4	87.4	1.415	33 800	894	17.4	2.84	1 500	118	38.0
45c	450	154	15.5	18.0	13.5	6.8	120.4	94.5	1.419	35 300	938	17.1	2.79	1 570	122	37.6
50a	500	158	12.0	20.0	14.0	7.0	119.2	93.6	1.539	46 500	1 120	19.7	3.07	1 860	142	42.8
50b	500	160	14.0	20.0	14.0	7.0	129.2	101	1.543	48 600	1 170	19.4	3.01	1 940	146	42.4
50c	500	162	16.0	20.0	14.0	7.0	139.2	109	1.547	50 600	1 220	19.0	2.96	2 080	151	41.8
55a	550	166	12.5	21.0	14.5	7.3	134.1	105	1.667	62 900	1 370	21.6	3.19	2 290	164	—
55b	550	168	14.5	21.0	14.5	7.3	145.1	114	1.671	65 600	1 420	21.2	3.14	2 390	170	—
55c	550	170	16.5	21.0	14.5	7.3	156.1	123	1.675	68 400	1 480	20.9	3.08	2 490	175	—
56a	560	166	12.5	21.0	14.5	7.3	135.4	106	1.687	65 600	1 370	22.0	3.18	2 340	165	47.7
56b	560	168	14.5	21.0	14.5	7.3	146.6	115	1.691	68 500	1 490	21.6	3.16	2 450	174	47.2
56c	560	170	16.5	21.0	14.5	7.3	157.8	124	1.695	71 400	1 560	21.3	3.16	2 550	183	46.7
63a	630	176	13.0	22.0	15.0	7.5	154.6	121	1.862	93 900	1 700	24.5	3.31	2 980	193	54.2
63b	630	178	15.0	22.0	15.0	7.5	167.2	131	1.866	98 100	1 810	24.2	3.29	3 160	204	53.5
63c	630	180	17.0	22.0	15.0	7.5	179.8	141	1.870	102 000	1 920	23.8	3.27	3 300	214	52.9

注：表中 r、r_1 的数据用于孔型设计，不做交货条件。

表 A-2 槽钢截面尺寸、截面面积、理论重量及截面特性（GB/T 706—2016）

符号意义：
h—高度；
b—腿宽度；
d—腰中间厚度；
t—腿中间厚度；
r—内圆弧半径；
r_1—腿端圆弧半径；
Z_0—重心距离；
I—惯性矩；
W—截面系数；
i—惯性半径。

斜度 1:10

型号	截面尺寸/mm						截面面积/ cm^2	理论重量/ (kg/m)	外表面积/ (m^2/m)	惯性矩/ cm^4			惯性半径/cm		截面模数/ cm^3		重心距离/cm
	h	b	d	t	r	r_1				I_x	I_y	I_{y1}	i_x	i_y	W_x	W_y	Z_0
5	50	37	4.5	7.0	7.0	3.5	6.925	5.44	0.226	26.0	8.30	20.9	1.94	1.10	10.4	3.55	1.35
6.3	63	40	4.8	7.5	7.5	3.8	8.446	6.63	0.262	50.8	11.9	28.4	2.45	1.19	16.1	4.50	1.36
6.5	65	40	4.3	7.5	7.5	3.8	8.292	6.51	0.267	55.2	12.0	28.3	2.54	1.19	17.0	4.59	1.38
8	80	43	5.0	8.0	8.0	4.0	10.24	8.04	0.307	101	16.6	37.4	3.15	1.27	25.3	5.79	1.43
10	100	48	5.3	8.5	8.5	4.2	12.74	10.0	0.365	198	25.6	54.9	3.95	1.41	39.7	7.80	1.52
12	120	53	5.5	9.0	9.0	4.5	15.36	12.1	0.423	346	37.4	77.7	4.75	1.56	57.7	10.2	1.62
12.6	126	53	5.5	9.0	9.0	4.5	15.69	12.3	0.435	391	38.0	77.1	4.95	1.57	62.1	10.2	1.59
14a	140	58	6.0	9.5	9.5	4.8	18.51	14.5	0.480	564	53.2	107	5.52	1.70	80.5	13.0	1.71
14b	140	60	8.0	9.5	9.5	4.8	21.31	16.7	0.484	609	61.1	121	5.35	1.69	87.1	14.1	1.67
16a	160	63	6.5	10.0	10.0	5.0	21.95	17.2	0.538	866	73.3	144	6.28	1.83	108	16.3	1.80
16b	160	65	8.5	10.0	10.0	5.0	25.15	19.8	0.542	935	83.4	161	6.10	1.82	117	17.6	1.75
18a	180	68	7.0	10.5	10.5	5.2	25.69	20.2	0.596	1270	98.6	190	7.04	1.96	141	20.0	1.88
18b	180	70	9.0	10.5	10.5	5.2	29.29	23.0	0.600	1370	111	210	6.84	1.95	152	21.5	1.84
20a	200	73	7.0	11.0	11.0	5.5	28.83	22.6	0.654	1780	128	244	7.86	2.11	178	24.2	2.01
20b	200	75	9.0	11.0	11.0	5.5	32.83	25.8	0.658	1910	144	268	7.64	2.09	191	25.9	1.95

续表

型号	截面尺寸/mm						截面面积/cm²	理论重量/(kg/m)	外表面积/(m²/m)	惯性矩/cm⁴			惯性半径/cm		截面模数/cm³		重心距离/cm
	h	b	d	t	r	r₁				I_x	I_y	I_{y1}	i_x	i_y	W_x	W_y	Z_0
22a	220	77	7.0	11.5	11.5	5.8	31.83	25.0	0.709	2 390	158	298	8.67	2.23	218	28.2	2.10
22b		79	9.0				36.23	28.5	0.713	2 570	176	326	8.42	2.21	234	30.1	2.03
24a	240	78	7.0	12.0	12.0	6.0	34.21	26.9	0.752	3 050	174	325	9.45	2.25	254	30.5	2.10
24b		80	9.0				39.01	30.6	0.756	3 280	194	355	9.17	2.23	274	32.5	2.03
24c		82	11.0				43.81	34.4	0.760	3 510	213	388	8.96	2.21	293	34.4	2.00
25a	250	78	7.0				34.91	27.4	0.722	3 370	176	322	9.82	2.24	270	30.6	2.07
25b		80	9.0				39.91	31.3	0.776	3 530	196	353	9.41	2.22	282	32.7	1.98
25c		82	11.0				44.91	35.3	0.780	3 690	218	384	9.07	2.21	295	35.9	1.92
27a	270	82	7.5	12.5	12.5	6.2	39.27	30.8	0.826	4 360	216	393	10.5	2.34	323	35.5	2.13
27b		84	9.5				44.67	35.1	0.830	4 690	239	428	10.3	2.31	347	37.7	2.06
27c		86	11.5				50.07	39.3	0.834	5 020	261	467	10.1	2.28	372	39.8	2.03
28a	280	82	7.5				40.02	31.4	0.846	4 760	218	388	10.9	2.33	340	35.7	2.10
28b		84	9.5				45.62	35.8	0.850	5 130	242	428	10.6	2.30	366	37.9	2.02
28c		86	11.5				51.22	40.2	0.854	5 500	268	463	10.4	2.29	393	40.3	1.95
30a	300	85	7.5	13.5	13.5	6.8	43.89	34.5	0.897	6 050	260	467	11.7	2.43	403	41.1	2.17
30b		87	9.5				49.89	39.2	0.901	6 500	289	515	11.4	2.41	433	44.0	2.13
30c		89	11.5				55.89	43.9	0.905	6 950	316	560	11.2	2.38	463	46.4	2.09
32a	320	88	8.0	14.0	14.0	7.0	48.50	38.1	0.947	7 600	305	552	12.5	2.50	475	46.5	2.24
32b		90	10.0				54.90	43.1	0.951	8 140	336	593	12.2	2.47	509	49.2	2.16
32c		92	12.0				61.30	48.1	0.955	8 690	374	643	11.9	2.47	543	52.6	2.09
36a	360	96	9.0	16.0	16.0	8.0	60.89	47.8	1.053	11 900	455	818	14.0	2.73	660	63.5	2.44
36b		98	11.0				68.09	53.5	1.057	12 700	497	880	13.6	2.70	703	66.9	2.37
36c		100	13.0				75.29	59.1	1.061	13 400	536	948	13.4	2.67	746	70.0	2.34
40a	400	100	10.5	18.0	18.0	9.0	75.04	58.9	1.144	17 600	592	1 070	15.3	2.81	879	78.8	2.49
40b		102	12.5				83.04	65.2	1.148	18 600	640	1 140	15.0	2.78	932	82.5	2.44
40c		104	14.5				91.04	71.5	1.152	19 700	688	1 200	14.7	2.75	986	86.2	2.42

注：表中 r、r_1 的数据用于孔型设计，不做交货条件。

表 A-3 等边角钢截面尺寸、截面面积、理论重量及截面特性（GB/T 706—2016）

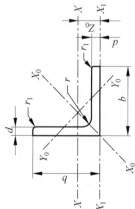

符号意义：
b—边宽度；
d—边厚度；
r—内圆弧半径；
r_1—边端圆弧半径。

Z_0—重心距离（即形心坐标的含义）；
I—惯性矩；
W—截面系数；
i—惯性半径。

型号	截面尺寸/mm			截面面积/cm²	理论重量/(kg/m)	外表面积/(m³/m)	惯性矩/cm⁴				惯性半径/cm			截面模数/cm³			重心距离/cm
	b	d	r				I_x	I_{x1}	I_{x0}	I_{y0}	i_x	i_{x0}	i_{y0}	W_x	W_{x0}	W_{y0}	Z_0
2	20	3	3.5	1.132	0.89	0.078	0.40	0.81	0.63	0.17	0.59	0.75	0.39	0.29	0.45	0.20	0.60
		4		1.459	1.15	0.077	0.50	1.09	0.78	0.22	0.58	0.73	0.38	0.36	0.55	0.24	0.64
2.5	25	3		1.432	1.12	0.098	0.82	1.57	1.29	0.34	0.76	0.95	0.49	0.46	0.73	0.33	0.73
		4		1.859	1.46	0.097	1.03	2.11	1.62	0.43	0.74	0.93	0.48	0.59	0.92	0.40	0.76
3.0	30	3		1.749	1.37	0.117	1.46	2.71	2.31	0.61	0.91	1.15	0.59	0.68	1.09	0.51	0.85
		4		2.276	1.79	0.117	1.84	3.63	2.92	0.77	0.90	1.13	0.58	0.87	1.37	0.62	0.89
3.6	36	3	4.5	2.109	1.66	0.141	2.58	4.68	4.09	1.07	1.11	1.39	0.71	0.99	1.61	0.76	1.00
		4		2.756	2.16	0.141	3.29	6.25	5.22	1.37	1.09	1.38	0.70	1.28	2.05	0.93	1.04
		5		3.382	2.65	0.141	3.95	7.84	6.24	1.65	1.08	1.36	0.70	1.56	2.45	1.00	1.07
4	40	3	5	2.359	1.85	0.157	3.59	6.41	5.69	1.49	1.23	1.55	0.79	1.23	2.01	0.96	1.09
		4		3.086	2.42	0.157	4.60	8.56	7.29	1.91	1.22	1.54	0.79	1.60	2.58	1.19	1.13
		5		3.792	2.98	0.156	5.53	10.70	8.76	2.30	1.21	1.52	0.78	1.96	3.10	1.39	1.17
4.5	45	3	5	2.659	2.09	0.177	5.17	9.12	8.20	2.14	1.40	1.76	0.89	1.58	2.58	1.24	1.22
		4		3.486	2.74	0.177	6.65	12.20	10.60	2.75	1.38	1.74	0.89	2.05	3.32	1.54	1.26
		5		4.292	3.37	0.176	8.04	15.20	12.70	3.33	1.37	1.72	0.88	2.51	4.00	1.81	1.30
		6		5.077	3.99	0.176	9.33	18.40	14.80	3.89	1.36	1.70	0.80	2.95	4.64	2.06	1.33

续表

型号	截面尺寸/mm			截面面积/cm²	理论重量/(kg/m)	外表面积/(m²/m)	惯性矩/cm⁴				惯性半径/cm			截面模数/cm³			重心距离/cm
	b	d	r				I_x	I_{x1}	I_{x0}	I_{y0}	i_x	i_{x0}	i_{y0}	W_x	W_{x0}	W_{y0}	Z_0
5	50	3	5.0	2.971	2.33	0.197	7.18	12.5	11.4	2.98	1.55	1.96	1.00	1.96	3.22	1.57	1.34
		4		3.897	3.06	0.197	9.26	16.7	14.7	3.82	1.54	1.94	0.99	2.56	4.16	1.96	1.38
		5		4.803	3.77	0.196	11.2	20.9	17.8	4.64	1.53	1.92	0.98	3.13	5.03	2.31	1.12
		6		5.688	4.46	0.196	13.1	25.1	20.7	5.42	1.52	1.91	0.98	3.68	5.85	2.63	1.46
5.6	56	3	6	3.343	2.62	0.221	10.2	17.6	16.1	4.24	1.75	2.20	1.13	2.48	4.08	2.02	1.48
		4		4.390	3.45	0.220	13.2	23.4	20.9	5.46	1.73	2.18	1.11	3.24	5.28	2.52	1.53
		5		5.415	4.25	0.220	16.0	29.3	25.4	6.61	1.72	2.17	1.10	3.97	6.42	2.98	1.57
		6		6.420	5.04	0.220	18.7	35.3	29.7	7.73	1.71	2.15	1.10	4.68	7.49	3.40	1.61
		7		7.404	5.81	0.219	21.2	41.2	33.6	8.82	1.69	2.13	1.09	5.36	8.49	3.80	1.64
		8		8.367	6.57	0.219	23.6	47.2	37.4	9.89	1.68	2.11	1.09	6.03	9.44	4.16	1.68
6	60	5	6.5	5.829	4.58	0.236	19.9	36.1	31.6	8.21	1.85	2.33	1.19	4.59	7.44	3.48	1.67
		6		6.914	5.43	0.235	23.4	43.3	36.9	9.60	1.83	2.31	1.18	5.41	8.70	3.98	1.70
		7		7.977	6.26	0.235	26.4	50.7	41.9	11.0	1.82	2.29	1.17	6.21	9.88	4.45	1.74
		8		9.020	7.08	0.235	29.5	58.0	46.7	12.3	1.81	2.27	1.17	6.98	11.0	4.88	1.78
6.3	63	4	7	4.978	3.91	0.248	19.0	33.4	30.2	7.89	1.96	2.46	1.26	4.13	6.78	3.29	1.70
		5		6.143	4.82	0.248	23.2	41.7	36.8	9.57	1.94	2.45	1.25	5.08	8.25	3.90	1.75
		6		7.288	5.72	0.247	27.1	50.1	43.0	11.2	1.93	2.43	1.24	6.00	9.66	4.46	1.78
		7		8.412	6.60	0.247	30.9	58.6	49.0	12.8	1.92	2.41	1.23	6.88	11.0	4.98	1.82
		8		9.515	7.47	0.247	34.5	67.1	54.6	14.3	1.90	2.40	1.23	7.75	12.3	5.47	1.85
		10		11.660	9.15	0.246	41.1	84.3	64.9	17.3	1.88	2.36	1.22	9.39	14.6	6.36	1.93
7	70	4	8	5.570	4.37	0.275	26.4	45.7	41.8	11.0	2.18	2.74	1.40	5.14	8.44	4.17	1.86
		5		6.876	5.40	0.275	32.2	57.2	51.1	13.3	2.16	2.73	1.39	6.32	10.3	4.95	1.91
		6		8.160	6.41	0.275	37.8	68.7	59.9	15.6	2.15	2.71	1.38	7.48	12.1	5.67	1.95
		7		9.424	7.40	0.275	43.1	80.3	68.4	17.8	2.14	2.69	1.38	8.59	13.8	6.34	1.99
		8		10.670	8.37	0.274	48.2	91.9	76.4	20.0	2.12	2.68	1.37	9.68	15.4	6.98	2.03

续表

型号	截面尺寸/mm			截面面积/cm²	理论重量/(kg/m)	外表面积/(m²/m)	惯性矩/cm⁴				惯性半径/cm			截面模数/cm³			重心距离/cm
	b	d	r				I_x	I_{x1}	I_{x0}	I_{y0}	i_x	i_{x0}	i_{y0}	W_x	W_{x0}	W_{y0}	Z_0
7.5	75	5	9	7.412	5.82	0.295	40.0	70.6	63.3	16.6	2.33	2.92	1.50	7.32	11.9	5.77	2.04
		6		8.797	6.91	0.294	47.0	84.6	74.4	19.5	2.31	2.90	1.49	8.64	14.0	6.67	2.07
		7		10.160	7.98	0.294	53.6	98.7	85.0	22.2	2.30	2.89	1.48	9.93	16.0	7.44	2.11
		8		11.500	9.03	0.294	60.0	113.0	95.1	24.9	2.28	2.88	1.47	11.20	17.9	8.19	2.15
		9		12.830	10.10	0.294	66.1	127.0	105.0	27.5	2.27	2.86	1.46	12.40	19.8	8.89	2.18
		10		14.130	11.10	0.294	72.0	142.0	114.0	30.1	2.26	2.84	1.46	13.60	21.5	9.56	2.22
8	80	5	9	7.912	6.21	0.315	48.8	85.4	77.3	20.3	2.48	3.13	1.60	8.34	13.7	6.66	2.15
		6		9.397	7.38	0.314	57.4	103.0	91.0	23.7	2.47	3.11	1.59	9.87	16.1	7.65	2.19
		7		10.860	8.53	0.314	65.5	120.0	104.0	27.1	2.46	3.10	1.58	11.40	18.4	8.58	2.23
		8		12.300	9.66	0.314	73.5	137.0	117.0	30.4	2.44	3.08	1.57	12.80	20.6	9.46	2.27
		9		13.730	10.80	0.314	81.1	154.0	129.0	33.6	2.43	3.06	1.56	14.30	22.7	10.30	2.31
		10		15.130	11.90	0.313	88.4	172.0	140.0	36.8	2.42	3.04	1.56	15.60	21.8	11.10	2.35
9	90	6	10	10.640	8.35	0.354	82.8	146.0	131.0	34.3	2.79	3.51	1.80	12.60	20.6	9.95	2.44
		7		12.300	9.66	0.354	94.8	170.0	150.0	39.2	2.78	3.50	1.78	14.50	23.6	11.20	2.48
		8		13.940	10.90	0.353	106.0	195.0	169.0	44.0	2.76	3.48	1.78	16.40	26.6	12.40	2.52
		9		15.570	12.20	0.353	118.0	219.0	187.0	48.7	2.75	3.46	1.77	18.30	29.4	13.50	2.56
		10		17.170	13.50	0.353	129.0	244.0	204.0	53.3	2.74	3.45	1.76	20.10	32.0	14.50	2.59
		12		20.310	15.90	0.352	149.0	294.0	236.0	62.2	2.71	3.41	1.75	23.60	37.1	16.50	2.67
10	100	6	12	11.930	9.37	0.393	115.0	200.0	182.0	47.9	3.10	3.90	2.00	15.70	25.7	12.70	2.67
		7		13.800	10.80	0.393	132.0	234.0	209.0	54.7	3.09	3.89	1.99	18.10	29.6	14.30	2.71
		8		15.640	12.30	0.393	148.0	267.0	235.0	61.4	3.08	3.88	1.98	20.50	33.2	15.80	2.76
		9		17.460	13.70	0.392	164.0	300.0	260.0	68.0	3.07	3.86	1.97	22.80	36.8	17.20	2.80
		10		19.260	15.10	0.392	180.0	334.0	285.0	74.4	3.05	3.84	1.96	25.10	40.3	18.50	2.84
		12		22.800	17.90	0.391	209.0	402.0	331.0	86.8	3.03	3.81	1.95	29.50	46.8	21.10	2.91
		14		26.260	20.60	0.391	237.0	471.0	374.0	99.0	3.00	3.77	1.94	33.75	52.9	23.40	2.99
		16		29.630	23.30	0.390	263.0	540.0	414.0	111.0	2.98	3.74	1.94	37.80	58.6	25.60	3.06

续表

型号	截面尺寸/mm			截面面积/cm²	理论重量/(kg/m)	外表面积/(m³/m)	惯性矩/cm⁴				惯性半径/cm			截面模数/cm³			重心距离/cm
	b	d	r				I_x	I_{x1}	I_{x0}	I_{y0}	i_x	i_{x0}	i_{y0}	W_x	W_{x0}	W_{y0}	Z_0
11	110	7	12	15.20	11.9	0.433	177	311	281	73.4	3.41	4.30	2.20	22.1	36.1	17.5	2.96
		8		17.24	13.5	0.433	199	355	316	82.4	3.40	4.28	2.19	25.0	40.7	19.4	3.01
		10		21.26	16.7	0.432	242	445	384	100	3.38	4.25	2.17	30.6	49.4	22.9	3.09
		12		25.20	19.8	0.431	283	535	448	117	3.35	4.22	2.15	36.1	57.6	26.2	3.16
		14		29.06	22.8	0.431	321	625	508	133	3.32	4.18	2.14	41.3	65.3	29.1	3.24
12.5	125	8		19.75	15.5	0.492	297	521	471	123	3.88	4.88	2.50	32.5	53.3	25.9	3.37
		10		24.37	19.1	0.491	362	652	574	149	3.85	4.85	2.48	40.0	64.9	30.6	3.45
		12		28.91	22.7	0.491	423	783	671	175	3.83	4.82	2.46	41.2	76.0	35.0	3.53
		14		33.37	26.2	0.490	482	916	764	200	3.80	4.78	2.45	54.2	86.4	39.1	3.61
		16		37.74	29.6	0.489	537	1 050	851	224	3.77	4.75	2.43	60.9	96.9	43.0	3.68
14	140	8	14	27.37	21.5	0.551	515	915	817	212	4.34	5.46	2.78	50.6	82.6	39.2	3.82
		10		32.51	25.5	0.551	604	1 100	959	249	4.31	5.43	2.76	59.8	96.9	45.0	3.90
		12		37.57	29.5	0.550	689	1 280	1 090	284	4.28	5.40	2.75	68.8	110.0	50.5	3.98
		14		42.54	33.4	0.549	770	1 470	1 220	319	4.26	5.36	2.74	77.5	123.0	55.6	4.06
15	150	8		23.75	18.6	0.592	521	900	827	215	4.69	5.90	3.01	47.4	78.0	38.1	3.99
		10		29.37	23.1	0.591	638	1 130	1 010	262	4.66	5.87	2.99	58.4	95.5	45.5	4.08
		12		34.91	27.4	0.591	749	1 350	1 190	308	4.63	5.84	2.97	69.0	112.0	52.1	4.15
		14		40.37	31.7	0.590	856	1 580	1 360	352	4.60	5.80	2.95	79.5	128.0	58.8	4.23
		15		43.06	33.8	0.590	907	1 690	1 440	374	4.59	5.78	2.95	84.6	136.0	61.9	4.27
		16		45.74	35.9	0.589	958	1 810	1 520	395	4.58	5.77	2.94	89.6	143.0	64.9	4.31
16	160	10	16	31.50	24.7	0.630	780	1 370	1 240	322	4.98	6.27	3.20	66.7	109.0	52.8	4.31
		12		37.44	29.4	0.630	917	1 640	1 460	377	4.95	6.24	3.18	79.0	129.0	60.7	4.39
		14		43.30	34.0	0.629	1 050	1 910	1 670	432	4.92	6.20	3.16	91.0	147.0	68.2	4.47
		16		49.07	38.5	0.629	1 180	2 190	1 870	485	4.89	6.17	3.14	103.0	165.0	75.3	4.55

续表

型号	截面尺寸/mm				截面面积/ cm²	理论重量/ (kg/m)	外表面积/ (m³/m)	惯性矩/cm⁴				惯性半径/cm			截面模数/cm³			重心距离/ cm
	b	d		r				I_x	I_{x1}	I_{x0}	I_{y0}	i_x	i_{x0}	i_{y0}	W_x	W_{x0}	W_{y0}	Z_0
18	180	12		16	42.24	33.2	0.710	1 320	2 330	2 100	543	5.59	7.05	3.58	101	165	78.4	4.89
		14			48.90	38.4	0.709	1 510	2 720	2 410	622	5.56	7.02	3.56	116	189	88.4	4.97
		16			55.47	43.5	0.709	1 700	3 120	2 700	699	5.54	6.98	3.55	131	212	97.8	5.05
		18			61.96	48.6	0.708	1 880	3 500	2 990	762	5.50	6.94	3.51	146	235	105.0	5.13
20	200	14		18	51.64	48.8	0.788	2 100	3 730	3 340	864	6.20	7.82	3.98	145	236	112.0	5.46
		16			62.01	48.7	0.788	2 370	4 270	3 760	971	6.18	7.79	3.96	164	266	124.0	5.54
		18			69.30	54.4	0.787	2 620	4 810	4 160	1 080	6.15	7.75	3.94	182	294	136.0	5.62
		20			76.51	60.1	0.787	2 870	4 350	4 550	1 180	6.12	7.72	3.93	200	322	147.0	5.69
		24			90.66	71.8	0.785	7 340	6 460	5 290	1 380	6.07	7.64	3.90	236	374	167.0	5.87
22	220	16		21	68.67	53.9	0.866	3 190	5 680	5 060	1 310	6.81	8.59	4.37	200	326	154.0	6.03
		18			76.76	60.3	0.866	3 540	6 400	5 820	1 450	6.79	8.55	4.35	223	361	168.0	6.11
		20			84.76	66.5	0.865	3 870	7 110	6 150	1 590	6.76	8.52	4.34	245	395	182.0	6.18
		22			92.68	72.8	0.865	4 200	7 830	6 870	1 730	6.73	8.48	4.32	267	429	195.0	6.26
		24			100.50	78.9	0.864	4 520	8 550	7 170	1 870	6.71	8.45	4.31	289	461	208.0	6.33
		26			108.30	85.0	0.864	4 830	9 280	7 690	2 000	6.68	8.41	4.30	310	492	221.0	6.41
25	250	18		24	87.84	69.0	0.985	5 270	9 380	8 370	2 170	7.75	9.76	4.97	290	473	224.0	6.84
		20			97.05	76.2	0.984	5 780	10 400	9 180	2 380	7.72	9.73	4.95	320	519	243.0	6.92
		22			106.20	83.3	0.983	6 280	11 500	9 970	2 580	7.69	9.69	4.93	349	564	261.0	7.00
		24			115.20	90.4	0.983	6 770	12 500	10 700	2 790	7.67	9.66	4.92	378	608	278.0	7.07
		26			124.20	97.5	0.982	7 240	13 600	11 500	2 980	7.64	9.62	4.90	406	650	295.0	7.15
		28			133.00	104.0	0.982	7 700	14 600	12 200	3 180	7.61	9.58	4.89	433	691	311.0	7.22
		30			141.80	111.0	0.981	8 160	15 700	12 900	3 380	7.58	9.55	4.88	461	731	327.0	7.30
		32			150.50	118.0	0.981	8 600	16 800	13 600	3 570	7.56	9.51	4.87	488	770	342.0	7.37
		35			163.40	128.0	0.980	9 240	18 400	14 600	3 850	7.52	9.46	4.86	527	827	364.0	7.48

注：截面图中的 $r_1=1/3d$ 及表中 r 的数据用于孔型设计，不做交货条件。

表 A-4 不等边角钢截面尺寸、截面积、理论重量及截面特性（GB/T 706—2016）

符号意义：
B—长边宽度；
b—短边宽度；
d—边厚度；
r—内圆弧半径；
r_1—边端圆弧半径；

X_0—重心距离；
Y_0—重心距离；
I—惯性矩；
W—截面系数；
i—惯性半径。

型号	截面尺寸/mm				截面面积/cm²	理论重量/(kg/m)	外表面积/(m²/m)	惯性矩/cm⁴					惯性半径/cm			截面模数/cm³			tanα	重心距离/cm	
	B	b	d	r				I_x	I_{x1}	I_y	I_{y1}	I_u	i_x	i_y	i_u	W_x	W_y	W_u		X_0	Y_0
2.5/1.6	25	16	3	3.5	1.162	0.91	0.080	0.70	1.56	0.22	0.43	0.14	0.78	0.44	0.34	0.43	0.19	0.16	0.392	0.42	0.86
			4		1.499	1.18	0.079	0.88	2.09	0.27	0.59	0.17	0.77	0.43	0.34	0.55	0.24	0.20	0.381	0.46	0.90
3.2/2	32	20	3		1.492	1.17	0.102	1.53	3.27	0.46	0.82	0.28	1.01	0.55	0.43	0.72	0.30	0.25	0.382	0.49	1.08
			4		1.939	1.52	0.101	1.93	4.37	0.57	1.12	0.35	1.00	0.54	0.42	0.93	0.39	0.32	0.374	0.53	1.12
4/2.5	40	25	3	4	1.890	1.48	0.127	3.08	5.39	0.93	1.59	0.56	1.28	0.70	0.54	1.15	0.49	0.40	0.385	0.59	1.32
			4		2.467	1.94	0.127	3.93	8.53	1.18	2.14	0.71	1.36	0.69	0.54	1.49	0.63	0.52	0.381	0.63	1.37
4.5/2.8	45	28	3		2.149	1.69	0.143	4.45	9.10	1.34	2.23	0.80	1.44	0.79	0.61	1.47	0.62	0.51	0.383	0.64	1.47
			4		2.806	2.20	0.143	5.69	12.10	1.70	3.00	1.02	1.42	0.78	0.60	1.91	0.80	0.66	0.380	0.68	1.51
5/3.2	50	32	3	5.5	2.431	1.91	0.161	6.24	12.50	2.02	3.31	1.20	1.60	0.91	0.70	1.84	0.82	0.68	0.404	0.73	1.60
			4		3.177	2.49	0.160	8.02	16.70	2.58	4.45	1.53	1.59	0.90	0.69	2.39	1.06	0.87	0.402	0.77	1.65
5.6/3.6	56	36	3	6	2.743	2.15	0.181	8.88	17.50	2.92	4.70	1.73	1.80	1.03	0.79	2.32	1.05	0.87	0.408	0.80	1.82
			4		3.590	2.82	0.180	11.50	23.40	3.76	6.33	2.23	1.79	1.02	0.79	3.03	1.37	1.13	0.408	0.85	1.87
			5		4.415	3.47	0.180	13.9	29.30	4.49	7.94	2.67	1.77	1.01	0.78	3.71	1.65	1.36	0.404	0.88	1.87
6.3/4	63	40	4	7	4.058	3.19	0.202	16.5	33.30	5.23	8.63	3.12	2.02	1.14	0.88	3.87	1.70	1.40	0.398	0.92	2.04
			5		4.993	3.92	0.202	20.0	41.60	6.31	10.90	3.76	2.00	1.12	0.87	4.74	2.07	1.71	0.396	0.95	2.08
			6		5.908	4.64	0.201	23.4	50.00	7.29	13.10	4.34	1.96	1.11	0.86	5.59	2.43	1.99	0.393	0.99	2.12
			7		6.802	5.34	0.201	26.5	58.10	8.24	15.50	4.97	1.98	1.10	0.86	6.40	2.78	2.29	0.389	1.03	2.15

附录 A 型钢规格表

续表

型号	截面尺寸/mm				截面面积/cm²	理论重量/(kg/m)	外表面积/(m²/m)	惯性矩/cm⁴					惯性半径/cm				截面模数/cm³				tanα	重心距离/cm	
	B	b	d	r				I_x	I_{x1}	I_y	I_{y1}	I_u	i_x	i_y	i_u	W_x	W_y	W_u				X_0	Y_0
7/4.5	70	45	4	7.5	4.553	3.57	0.226	23.2	45.9	7.55	12.3	4.0	2.26	1.29	0.98	4.86	2.17	1.77	0.410	1.02	2.24
			5		5.609	4.40	0.225	28.0	57.1	9.13	15.4	5.40	2.23	1.28	0.98	5.92	2.65	2.19	0.407	1.06	2.28
			6		6.644	5.22	0.225	32.5	68.4	10.6	18.6	6.35	2.21	1.26	0.98	6.95	3.12	2.59	0.404	1.09	2.32
			7		7.658	6.01	0.225	37.2	80.0	12.0	21.8	7.16	2.20	1.25	0.97	8.03	3.57	2.94	0.402	1.13	2.36
7.5/5	75	50	5	8	6.126	4.81	0.245	34.9	70.0	12.6	21.0	7.41	2.39	1.44	1.10	6.83	3.3	2.74	0.435	1.17	2.40
			6		7.260	5.70	0.245	41.1	84.3	14.7	25.4	8.54	2.38	1.42	1.08	8.12	3.88	3.19	0.435	1.21	2.44
			8		9.467	7.43	0.244	52.4	113	18.5	34.2	10.9	2.35	1.40	1.07	10.5	4.99	4.10	0.429	1.29	2.52
			10		11.59	9.10	0.244	62.7	141	22.0	43.4	13.1	2.33	1.38	1.06	12.8	6.04	4.99	0.423	1.36	2.60
8/5	80	50	5	8	6.376	5.00	0.255	42.0	85.2	12.8	21.1	7.66	2.56	1.42	1.10	7.78	3.32	2.74	0.388	1.14	2.60
			6		7.560	5.93	0.255	49.5	103	15.0	25.4	8.85	2.56	1.41	1.08	9.25	3.91	3.20	0.387	1.18	2.65
			7		8.724	6.85	0.255	56.2	119	17.0	29.8	10.2	2.54	1.39	1.08	10.6	4.48	3.70	0.384	1.21	2.69
			8		9.867	7.75	0.254	62.8	136	18.9	34.3	11.4	2.52	1.38	1.07	11.9	5.03	4.16	0.381	1.25	2.73
9/5.6	90	50	5	9	7.212	5.66	0.287	60.5	121	18.3	29.5	11.0	2.90	1.59	1.23	9.92	4.21	3.49	0.385	1.25	2.91
			6		8.557	6.72	0.286	71.0	146	21.4	35.6	12.9	2.88	1.58	1.23	11.7	4.96	4.13	0.384	1.29	2.95
			7		9.881	7.76	0.286	81.0	170	24.4	41.7	14.7	2.86	1.57	1.22	13.5	5.70	4.72	0.382	1.33	3.00
			8		11.18	8.78	0.286	91.0	194	27.2	47.9	16.8	2.85	1.56	1.21	15.3	6.41	5.29	0.380	1.36	3.04
10/6.3	100	63	6	10	9.618	7.55	0.320	99.1	200	30.9	50.5	18.4	3.21	1.79	1.38	14.6	6.35	5.25	0.394	1.43	3.24
			7		11.11	8.72	0.320	113	233	35.3	59.1	21.0	3.20	1.78	1.38	16.9	7.29	6.02	0.394	1.47	3.28
			8		12.58	9.88	0.319	127	266	39.4	67.9	23.5	3.18	1.77	1.37	19.1	8.21	6.78	0.391	1.50	3.32
			10		15.47	12.1	0.319	154	333	47.1	85.7	28.3	3.15	1.74	1.35	23.3	9.98	8.24	0.387	1.58	3.40
10/8	100	80	6	10	10.64	8.35	0.354	107	200	61.2	103	31.7	3.17	2.40	1.72	15.2	10.2	8.37	0.627	1.97	2.95
			7		12.30	9.66	0.354	123	233	70.1	120	36.2	3.16	2.39	1.72	17.5	11.7	9.60	0.626	2.01	3.00
			8		13.94	10.9	0.353	138	267	78.6	137	40.6	3.14	2.37	1.71	19.8	13.2	10.8	0.625	2.05	3.04
			10		17.17	13.5	0.353	167	334	94.7	172	49.1	3.12	2.35	1.69	24.2	16.1	13.1	0.622	2.13	3.12
11/7	110	70	6	10	10.64	8.35	0.354	133	266	42.9	69.1	25.4	3.54	2.01	1.54	17.9	7.90	6.53	0.403	1.57	3.53
			7		12.30	9.66	0.354	153	310	49.0	80.8	29.0	3.53	2.00	1.53	20.6	9.09	7.50	0.402	1.61	3.57
			8		13.94	10.9	0.353	172	354	54.9	92.7	32.5	3.51	1.98	1.53	23.3	10.3	8.45	0.401	1.65	3.62
			10		17.17	13.5	0.353	208	443	65.9	117	39.2	3.48	1.96	1.51	28.5	12.5	10.3	0.397	1.72	3.70

续表

型号	截面尺寸/mm				截面面积/cm²	理论重量/(kg/m)	外表面积/(m²/m)	惯性矩/cm⁴					惯性半径/cm			截面模数/cm³			tanα	重心距离/cm	
	B	b	d	r				I_x	I_{x1}	I_y	I_{y1}	I_u	i_x	i_y	i_u	W_x	W_y	W_u		X_0	Y_0
12.5/8	125	80	7	11	14.10	11.1	0.403	228	455	74.4	120	43.8	4.02	2.30	1.76	26.9	12.0	9.92	0.408	1.80	4.01
			8		15.99	12.6	0.403	257	520	83.5	138	49.2	4.01	2.28	1.75	30.4	13.6	11.2	0.407	1.84	4.06
			10		19.71	15.5	0.402	312	650	101	173	59.5	3.98	2.26	1.74	37.3	16.6	13.6	0.404	1.92	4.14
			12		23.35	18.3	0.402	364	780	117	210	69.4	3.95	2.24	1.72	44.0	19.4	16.0	0.400	2.00	4.22
14/9	140	90	8	12	18.04	14.2	0.453	366	731	121	196	70.8	4.50	2.59	1.98	38.5	17.3	14.3	0.411	2.04	4.50
			10		22.26	17.5	0.452	446	913	140	246	85.8	4.47	2.56	1.96	47.3	21.2	17.5	0.409	2.12	4.58
			12		26.40	20.7	0.451	522	1100	170	297	100	4.44	2.54	1.95	55.9	25.0	20.5	0.406	2.19	4.66
			14		30.46	23.9	0.451	594	1280	192	349	114	4.42	2.51	1.94	64.2	28.5	23.5	0.403	2.27	4.74
15/9	150	90	8	12	18.84	14.8	0.473	442	898	123	196	74.1	4.84	2.55	1.98	48.9	17.5	14.5	0.364	1.97	4.92
			10		23.26	18.3	0.472	539	1120	149	246	89.9	4.81	2.53	1.97	54.0	21.4	17.7	0.362	2.05	5.01
			12		27.60	21.7	0.471	632	1350	173	297	105	4.79	2.50	1.95	63.8	25.1	20.8	0.359	2.12	5.09
			14		31.86	25.0	0.471	721	1570	196	350	120	4.76	2.48	1.94	73.3	28.8	23.8	0.356	2.20	5.17
			15		33.95	26.7	0.471	764	1680	207	376	127	4.74	2.47	1.93	78.0	30.5	25.3	0.354	2.24	5.21
			16		36.03	28.3	0.470	806	1800	217	403	134	4.73	2.45	1.93	82.6	32.3	26.8	0.352	2.27	5.25
16/10	160	100	10	13	25.32	19.9	0.512	669	1360	205	337	122	5.14	2.85	2.19	62.1	26.6	21.9	0.390	2.28	5.24
			12		30.05	28.6	0.511	785	1640	239	406	142	5.11	2.82	2.17	78.6	31.3	25.8	0.388	2.36	5.32
			14		34.71	27.2	0.510	896	1910	271	476	162	5.08	2.80	2.16	84.6	35.8	29.6	0.385	2.43	5.40
			16		39.28	30.8	0.510	1000	2180	302	548	183	5.05	2.77	2.16	95.3	40.2	33.4	0.382	2.51	5.48
18/11	180	110	10	14	28.37	22.3	0.571	956	1940	278	447	167	5.80	3.13	2.42	79.0	32.5	26.9	0.376	2.44	5.89
			12		33.71	26.5	0.571	1120	2330	325	539	195	5.78	3.10	2.40	93.5	38.3	31.7	0.374	2.52	5.98
			14		38.97	30.6	0.570	1290	2720	370	632	222	5.75	3.08	2.39	108	44.0	36.3	0.372	2.59	6.06
			16		44.14	34.6	0.569	1440	3110	412	726	249	5.72	3.06	2.38	122	49.4	40.9	0.369	2.67	6.14
20/12.5	200	125	12	14	37.91	29.8	0.641	1570	3190	483	788	286	6.44	3.57	2.74	117	50.0	41.2	0.392	2.83	6.54
			14		43.87	34.4	0.640	1800	3730	551	922	327	6.41	3.54	2.73	135	57.4	47.3	0.390	2.91	6.62
			16		49.74	39.0	0.639	2020	4260	615	1060	366	6.38	3.52	2.71	152	64.9	53.3	0.388	2.99	6.70
			18		55.53	43.6	0.639	2240	4790	677	1200	405	6.35	3.49	2.70	169	71.7	59.2	0.385	3.06	6.78

注：截面图中的 $r_1 = 1/3d$ 及表中 r 的数据用于孔型设计，不做交货条件。

参 考 文 献

[1] 王长连.建筑力学(上、下)[M].北京:清华大学出版社,2007.
[2] 王长连.建筑力学学习与考核指导[M].北京:高等教育出版社,2012.
[3] 王长连.土木工程力学[M].北京:机械工业出版社,2009.
[4] 王长连.结构力学简明教程[M].北京:机械工业出版社,2012.
[5] 董云峰,段文峰.理论力学[M].北京:清华大学出版社,2006.
[6] 沈养中.建筑力学[M].北京:清华大学出版社,2018.
[7] 沈养中,陈年和.建筑力学[M].北京:高等教育出版社,2012.
[8] 薛正庭.土木工程力学[M].北京:机械工业出版社,2004.
[9] 范钦珊.工程力学[M].北京:清华大学出版社,2006.
[10] 王焕定,祁皑.结构力学[M].北京:清华大学出版社,2013.
[11] [苏联]雅科夫·伊西达洛维奇·别莱利曼.趣味力学[M].周英芳,译.哈尔滨:哈尔滨出版社,2012.
[12] 李锋.材料力学案例[M].北京:科学出版社,2011.
[13] 刘鸿文.材料力学Ⅰ[M].北京:高等教育出版社,2017.
[14] 李廉锟.结构力学[M].北京:高等教育出版社,2017.
[15] 苏振超,薛艳霞,刘丽丽.理论力学[M].北京:清华大学出版社,2019.
[16] 哈尔滨工业大学理论力学教研室.理论力学[M].北京:高等教育出版社,2011.
[17] 文明才,夏平.材料力学[M].北京:清华大学出版社,2019.
[18] 邹建奇.建筑力学[M].北京:清华大学出版社,2019.
[19] 张曦.建筑力学[M].北京:中国建筑工业出版社,2020.
[20] 赵朝前,吴明军.建筑力学[M].重庆:重庆大学出版社,2020.

二维码索引

动画 1	梁板结构	2
动画 2	丝锥攻螺纹	17
动画 3	塔式起重机倾覆	52
动画 4	四种基本变形	67
动画 5	吊车梁	78
动画 6	桥式吊梁的弯曲变形	78
动画 7	多跨静定梁的组成	100
动画 8	低碳钢拉伸时的四个阶段	148
动画 9	梁的强度计算（正应力分布规律）	179
动画 10	压杆的临界力实验	245
微课 1	力的可传性	10
微课 2	合力矩定理	16
微课 3	力的平移定理	18
微课 4	光滑圆柱铰链约束	25
微课 5	可动铰支座	26
微课 6	固定铰支座	26
微课 7	固定端支座	27
微课 8	结构的计算简图示例	27
微课 9	画受力图的步骤	28
微课 10	平面汇交力系合成的几何法	39
微课 11	轴向拉压杆的轴力	71
微课 12	剪力和弯矩的正负规定	80
微课 13	代数和法求剪力和弯矩	83
微课 14	简支梁在集中力作用下的内力图	86
微课 15	简支梁在均布载荷作用下的内力图	86
微课 16	区段叠加法绘制弯矩图	98
微课 17	区段叠加法示例	99
微课 18	多跨静定梁的传力特征	101
微课 19	多跨静定梁的内力图示例	102
微课 20	刚架的内力符号规定	110
微课 21	三铰拱的概念	117
微课 22	三铰拱支座反力的计算	118
微课 23	结点法	124

微课 24	特殊结点	125
微课 25	低碳钢拉伸时的强度性质	148
微课 26	塑性材料的变形性质	150
微课 27	梁的正应力计算公式	181
微课 28	梁的正应力强度条件	193
微课 29	提高抗弯截面系数的措施	198
微课 30	降低梁最大弯矩的措施	200
微课 31	矩形截面梁的切应力	202
微课 32	梁的强度条件应用示例	207
微课 33	斜弯曲梁的概念	230
微课 34	斜弯曲的分解	231
微课 35	斜弯曲梁的正应力	231
微课 36	偏心压缩的分解	236
微课 37	两端铰支细长压杆的临界力	246
微课 38	压杆临界应力示例	249
微课 39	压杆的稳定条件	250
微课 40	提高压杆稳定性的措施	254